RSIF 2025

REGLAMENTO DE SEGURIDAD PARA INSTALACIONES FRIGORÍFICAS

y sus Instrucciones Técnicas

Complementarias IF 01 a IF 21

RSIF 2025

REGLAMENTO DE SEGURIDAD PARA INSTALACIONES FRIGORÍFICAS

y sus Instrucciones Técnicas Complementarias IF 01 a IF 21

Edición 2025

Texto consolidado

- Real Decreto 552/2019, de 27 de septiembre
- Reglamento de Seguridad para Instalaciones Frigoríficas
- Instrucciones Técnicas Complementarias IF-01 a IF-21
- Corrección de promulgadas por el R. D. 552/ 2019
- Modificaciones promulgadas por el R. D. 298/2021
- Modificaciones promulgadas por el R. D. 164/2025

Garceta
grupo editorial

RSIF 2025. REGLAMENTO DE SEGURIDAD PARA INSTALACIONES FRIGORÍFICAS y sus Instrucciones Técnicas Complementarias IF 01 a 21
Ministerio de Industria, Comercio y Turismo
ISBN: 978-84-1903-487-8
IBERGARCETA PUBLICACIONES, S.L., Madrid, 2025
Edición: 2
Nº de páginas: 344
Formato: 17 × 24
Materia Thema: THN. Procesos de transferencia de calor.

RSIF 2025. Reglamento de Seguridad para Instalaciones Frigoríficas y sus Instrucciones Técnicas Complementarias IF 01 a IF 21

ISBN: **978-84-1903-487-8**

COPYRIGHT © 2025 Ibergarceta Publicaciones, S.L.

info@garceta.es

Edición: 3.ª
Impresión: 1.ª
Depósito legal: M-10464-2025

Impresión: Imprenta Valle del Tiétar, S.L.
OI: 0113/2026

IMPRESO EN ESPAÑA-PRINTED IN SPAIN

Contenido

Real Decreto 552/2019, de 27 de septiembre, por el que se aprueban el Reglamento de seguridad para instalaciones frigoríficas y sus instrucciones técnicas complementarias

La Ley 21/1992, de 16 de julio, de Industria, establece en su artículo 12.5, que los Reglamentos de Seguridad Industrial de ámbito estatal se aprobarán por el Gobierno de la Nación, sin perjuicio de que las Comunidades Autónomas con competencias legislativas sobre industria, puedan introducir requisitos adicionales sobre las mismas materias cuando se trate de instalaciones radicadas en su territorio.

El Reglamento de seguridad para instalaciones frigoríficas y sus instrucciones técnicas complementarias, que fue aprobado por el Real Decreto 138/2011, de 4 de febrero, ha contribuido en gran medida a potenciar y fomentar la seguridad en las instalaciones frigoríficas, normalmente destinadas a proporcionar de forma segura y eficaz los servicios de frío y climatización necesarios para atender las condiciones higrotérmicas e higiénicas exigibles en los procesos industriales, así como los requisitos de bienestar higrotérmico y de sanidad en las edificaciones.

El Reglamento (UE) n.º 517/2014 del Parlamento Europeo y del Consejo, de 16 de abril de 2014, sobre gases fluorados de efecto invernadero y por el que se deroga el Reglamento (CE) n.º 842/2006, exige una reducción de las cantidades de hidrofluorocarburos (HFC) que las empresas pueden comercializar en la Unión Europea, es decir, a través de la importación o la producción, con objeto de reducir las emisiones de estos gases de efecto invernadero a la atmósfera. Esta reducción comienza en 2015 y disminuirá el suministro permitido de HFC: una disminución del 79% en 2030 en comparación con el periodo 2009-2012.

La citada reglamentación de seguridad para instalaciones frigoríficas solo permite, a efectos prácticos, en instalaciones de climatización para condiciones de bienestar térmico de las personas en los edificios, la utilización de refrigerante de alta seguridad (L1). La mayoría de los refrigerantes del grupo L1 son sustancias que agotan la capa de ozono, prohibido su uso por el Reglamento (CE) 1005/2009 del Parlamento Europeo y del Consejo, de 16 de septiembre de 2009, o gases fluorados con potencial de calentamiento atmosférico alto, prohibida o restringida su comercialización por el citado Reglamento (UE) n.º 517/2014 del Parlamento Europeo y del Consejo, de 16 de abril de 2014.

En el ámbito europeo la norma UNE-EN 378 sobre requisitos de seguridad y medioambientales que han de cumplir los sistemas de refrigeración y bombas de calor, clasifica a los refrigerantes, atendiendo a los criterios de inflamabilidad, en cuatro categorías introduciendo, entre los grupos L1 y L2, el 2L, es decir, establece las categorías 1, 2L, 2 y 3.

Con esta nueva categoría 2L de inflamabilidad para los hidrofluorocarburos y los hidrofluorocarburos insaturados, la UNE-EN 378 permite cargas máximas superiores y el uso de estas sustancias en un abanico más amplio de aplicaciones y ubicación. Así mismo, el enfoque de gestión del riesgo permite a los fabricantes aplicar cargas de refrigerante considerablemente superiores cuando se adoptan determinadas medidas de gestión del riesgo o se tienen en cuenta en el diseño del equipo.

Por otra parte, la evolución de la técnica y la experiencia que se ha ido acumulando con la aplicación de las instrucciones técnicas, ha puesto de manifiesto la necesidad de reelaborar todas ellas adaptándolas al progreso técnico.

Por todo lo anterior, en la actualidad, resulta muy conveniente la aprobación de un nuevo Reglamento de seguridad para las instalaciones frigoríficas que, complementando el Reglamento (UE) 517/2014 del Parlamento Europeo y del Consejo, de 16 de abril de 2014, derogue y sustituya al anterior. También es lógicamente necesaria la sustitución de las instrucciones técnicas complementarias que lo desarrollan.

No solamente resulta conveniente, sino que por razones de urgencia se aprobó el Real Decreto-ley 20/2018, de 7 de diciembre, de medidas urgentes para el impulso de la competitividad económica en el sector de la industria y comercio en España, que en su disposición transitoria segunda establecía las condiciones que serán de aplicación para las instalaciones que contengan refrigerantes del grupo A2L, gases refrigerantes con baja toxicidad y ligera inflamabilidad, en tanto no se apruebe, mediante real decreto, el nuevo Reglamento de seguridad para instalaciones frigoríficas y sus instrucciones técnicas complementarias.

La presente normativa constituye una norma reglamentaria de seguridad industrial y se aprueba en ejercicio de las competencias que en materia de seguridad industrial, al amparo de lo dispuesto en el artículo 149.1.13.ª de la Constitución, que atribuye al Estado la competencia para determinar las bases y coordinación de la planificación general de la actividad económica, sin perjuicio de las competencias de las Comunidades Autónomas en materia de industria, tiene atribuidas la Administración General del Estado, conforme ha declarado reiteradamente la jurisprudencia constitucional (por todas ellas, las Sentencias del Tribunal Constitucional 203/1992, de 26 de noviembre, 243/1994, de 21 de julio, y 175/2003, de 30 de septiembre). A este respecto cabe señalar que la regulación que se aprueba tiene carácter de normativa básica y recoge previsiones de carácter exclusivamente y marcadamente técnico, por lo que la ley no resulta un instrumento idóneo para su establecimiento y se encuentra justificada su aprobación mediante real decreto.

Este proyecto se adecúa a los principios de buena regulación conforme a los cuales deben actuar las Administraciones Públicas en el ejercicio de la iniciativa legislativa y la potestad reglamentaria, como son los principios de necesidad, eficacia, proporcionalidad, seguridad jurídica, transparencia y eficiencia, previstos en el artículo 129 de la Ley 39/2015, de 1 de octubre, del Procedimiento Administrativo Común de las Administraciones Públicas.

A estos efectos se pone de manifiesto el cumplimiento de los principios de necesidad y eficacia y que la norma es acorde al principio de proporcionalidad, al contener la regulación imprescindible para la consecución de los objetivos previamente mencionados, e igualmente se ajusta al principio de seguridad jurídica. En cuanto al principio de transparencia, se han dado cumplimiento a los distintos trámites propios de la participación pública, esto es, consulta pública y trámites de audiencia e información públicas. Con respecto al principio de eficiencia, el principal objetivo de la norma es la adaptación de la reglamentación de seguridad para instalaciones frigoríficas a la nueva clasificación de los refrigerantes que se aplica en el ámbito europeo, creando un nuevo grupo de refrigerantes 2L que permita utilizar, en aparatos de aire acondicionado, refrigerantes de bajo potencial de calentamiento atmosférico (R-32 y HFO) y de ligera inflamabilidad, y mejorar la reglamentación teniendo en cuenta la evolución de la técnica y la experiencia que se ha ido acumulando con la aplicación de la misma y no cabe hablar de cargas administrativas. Asimismo, respecto al gasto público cabe señalar que el impacto presupuestario es nulo.

Para la elaboración de este real decreto se ha consultado a las Comunidades Autónomas, así como, de acuerdo con lo establecido en el artículo 26.6 de la Ley 50/1997, de 27 de noviembre, del Gobierno, a aquellas entidades relacionadas con el sector, conocidas y consideradas más representativas. Asimismo, este real decreto ha sido objeto de informe por el Consejo de Coordinación de la Seguridad Industrial, de acuerdo con lo previsto en el artículo 18.4.c) de la Ley 21/1992, de 16 de julio, y en el artículo 2. d) del Real Decreto 251/1997, de 21 de febrero, por el que se aprueba el Reglamento del Consejo de Coordinación de la Seguridad Industrial.

Finalmente, este real decreto ha sido comunicado a la Comisión Europea y a los demás Estados miembros en cumplimiento de lo prescrito por el Real Decreto 1337/1999, de 31 de julio, por el que se regula la remisión de información en materia de normas y reglamentaciones técnicas y reglamentos relativos a los servicios de la sociedad de la información, en aplicación de la Directiva (UE) 2015/1535 del Parlamento Europeo y del Consejo, de 9 de septiembre de 2015, por la que se establece un procedimiento de información en materia de reglamentaciones técnicas y de reglas relativas a los servicios de la sociedad de la información

DISPONGO:

Artículo único. Aprobación del Reglamento de seguridad para instalaciones frigoríficas y sus instrucciones técnicas complementarias.

Se aprueba el Reglamento de seguridad para instalaciones frigoríficas y sus instrucciones técnicas complementarias IF, que se insertan a continuación.

Disposición adicional única. Guía técnica.

El órgano directivo competente en materia de seguridad industrial del Ministerio de Industria, Comercio y Turismo elaborará y mantendrá actualizada una guía técnica de carácter no vinculante para la aplicación práctica del Reglamento y sus instrucciones técnicas complementarias, la cual podrá establecer aclaraciones en conceptos de carácter general.

Disposición transitoria primera. Instalaciones existentes.

A las instalaciones existentes en la fecha de entrada en vigor del presente real decreto, se les aplicará lo establecido en el capítulo IV del presente Reglamento sobre el mantenimiento, reparación, funcionamiento, control de fugas, recuperación y reutilización de refrigerantes, así como gestión de residuos. Estas instalaciones son las que figuren inscritas en el correspondiente registro de los órganos competentes de las Comunidades Autónomas en materia de industria.

Los titulares de instalaciones que no estén inscritas en los registros del órgano competente en materia de Industria de las respectivas Comunidades Autónomas, dispondrán, desde la entrada en vigor del presente real decreto, de tres años para presentar ante el citado órgano la siguiente documentación:

1. Para instalaciones de nivel 1 o de nivel 2, de acuerdo con el artículo 8 del presente Reglamento, que puedan ser realizadas por empresas de nivel 1:

    a) Declaración responsable del titular o usuario de la instalación, donde se indique desde cuando utiliza la instalación y que cumple con las obligaciones del artículo 18 del presente Reglamento.

    b) Informe de la empresa instaladora suscrito por instalador habilitado en el que se describa la instalación y se acompañen cálculos y planos, indicando que la instalación cumple los requisitos técnicos de la reglamentación vigente en el momento de la fecha de realización de la instalación o de la reglamentación actual y que se encuentra en correcto estado de funcionamiento.

    c) En caso de estar sometida a inspecciones periódicas por utilizar carga de refrigerantes fluorados superior a 50 toneladas equivalentes de CO_2, deberá acompañar un certificado de inspección de una entidad de inspección acreditada como Organismo de control en el campo de instalaciones frigoríficas en el que se verifiquen el cumplimiento de los controles de fugas.

2.   Para el resto de instalaciones de nivel 2:

   a)   Declaración responsable del titular o usuario de la instalación, donde se indique desde cuando utiliza la instalación y que cumple con las obligaciones del artículo 18 del presente Reglamento para los titulares de instalaciones de nivel 2.

   b)   Informe de técnico titulado competente en el que se describa la instalación y se acompañen cálculos y planos, indicando que la instalación cumple los requisitos técnicos de la reglamentación vigente en el momento de la fecha de realización de la instalación o de la reglamentación actual y que se encuentra en correcto estado de funcionamiento.

   c)   Certificado de inspección de una entidad de inspección acreditada como Organismo de control en el campo de instalaciones frigoríficas en el que se verifiquen las condiciones de seguridad de la instalación en relación con el Reglamento de instalaciones frigoríficas que afecte a la misma.

   d)   Contrato de mantenimiento con empresa habilitada.

La no presentación de la documentación en el plazo previsto en esta disposición será considerada una infracción de las previstas en el artículo 31.2 c) de la ley 21/1992, de 16 de julio, de Industria.

Disposición transitoria segunda. Revisiones e inspecciones periódicas de las instalaciones existentes.

1.   Las instalaciones frigoríficas existentes a la entrada en vigor de este real decreto serán revisadas e inspeccionadas de acuerdo con las exigencias técnicas de las Instrucciones técnicas completarías según las cuales fueron realizadas. La periodicidad y los criterios para realizar las revisiones e inspecciones serán los indicados en las ITCs IF-14 e IF-17 aprobadas por este real decreto.

2.   El plazo para realizar la primera revisión e inspección se contará a partir de la última inspección periódica realizada, de acuerdo con el Real Decreto 138/2011, de 4 de febrero, por el que se aprueban el Reglamento de seguridad para instalaciones frigoríficas y sus instrucciones técnicas complementarias, o en su defecto, desde la fecha de la puesta en servicio de la instalación frigorífica.

Disposición transitoria tercera. Instalaciones en ejecución.

Las instalaciones frigoríficas, que se encuentren en ejecución en la fecha de entrada en vigor del este real decreto (que deberán acreditarlo poseyendo en esa fecha una solicitud de licencia de obras, la licencia de obras o el proyecto de ejecución visado), dispondrán de un plazo máximo de dos años durante los cuales se podrán poner en servicio rigiéndose por lo establecido en el Real Decreto 138/2011, de 4 de febrero.

No obstante lo anterior, los titulares de las instalaciones podrán acogerse a las prescripciones establecidas en este real decreto, desde el momento de su publicación en el «Boletín Oficial del Estado».

Disposición transitoria cuarta. Organismos de control habilitados con anterioridad a la entrada en vigor de este real decreto.

Los organismos de control habilitados de acuerdo con lo previsto en el Reglamento de seguridad para instalaciones frigoríficas, aprobado por Real Decreto 138/2011, de 4 de febrero, podrán continuar desarrollando las actividades para las que están habilitados durante el plazo de dieciocho meses, a contar desde la fecha de entrada en vigor de este real decreto.

Transcurrido dicho plazo, dichos organismos deberán estar acreditados y habilitados con arreglo a la nueva normativa que se aprueba por este real decreto, y en su caso, a sus normas de desarrollo.

Disposición transitoria quinta. Empresas previamente habilitadas.

Las empresas frigoristas, así como las empresas que se rigen por lo establecido en el Real Decreto 1027/2007, de 20 de julio, por el que se aprueba el Reglamento de Instalaciones Térmicas en los Edificios (RITE), habilitadas a la fecha de entrada en vigor del presente real decreto podrán seguir realizando la actividad objeto de habilitación sin que deban presentar la declaración responsable regulada en el capítulo III del Reglamento de seguridad para instalaciones frigoríficas aprobado por este real decreto. No obstante, dispondrán de un año, desde la entrada en vigor del presente real decreto, para adaptarse a los nuevos requisitos impuestos por el artículo 12 del presente Reglamento de seguridad para instalaciones frigoríficas.

Disposición transitoria sexta. Instaladores frigoristas habilitados.

Los instaladores frigoristas habilitados en la fecha de entrada en vigor del presente real decreto podrán continuar desarrollando la actividad para la que fueron habilitados, siempre que no se les retire la misma como sanción o por otra causa justificada.

Disposición derogatoria única. Derogación normativa.

1. Queda derogado el Real Decreto 138/2011, de 4 de febrero, por el que se aprueban el Reglamento de seguridad para instalaciones frigoríficas y sus instrucciones técnicas complementarias.

2. Asimismo quedan derogadas cuantas disposiciones de igual o inferior rango se opongan a lo dispuesto en este real decreto.

Disposición final primera. Título competencial.

Este real decreto se dicta al amparo de lo dispuesto en el artículo 149.1.13.ª de la Constitución, que atribuye al Estado la competencia sobre bases y coordinación de la planificación general de la actividad económica.

Disposición final segunda. No incremento del gasto público.

Lo dispuesto en este real decreto no supondrá incremento alguno del gasto público, incluyendo cualesquiera dotaciones, retribuciones, dietas u otros gastos de personal.

Disposición final tercera. Entrada en vigor.

El presente real decreto entrará en vigor el 2 de enero de 2020, salvo para el caso de nuevas instalaciones que utilicen refrigerantes A2L en las que las prescripciones de este real decreto entrarán en vigor el día siguiente al de su publicación en el «Boletín Oficial del Estado».

Dado en Madrid, el 27 de septiembre de 2019.

FELIPE R.

La Ministra de Industria, Comercio y Turismo,
MARÍA REYES MAROTO ILLERA

Reglamento de Seguridad para Instalaciones Frigoríficas

CAPÍTULO I
Disposiciones generales

Artículo 1. *Objeto.*

Constituye el objeto del presente Reglamento el establecimiento de las condiciones que deben cumplir las instalaciones frigoríficas en orden a garantizar la seguridad de las personas y los bienes, así como la protección del medio ambiente.

Artículo 2. *Ámbito de aplicación.*

1. Este Reglamento y sus instrucciones técnicas complementarias IF se aplicarán a las instalaciones frigoríficas de nueva construcción, así como a las ampliaciones, modificaciones y mantenimiento de éstas y de las ya existentes.

2. No obstante, a las instalaciones y sistemas de refrigeración que a continuación se relacionan se les aplicará única y exclusivamente lo establecido en el artículo 21.6 del presente Reglamento:

   a) Instalaciones por absorción que utilizan BrLi-Agua.

   b) Sistemas de refrigeración no compactos con carga inferior a:

      - 2,5 kg de refrigerante del grupo L1.

      - 0,5 kg de refrigerante del grupo L2. Para los refrigerantes de la clase A2L, será el resultado de aplicar el factor 1,5 a m_1 [m_1=LII $\times$ 4m^3][1].

      - 0,5 kg de refrigerante del grupo L3.

3. Quedan excluidas del ámbito de aplicación de este Reglamento:

   a) Las instalaciones frigoríficas correspondientes a medios de transporte aéreo, marítimo y terrestre, que se regirán por lo dispuesto en las normas de seguri-

---

[1] 1 m1 es uno de los factores tope incluidos en la tabla B del apéndice 1 de la IF-04. LII es el límite inferior de inflamabilidad, que aparece en la tabla A del apéndice 1 de la IF-02, en kg/m^3. El multiplicador 4 se basa en una carga de 150 gr. del refrigerante R-290.

dad internacionales y nacionales aplicables a los mismos y en sus normas técnicas complementarias.

b) Los sistemas secundarios utilizados en las instalaciones de climatización para condiciones de bienestar térmico de las personas en los edificios, que se regirán por lo dispuesto en el Reglamento de Instalaciones Térmicas en los Edificios (RITE), aprobado por Real Decreto 1027/2007, de 20 de julio.

c) Los sistemas de refrigeración compactos (sistemas de acondicionamiento de aire portátiles, frigoríficos y congeladores domésticos, etc.) con carga de refrigerante inferior a:

- 2,5 kg de refrigerante del grupo L1.

- 0,5 kg de refrigerante del grupo L2. Para los refrigerantes de la clase A2L, será el resultado de aplicar el factor.

- 1,5 a m_1 [m_1=LII $\times$ 4m^3] (ver nota 1).

- 0,5 kg de refrigerante del grupo L3.

4. La exclusión de los sistemas, mencionada en los apartados 2b) y 3c), no significa que el conjunto de la instalación esté excluido de la aplicación de este Reglamento en cuanto a las condiciones de diseño, seguridad y comunicación a la administración.

5. Sin perjuicio de lo dispuesto en los apartados anteriores, se aplicará lo dispuesto en la IF-20 a las instalaciones de sistemas indirectos cerrados cuyo circuito primario esté formado por equipos compactos (según la definición del apartado 3.1.3 de la IF-01) y cuyo circuito secundario utiliza únicamente agua como fluido caloportador, siempre que el instalador no manipule, para su instalación, el circuito refrigerante de la instalación.

Artículo 3. *Definiciones.*

A los efectos de aplicación del presente Reglamento, los términos y expresiones incluidos en él se entenderán conforme a las definiciones establecidas con carácter general en la Instrucción técnica complementaria IF-01 y, en su caso, en las demás instrucciones técnicas complementarias de este Reglamento.

CAPÍTULO II

Refrigerantes, fluidos secundarios, sistemas de refrigeración, locales de emplazamiento e instalaciones

Artículo 4. *Refrigerantes.*

1. Los refrigerantes se denominarán o expresarán por su fórmula o por su denominación química, o, si procede, por su denominación simbólica alfanumérica.

La denominación comercial se entenderá como un complemento y en ningún caso será suficiente para denominar el refrigerante.

2. Atendiendo a criterios de seguridad (toxicidad e inflamabilidad), los refrigerantes se clasifican en los siguientes grupos simplificados que se desarrollan en la Instrucción técnica complementaria IF-02:

    a) Grupo de alta seguridad (L1): Refrigerantes no inflamables y de acción tóxica ligera o nula.

    b) Grupo de media seguridad (L2): Refrigerantes de acción tóxica o corrosiva o inflamable o explosiva, mezclados con aire en un porcentaje en volumen igual o superior a 3,5 por cien. En este grupo se incluyen los refrigerantes A2L, de mayor seguridad, que reúnen las mismas características, pero cuya velocidad de combustión es inferior a 10 cm/s.

    c) Grupo de baja seguridad (L3): Refrigerantes inflamables o explosivos mezclados con aire en un porcentaje en volumen inferior al 3,5 por cien.

Si en la industria alimentaria, para el enfriamiento de líquidos, se emplean fluidos refrigerantes de carácter tóxico, se garantizará con el uso de los medios adecuados que en caso de fuga sean detectados inmediatamente, evitando así que puedan mezclarse con los productos alimentarios.

Artículo 5. *Fluidos secundarios.*

1. Atendiendo a la forma en que realizan el intercambio de calor, los fluidos secundarios se clasifican en los siguientes tipos:

    a) Tipo a: Fluidos cuyo intercambio de calor se verifica exclusivamente por transferencia de calor sensible.

    b) Tipo b: Fluidos cuyo intercambio de calor se verifica con cambio de fase sólido-líquido.

    c) Tipo c: Fluidos cuyo intercambio de calor se verifica con cambio de fase líquido-vapor.

2. En la industria, en general, podrán utilizarse los fluidos tipo a) y b) sin limitación y los del tipo c) de acuerdo con la reglamentación particular que les afecte.

En la industria alimentaria estará prohibido el uso, como fluidos secundarios, de aquellas sustancias o preparados tóxicos que en caso de fuga puedan mezclarse con los productos alimentarios líquidos a enfriar.

A los efectos de este Reglamento se tendrán en cuenta los fluidos secundarios considerados como tóxicos, inflamables o corrosivos en el del Reglamento (CE) nº 1272/2008 del Parlamento Europeo y del Consejo, de 16 de diciembre de 2008, sobre clasificación, etiquetado y envasado de sustancias y mezclas, y por el que se modifican y derogan las Directivas 67/548/CEE y 1999/45/CE y se modifica el Reglamento (CE) n° 1907/2006 (Reglamento CLP).

Artículo 6. *Clasificación de los sistemas de refrigeración.*

1. Los sistemas de refrigeración se clasifican, de acuerdo con el método de extracción de calor (enfriamiento) o cesión de calor (calentamiento) a la atmósfera o al medio a tratar, en los dos siguientes grupos simplificados que se desarrollan en la Instrucción técnica complementaria IF-03:

   a) Sistemas directos: cuando el evaporador o el condensador del sistema de refrigeración está en contacto directo con el medio que se enfría o calienta o sistemas en los que el fluido de transferencia de calor está en contacto directo con partes del circuito primario que contienen refrigerante y el circuito secundario está abierto a un espacio ocupado.

   b) Sistemas indirectos: cuando el evaporador o el condensador del sistema de refrigeración, situado fuera del local en donde se extrae o cede calor al medio a tratar, enfría o calienta un fluido secundario que se hace circular por unos intercambiadores para enfriar o calentar el medio citado, sin contacto directo del fluido secundario con el medio a enfriar o calentar.

2. Atendiendo a criterios de seguridad, los sistemas de refrigeración se clasifican en los siguientes tipos, según cuál sea su emplazamiento:

   Tipo 1: Sistema de refrigeración con todas las partes que contengan refrigerante estén situadas en un espacio ocupado por personas.

   Tipo 2: Sistema de refrigeración con los compresores, recipientes y condensadores situados en una sala de máquinas no ocupada por personas o al aire libre. Los enfriadores, las tuberías y las válvulas pueden estar situados en espacios ocupados por personas.

   Tipo 3: Sistema de refrigeración con todas las partes que contengan refrigerante estén situadas en una sala de máquinas no ocupada por personas o al aire libre.

   Tipo 4: Sistema de refrigeración en el que todas las partes que contienen refrigerante están situadas en el interior de una envolvente ventilada.

Artículo 7. *Clasificación de los locales según su accesibilidad.*

1. Atendiendo a criterios de seguridad, los locales (recintos, edificios o parte de edificios) en los que se ubican las instalaciones frigoríficas se clasifican en las categorías siguientes:

   a) Categoría A. Acceso general: Habitaciones, recintos o construcciones en los que:

      i)   las personas tienen limitada su capacidad de movimiento.

      ii)   no se controla el número de personas presentes.

      iii)   puede acceder cualquier persona sin que, necesariamente, tenga que conocer las precauciones de seguridad requeridas.

   b)   Categoría B. Acceso supervisado: Habitaciones, recintos o construcciones con un aforo limitado de personas, algunas de las cuáles deben necesariamente conocer con las precauciones generales de seguridad requeridas del establecimiento, principalmente ubicación de salidas de emergencia y zonas de paso.

   c)   Categoría C. Acceso autorizado: Habitaciones, recintos o construcciones a los que solo tienen acceso personas autorizadas, que conozca las precauciones de seguridad generales y específicas del establecimiento, principalmente ubicación de salidas de emergencia y zonas de paso, y en los que se desarrollan actividades de fabricación, procesamiento o almacenamiento de materiales o productos.

2.   Cuando en un mismo edificio se ubiquen dos o más locales a los que corresponda clasificar en categorías distintas se atenderá a lo siguiente:

   – En caso de que el acceso a los locales se realice por una entrada principal y un vestíbulo común, todos los locales se considerarán incluidos en la categoría que imponga las prescripciones más restrictivas.

   – En caso de que el acceso a los locales desde el exterior sea independiente y los locales se hallen totalmente separados por elementos constructivos resistentes o puertas resistentes al fuego de clase EI-60, cada local se clasificará de forma independiente atendiendo únicamente a sus características.

   – En caso de que un local puede clasificarse de forma genérica en una categoría diferente a la que corresponda a sus características específicas, se considerará incluido en la categoría que imponga las prescripciones más restrictivas.

Las salas de máquinas específicas, las cámaras frigoríficas y las azoteas con acceso restringido o en propiedades privadas totalmente en el exterior en las que se instalen únicamente equipos compactos, no se considerarán como locales a los efectos de establecer la carga máxima de refrigerante en las instalaciones frigoríficas.

Artículo 8. *Clasificación de las instalaciones frigoríficas.*

Las instalaciones frigoríficas se clasifican en función del riesgo potencial en las categorías siguientes:

Nivel 1. Instalaciones formadas por uno o varios sistemas frigoríficos independientes entre sí con una potencia eléctrica instalada en los compresores por cada sistema inferior o igual a 30 kW siempre que la suma total de las potencias eléctricas instaladas en los compresores frigoríficos, de todos los sistemas, no exceda de 100 kW, o por equipos o sistemas compactos de cualquier potencia, con condensador incorporado (no remoto), siempre que se trate de unidades enfriadoras de agua, de fluidos secundarios, bombas de calor, o que formen parte de las mismas y que en ambos casos utilicen refrigerantes de alta seguridad (L1), y que no refrigeren cámaras de atmósfera artificial de cualquier volumen, o conjuntos de las mismas

Nivel 2. Instalaciones formadas por uno o varios sistemas frigoríficos independientes entre sí con una potencia eléctrica instalada en los compresores superior a 30 kW en alguno de los sistemas, o que la suma total de las potencias eléctricas instaladas en los compresores frigoríficos exceda de 100 kW, o que enfríen cámaras de atmósfera artificial, o que utilicen refrigerantes de media y baja seguridad (L2 y L3).

Diferentes sistemas de refrigeración configuran la misma instalación frigorífica cuando tienen en común alguno de los siguientes elementos o componentes:

a) Equipos ubicados en una misma sala de máquinas o que atienden a un mismo espacio, cómo cámaras frigoríficas, salas de proceso, etc.

b) Circuito de condensación.

Cuando para la condensación de un sistema, empleado en baja temperatura, se utilice un fluido refrigerado por otro sistema diferente que trabaja a más alta temperatura, se considerará que todo el conjunto constituye una única instalación funcional independientemente de los refrigerantes utilizados. Por consiguiente, los sistemas que trabajen en cascada forman una sola instalación.

No obstante lo anterior, las instalaciones formadas por sistemas indirectos cuyo circuito primario esté formado por equipos compactos, sea cual sea el refrigerante utilizado, se considerarán de Nivel 1 en cuanto a los requisitos que deben cumplirse para su instalación y estarán regidas por la IF-20.

CAPÍTULO III
Profesionales habilitados y empresas frigoristas

Artículo 9. *Profesionales habilitados.*

1. El Instalador frigorista es la persona física que, en virtud de poseer conocimientos teórico-prácticos de la tecnología de la industria del frío y de su normativa, está capacitado para realizar, poner en marcha, mantener, reparar, modificar y desmantelar instalaciones frigoríficas.

El instalador frigorista debe desarrollar su actividad en el seno de una empresa frigorista habilitada y deberá cumplir y poder acreditar ante la Administración competente, cuando ésta así lo requiera en el ejercicio de sus facultades de inspección, comprobación y control, una de las siguientes situaciones:

a) Disponer de un título universitario cuyo ámbito competencial cubra las materias objeto del presente Reglamento de seguridad para instalaciones frigoríficas.

b) Disponer de un título de formación profesional o de un certificado de profesionalidad incluido en el Repertorio Nacional de Certificados de Profesionalidad, cuyo ámbito competencial incluya las materias objeto del presente Reglamento de seguridad para instalaciones frigoríficas.

c) Tener reconocida una competencia profesional adquirida por experiencia laboral, de acuerdo con lo estipulado en el Real Decreto 1224/2009, de 17 de julio, de reconocimiento de las competencias profesionales adquiridas por experiencia laboral, en las materias objeto del presente Reglamento de seguridad para instalaciones frigoríficas.

d) Tener reconocida la cualificación profesional de instalador frigorista adquirida en otro u otros Estados miembros de la Unión Europea, de acuerdo con lo establecido en el Real Decreto 581/2017, de 9 de junio, por el que se incorpora al ordenamiento jurídico español la Directiva 2013/55/UE del Parlamento Europeo y del Consejo, de 20 de noviembre de 2013, por la que se modifica la Directiva 2005/36/CE relativa al reconocimiento de cualificaciones profesionales y el Reglamento (UE) n.º 1024/2012 relativo a la cooperación administrativa a través del Sistema de Información del Mercado Interior (Reglamento IMI).

e) Poseer una certificación otorgada por entidad acreditada para la certificación de personas según lo establecido en el Real Decreto 2200/1995, de 28 de diciembre, por el que se aprueba el Reglamento de la Infraestructura para la Calidad y la Seguridad Industrial.

Todas las entidades acreditadas para la certificación de personas que quieran otorgar estas certificaciones deberán incluir en su esquema de certificación un sistema de evaluación que incluya los contenidos mínimos que se indican en la IF-19 del presente Reglamento.

De acuerdo con la Ley 17/2009, de 23 de noviembre, sobre el libre acceso a las actividades de servicios y su ejercicio, el personal habilitado por una Comunidad Autónoma podrá ejecutar esta actividad dentro de una empresa instaladora en todo el territorio español, sin que puedan imponerse requisitos o condiciones adicionales.

2. Los instaladores que dispongan de habilitación profesional en instalaciones térmicas de edificios podrán realizar las actividades de instalación, mantenimiento, reparación y desmantelamiento de las instalaciones frigoríficas que formen parte de una instalación térmica incluida en el ámbito del RITE.

3. Las empresas frigoristas legalmente establecidas para el ejercicio de esta actividad en cualquier otro Estado miembro de la Unión Europea que deseen realizar la actividad en régimen de libre prestación en territorio español deberán presentar, previo al inicio de la misma y ante el órgano competente de la Comunidad Autónoma donde deseen comenzar su actividad, una declaración responsable en la que el titular de la empresa o el representante legal del mismo declare para qué categoría va a desempeñar la actividad, que cumple los requisitos que se exigen en este Reglamento, que dispone de la documentación que así lo acredita, que se compromete a mantenerlos durante la vigencia de la actividad y que se responsabiliza de que la ejecución o reparación de las instalaciones se efectúa de acuerdo con las normas y requisitos que se establecen en el Reglamento de seguridad para instalaciones frigoríficas, aprobados por el Real Decreto 552/2019, de 27 de septiembre, y sus instrucciones técnicas complementarias.

Para la acreditación del cumplimiento del requisito de personal cualificado la declaración deberá hacer constar que la empresa dispone de la documentación que acredita la capacitación del personal afectado, de acuerdo con la normativa del país de establecimiento y conforme a lo previsto en la normativa de la Unión Europea sobre reconocimiento de cualificaciones profesionales, aplicada en España mediante el Real Decreto 581/2017, de 9 de junio. La autoridad competente podrá verificar esa capacidad con arreglo a lo dispuesto en el artículo 15 del citado real decreto.

Artículo 10. *Empresas frigoristas.*

1. Empresa frigorista es la persona física o jurídica que, como una actividad económica organizada, realiza la ejecución, puesta en servicio, mantenimiento, reparación, modificación y desmantelamiento de las instalaciones frigoríficas en el ámbito del presente Reglamento.

2. Antes de comenzar sus actividades como empresa frigorista, las personas físicas o jurídicas que deseen establecerse en España deberán presentar, ante el órgano competente de la Comunidad Autónoma en la que se establezcan, una declaración responsable en la que el titular de la empresa o el representante legal del mismo declare para qué categoría va a desempeñar la actividad, que cumple los requisitos exigidos en este Reglamento, que dispone de la documentación que así lo acredita, que se compromete a mantenerlos durante la vigencia de la actividad y que se responsabiliza de que la ejecución o reparación de las instalaciones se efectúa de

acuerdo con las normas y requisitos que se establecen en el Reglamento de seguridad para instalaciones frigoríficas y sus instrucciones técnicas complementarias.

3. Las empresas frigoristas legalmente establecidas para el ejercicio de esta actividad en cualquier otro Estado miembro de la Unión Europea que deseen realizar la actividad en régimen de libre prestación en territorio español deberán presentar, previamente al inicio de la misma y ante el órgano competente de la Comunidad Autónoma donde deseen comenzar su actividad una declaración responsable en la que el titular de la empresa o el representante legal del mismo declare para qué categoría va a desempeñar la actividad, que cumple los requisitos que se exigen en este Reglamento, que dispone de la documentación que así lo acredita, que se compromete a mantenerlos durante la vigencia de la actividad y que se responsabiliza de que la ejecución o reparación de las instalaciones se efectúa de acuerdo con las normas y requisitos que se establecen en el Reglamento de seguridad para instalaciones frigoríficas y sus instrucciones técnicas complementarias.

    Para la acreditación del cumplimiento del requisito de personal cualificado la declaración deberá hacer constar que la empresa dispone de la documentación que acredita la capacitación del personal afectado, de acuerdo con la normativa del país de establecimiento y conforme a lo previsto en la normativa de la Unión Europea sobre reconocimiento de cualificaciones profesionales, en España en los términos establecidos en el Real Decreto 581/2017, de 9 de junio.

4. De acuerdo con el artículo 14 de la Ley 39/2015, de 1 de octubre, del Procedimiento Administrativo Común de las Administraciones Públicas, la presentación de la declaración responsable y las relaciones de las empresas instaladoras con las Comunidades Autónomas serán por medios electrónico.

5. No se podrá exigir la presentación de documentación acreditativa del cumplimiento de los requisitos junto con la declaración responsable. No obstante, esta documentación deberá estar disponible para su presentación inmediata ante la Administración competente cuando ésta así lo requiera en el ejercicio de sus facultades de inspección e investigación.

6. El órgano competente de la Comunidad Autónoma, asignará, de oficio, un número de identificación a la empresa y remitirá los datos necesarios para su inclusión en el Registro Integrado Industrial regulado en el título IV de la Ley 21/1992, de 16 de julio, y en el Real Decreto 559/2010, de 7 de mayo, por el que se aprueba el Reglamento del Registro Integrado Industrial

7. De acuerdo con la Ley 21/1992, de 16 de julio, la declaración responsable habilita por tiempo indefinido a la empresa frigorista, desde el momento de su presentación ante la Administración competente, para el ejercicio de la actividad en todo el territorio español, sin que puedan imponerse requisitos o condiciones adicionales.

8. Al amparo de lo previsto en el apartado 3 del artículo 69 de la Ley 39/2015, de 1 de octubre, del Procedimiento Administrativo Común de las Administraciones Públicas, la Administración competente podrá regular un procedimiento a posteriori para comprobar lo declarado por el interesado.

   En todo caso, la no presentación de la declaración, así como la inexactitud, falsedad u omisión, de carácter esencial, de datos o manifestaciones que deban figurar en dicha declaración y, en su caso, la verificación del incumplimiento de cualquiera de los requisitos y normas exigidos para el acceso y ejercicio de la actividad habilitará a la Administración competente para dictar resolución, que deberá ser motivada y previa audiencia del interesado, por la que se declare la imposibilidad de seguir ejerciendo la actividad y, si procede, se inhabilite temporalmente para el ejercicio de la actividad.

9. Cualquier hecho que suponga modificación de alguno de los datos incluidos en la declaración originaria, así como el cese de las actividades, deberá ser comunicado por el interesado al órgano competente de la Comunidad Autónoma, donde presentó ésta, en el plazo de un mes. En caso de que produjera una modificación que supusiera dejar de cumplir los requisitos necesarios para la habilitación, la comunicación deberá ser realizada en el plazo de 15 días inmediatos posteriores a producirse la incidencia, a fin de que el órgano competente de la Comunidad Autónoma, a la vista de las circunstancias, pueda determinar el cese de actividad o, en su caso, la suspensión o inhabilitación temporal de la actividad, en tanto se restablezcan los referidos requisitos.

   La falta de notificación en el plazo señalado en el párrafo anterior, podrá suponer, además de las posibles sanciones que figuran en el Reglamento, la inmediata inhabilitación temporal de la empresa frigorista.

10. El incumplimiento de los requisitos y normas exigidos para el ejercicio de la actividad una vez verificado y declarado por la autoridad competente mediante resolución motivada y previa audiencia del interesado, conllevará el cese automático de la actividad, salvo que pueda incoarse un expediente de subsanación del incumplimiento y sin perjuicio de las responsabilidades que pudieran derivarse de las actuaciones realizadas.

    La autoridad competente, en este caso, abrirá un expediente informativo al titular de la instalación, que tendrá 15 días naturales a partir de la comunicación para aportar las evidencias o descargos correspondientes.

11. El órgano competente de la Comunidad Autónoma dará traslado inmediato al Ministerio de industria, Comercio y Turismo de la inhabilitación temporal, las modificaciones y el cese de la actividad a los que se refieren los apartados precedentes para la actualización de los datos en el Registro Integrado Industrial regulado en el

título IV de la Ley 21/1992, de 16 de julio, tal y como se establece en el Real Decreto 559/2010, de 7 de mayo.

12. Se considera empresa frigorista automantenedora aquella que, únicamente, conserva y mantiene sus propias instalaciones. Las empresas frigoristas automantenedoras deberán cumplir lo establecido en el presente artículo y serán inscritas en el Registro Integrado Industrial.

13. En el caso de instalaciones frigoríficas que formen parte de una instalación térmica incluida en el ámbito de aplicación del RITE, las actividades referidas en apartado 1 de este artículo así como las restantes actividades previstas en el presente Reglamento podrán ser realizadas asimismo por empresas instaladoras o mantenedoras acreditadas de acuerdo con lo establecido en el RITE, según corresponda, quedando sujetas a las obligaciones específicas indicadas en el artículo 14 del Reglamento de seguridad para instalaciones frigoríficas.

14. La empresa instaladora frigorista habilitada no podrá facilitar, ceder o enajenar certificados de instalación no realizados por ella misma.

Artículo 11. *Ámbito de actuación de las empresas frigoristas.*

1. La ejecución, mantenimiento, reparación, modificación y desmantelamiento de las instalaciones a las que se refiere este Reglamento se realizará por empresas frigoristas debidamente habilitadas ante el órgano competente de la Comunidad Autónoma en la que se declara el inicio de la actividad como empresa frigorista, o como empresa instaladora de Instalaciones Térmicas de Edificios que cumpla además con el artículo 14.

   Las empresas frigoristas solo podrán actuar en instalaciones correspondientes al nivel para el que se encuentren habilitadas o instalaciones de un nivel inferior.

2. Como excepción, los equipos que utilicen fluidos pertenecientes a la clase de seguridad A2L podrán ser instalados, mantenidos y desmontados por empresas frigoristas de nivel 1 y, en el caso de instalaciones frigoríficas que formen parte de una instalación térmica incluida en el ámbito de aplicación del RITE, por empresas instaladoras o mantenedoras de instalaciones térmicas en edificios, siempre que se cumplan las siguientes condiciones:

   a) Que la instalación no tenga sistemas con una potencia eléctrica instalada en los compresores superior a 30 kW, o que la suma total de las potencias eléctricas instaladas en los compresores frigoríficos, de todos los sistemas, no excede de 100 kW y no enfría ninguna cámara de atmosfera artificial.

b) Que disponga de los medios técnicos necesarios y especificados en la IF-13 para este grupo de refrigerantes.

Artículo 12. *Requisitos de las empresas frigoristas.*

1. Los requisitos específicos exigidos para la ejecución, puesta en servicio, mantenimiento, reparación, modificación y desmantelamiento de los diferentes niveles de instalaciones frigoríficas son los que se relacionan a continuación:

   a) Empresa frigorista de Nivel 1:

      1º. Disponer de la documentación que la identifique como empresa frigorista, y en el caso de persona jurídica, estar constituida legalmente.

      2º. Contar con el personal contratado necesario para realizar la actividad en condiciones de seguridad, en número suficiente y durante el tiempo necesario para atender las instalaciones que tengan contratadas, con un mínimo de una persona instaladora frigorista.

      Se entenderá satisfecho el requisito del párrafo anterior cuando el referido personal necesario para realizar la actividad esté contratado a través de cualquiera de las modalidades contractuales permitidas en derecho.

      3º. Tener suscrito un seguro de responsabilidad civil profesional u otra garantía equivalente que cubra los posibles daños derivados de su actividad, por importe mínimo de 300.000 euros por siniestro.

      4º. Disponer de un plan de gestión de residuos que considere la diversidad de residuos que pueda generar en su actividad y las previsiones y acuerdos para su correcta gestión ambiental y que contemplará su inscripción como pequeño productor de residuos peligrosos en el órgano competente de la Comunidad Autónoma.

      5º. Disponer de los medios técnicos necesarios para realizar su actividad en condiciones de seguridad, que como mínimo serán los que se especifican en la Instrucción Técnica Complementaria IF-13.

   b) Empresa frigorista de Nivel 2:

      1º. Disponer de la documentación que la identifique como empresa frigorista, y en el caso de persona jurídica estar constituida legalmente.

      2º. Contar con el personal contratado necesario para realizar la actividad en condiciones de seguridad, en número suficiente y durante el tiempo necesario para atender las instalaciones que tengan contratadas, con un mínimo de:

i. Una persona técnica titulada universitaria con competencias específicas en la materia objeto del presente reglamento, que será la persona responsable técnica de la empresa.

ii. Una persona instaladora frigorista.

Se entenderá satisfecho el requisito de los párrafos i) e ii) anteriores cuando el referido personal necesario para realizar la actividad esté contratado a través de cualquiera de las modalidades contractuales permitidas en derecho, pudiendo recaer la figura de la persona técnica titulada universitaria competente y la de la persona instaladora frigorista en una misma persona si esta cumple los requisitos respectivos en ambos casos.

3º. Tener suscrito un seguro de responsabilidad civil profesional u otra garantía equivalente que cubra los posibles daños derivados de su actividad, por importe mínimo de 900.000 euros por siniestro.

4º. Disponer de un plan de gestión de residuos que considere la diversidad de residuos que pueda generar en su actividad y las previsiones y acuerdos para su correcta gestión ambiental y que contemplará su inscripción como pequeño productor de residuos peligrosos en el órgano competente de la Comunidad Autónoma.

5º. Disponer de los medios técnicos necesario para realizar su actividad en condiciones de seguridad, que como mínimo serán los que se especifican en la Instrucción Técnica Complementaria IF-13.»

2. En todos los niveles, en el caso de que dichas empresas realicen actividades de instalación, mantenimiento o reparación de los aparatos y sistemas cubiertos por el artículo 3, apartado 4 del Reglamento (UE) n.º 517/2014 del Parlamento Europeo y del Consejo, de 16 de abril de 2014, deberán disponer asimismo del certificado previsto en el Reglamento de Ejecución (UE) 2015/2067 de la Comisión de 17 de noviembre de 2015.

Artículo 13. *Obligaciones de las empresas frigoristas.*

1. Las empresas frigoristas ejercerán sus actividades dentro de un estricto cumplimiento del Reglamento de Seguridad para Instalaciones Frigoríficas, siendo responsables administrativamente ante el órgano competente de la Comunidad Autónoma en la cual hayan realizado la instalación, de que se hayan tenido en cuenta las determinaciones del citado Reglamento y que la instalación se ajuste al proyecto, en caso de que éste se requiera.

2. Las empresas frigoristas llevarán un registro en el que se hará constar las instalaciones realizadas, aparatos, características, emplazamiento, cliente y fecha de su

terminación. Este registro estará a disposición de la autoridad competente de la correspondiente Comunidad Autónoma.

Rellenarán el boletín de revisión y las actas correspondientes a las revisiones periódicas de los equipos a presión.

Cumplimentarán debidamente las anotaciones que les correspondan en el libro de registro de la instalación frigorífica, que firmarán y sellarán a los efectos oportunos.

3. Tendrán la consideración de productores de residuos, debiendo cumplir los requisitos de la Ley 22/2011, de 28 de julio, de residuos y suelos contaminados, y sus normas de desarrollo, referentes a la anterior consideración, en especial estar dadas de alta en el correspondiente Registro de "Producción y Gestión de Residuos", así como contratar los servicios de un gestor de residuos autorizado, que periódicamente recoja del punto de generación o almacenamiento los residuos de refrigerante que se produzcan en las instalaciones frigoríficas bajo su responsabilidad.

   Se harán cargo de los refrigerantes y residuos que se generen en los talleres propios y en las instalaciones a su cargo, así como los generados en el desarrollo de su actividad, pudiendo en estos casos trasladar los refrigerantes recuperados a su local.

4. Una vez producida la puesta en marcha de la instalación frigorífica, la empresa frigorista suministrará un manual o tabla de instrucciones para su correcto servicio y actuación en caso de avería. Dichas instrucciones deberán contener como mínimo la información especificada en el apartado 2.2.2. de la Instrucción IF-10.

5. Para instalaciones de nivel 2, cuyos equipos utilicen fluidos pertenecientes a la clase de seguridad A2L, que no tengan ningún sistema con una potencia eléctrica instalada en los compresores superior a 30 kW, o la suma total de las potencias eléctricas instaladas en los compresores frigoríficos, de todos los sistemas, no excede de 100 kW y que no enfríen ninguna cámara de atmosfera artificial, si han sido llevadas a cabo por empresa frigorista de nivel 1 o del RITE, ésta deberá informar por escrito al usuario de las precauciones que tiene que cumplir por utilizar este tipo de refrigerantes, sustituible por el manual de servicio del fabricante en español si este incluye la información apropiada y la obligación de llevar un mantenimiento regular con la empresa instaladora o una empresa de nivel 2.

6. Asimismo, conforme a lo establecido en el artículo 3 del Real Decreto 865/2003, de 4 de julio, por el que se establecen los criterios higiénico-sanitarios para la prevención y control de la legionelosis, o en sus actualizaciones posteriores, las empresas instaladoras de torres de refrigeración y condensadores evaporativos están obligadas, en el término de un mes desde su puesta en funcionamiento, a notificar a la Administración sanitaria competente, el número y características técnicas de estos equipos así como la modificación que afecte al sistema, mediante el documento que se recoge en el anexo 1 del citado real decreto.

7. Siempre que la instalación frigorífica disponga de torre(s) de refrigeración de agua o de condensador(es) evaporativo(s), la empresa frigorista deberá poner en conocimiento del titular la obligatoriedad de disponer de un registro de mantenimiento de los citados equipos de acuerdo con el mencionado real decreto o sus actualizaciones posteriores.

8. Las empresas frigoristas deben cumplir las obligaciones de información de los prestadores y las obligaciones en materia de reclamaciones establecidas, respectivamente, en los artículos 22 y 23 de la Ley 17/2009, de 23 de noviembre, sobre el libre acceso a las actividades de servicios y su ejercicio.

Artículo 14. *Obligaciones específicas de las empresas inscritas por el RITE.*

1. Las empresas instaladoras habilitadas por el RITE cumplirán todo lo previsto en los artículos 13 y 15. No obstante las obligaciones de registro de las instalaciones, citadas en el artículo 13, podrán integrarse en los registros previstos en el RITE.

2. Las citadas empresas deberán contar asimismo con el personal, medios técnicos, garantías financieras y materiales correspondientes al volumen y nivel de las instalaciones frigoríficas en las que intervengan, de acuerdo con el artículo 12 y la Instrucción técnica complementaria IF-13, así como con el Plan de Gestión de Residuos mencionado en el citado artículo 12.

Artículo 15. *Responsabilidad de la empresa frigorista.*

1. La empresa frigorista, en relación con la ejecución de la obra es responsable de:

   a) Que los componentes y materiales por ella suministrados sean adecuados a las condiciones de trabajo previstas, y cumplan la normativa vigente.

   b) Que la ejecución de las uniones soldadas se lleve a cabo por personal acreditado, estableciendo los métodos de trabajo y controles necesarios para asegurar el cumplimiento de las reglamentaciones aplicables.

   c) La realización y certificación de las pruebas de presión y estanqueidad parciales y totales.

   d) Verificar el buen estado de funcionamiento de los elementos de seguridad del circuito frigorífico.

   e) Que se alcancen las condiciones de diseño de la instalación durante su funcionamiento.

   f) Colocar en la instalación el cartel de seguridad indicado en el artículo 28.

   g) Entregar al titular la documentación de la instalación indicada en el artículo 13 y en la Instrucción técnica complementaria IF-10.

h) Registrar todas sus intervenciones frigoríficas realizadas en la instalación frigorífica en el libro registro de la Instalación.

i) Conservar debidamente actualizado el libro de registro de gestión de refrigerantes conforme a lo especificado en la Instrucción técnica complementaria IF-17.

2. La empresa frigorista, en relación con el mantenimiento de las instalaciones frigoríficas, es responsable de:

a) Disponer y mantener actualizado un registro de los contratos de mantenimiento en vigor.

b) Verificar el buen estado de funcionamiento de los elementos de seguridad del circuito frigorífico.

c) Informar por escrito al usuario de las deficiencias detectadas y que puedan afectar a la seguridad y al buen funcionamiento de la instalación frigorífica, o supongan un incumplimiento del Reglamento CE 1005/2009 de gases fluorados que afectan a la capa de ozono.

d) Que el libro registro de la instalación se encuentre correctamente cumplimentado y actualizado, anotando todas sus intervenciones en dicho libro registro.

e) Justificar documentalmente cualquier cambio que se estime necesario introducir en el funcionamiento de la instalación, incluyendo los planos, esquemas e instrucciones de servicio afectados por estos cambios.

f) Que cuando en una instalación sea necesario sustituir equipos, componentes o piezas de los mismos, los nuevos elementos que se instalan cumplan la normativa vigente.

g) Cuando el sistema de condensación de la instalación frigorífica esté equipado con torres de refrigeración de agua o condensadores evaporativos, deberá facilitar el acceso con seguridad al equipo para la aplicación de los tratamientos y controles prescritos en el Real Decreto 865/2003, de 4 de julio, por el que se establecen los criterios higiénico-sanitarios para la prevención y control de la legionelosis.

h) Que la ejecución de las uniones soldadas se lleve a cabo por personal acreditado, estableciendo los métodos de trabajo y controles necesarios para asegurar el cumplimiento de las reglamentaciones aplicables.

i) La realización y certificación de las pruebas de presión y estanqueidad parciales y totales, así como los controles periódicos de fugas.

j) La recuperación de los fluidos refrigerantes sin pérdida de fluido a la atmósfera y su entrega, en su caso, a un gestor de residuos autorizado.

k) Conservar debidamente actualizado el libro de registro de gestión de refrigerantes conforme a lo especificado en la Instrucción técnica complementaria IF-17.

Artículo 16. *Actualización de las cuantías mínimas.*

Las cuantías mínimas que debe cubrir el seguro de responsabilidad civil o garantía equivalente se actualizarán por orden de la Ministra de Industria, Comercio y Turismo, siempre que sea necesario para mantener la equivalencia económica de la garantía y previo informe de la Comisión Delegada del Gobierno para Asuntos Económicos.

CAPÍTULO IV
Titulares y requisitos de las instalaciones frigoríficas

Artículo 17. *Titulares de las instalaciones frigoríficas.*

Los titulares de las instalaciones frigoríficas podrán contratar el mantenimiento de la instalación con una empresa frigorista inscrita en el Registro Integrado Industrial o constituirse como empresa automantenedora.

Artículo 18. *Obligaciones de los titulares de las instalaciones frigoríficas.*

El titular de la instalación será responsable de lo siguiente:

a) Conocer y aplicar las disposiciones del presente Reglamento en lo que se refiere al funcionamiento y acondicionamiento de las instalaciones.

b) No poner en funcionamiento la instalación sin haber recibido la documentación indicada en artículo 20.2 de este Reglamento y sin haber presentado ante el órgano competente de la Comunidad Autónoma la documentación indicada en el artículo 21.

c) Salvo que se constituya como empresa automantenedora deberá contratar el mantenimiento y las revisiones periódicas de las instalaciones (incluidas las del control de fugas) teniendo en cuenta los requisitos indicados en la Instrucciones técnicas complementarias IF-14 y IF-17.

d) Cuando se trate de instalaciones de Nivel 2 que utilicen refrigerantes de media y baja seguridad (L2 y L3) deberán contratar un seguro de responsabilidad civil que cubra los riesgos que pudieran derivarse de la instalación, con cuantía mínima de 500.000 €.

    Esta cuantía mínima se actualizará por orden de la Ministra de Industria, Comercio y Turismo, siempre que sea necesario para mantener la equivalencia económica de la garantía y previo informe de la Comisión Delegada del Gobierno para Asuntos Económicos.

    Quedarán exentas de esta obligación las instalaciones que utilicen refrigerantes pertenecientes a la clase A2L, que no sobrepasen los límites máximos de carga conforme a las tablas A y B del Apéndice 1 de la IF04 y que no requieran medidas de protección específicas según el análisis de riesgos, distintas a las medidas adicionales incluidas en el Apéndice 4 de la IF04.

Si el titular tuviese contratada una póliza general de responsabilidad civil, que cubriese el ejercicio de su actividad, en dicha póliza se deberá indicar expresamente que la misma cubre también la responsabilidad derivada de la instalación frigorífica.

e) Utilizar las instalaciones dentro de los límites de funcionamiento previstos y cuidar que las instalaciones se mantengan en perfecto estado de funcionamiento, impidiendo su utilización cuando no ofrezcan las debidas garantías de seguridad para las personas, bienes o el medio ambiente. Impedirá, asimismo, el almacenamiento de cualquier producto en zonas prohibidas por este Reglamento.

f) Mantener al día el libro registro de la instalación frigorífica, manual o informatizado, en el que constarán:

   i) Los aparatos instalados (marca, modelo).

   ii) Procedencia de los mismos (UE, EEE u otros).

   iii) Empresa frigorista que ejecutó la instalación.

   iv) Fecha de la primera inspección y de las inspecciones periódicas.

   v) Las revisiones obligatorias y voluntarias, así como las reparaciones efectuadas, con detalle de las mismas, empresa frigorista que las efectuó y fecha de su terminación.

g) Conservar los certificados de instalación e intervenciones posteriores en los equipos o sistemas referidos en el artículo 21.

h) Que la instalación frigorífica disponga de una persona expresamente encargada de la misma, para lo cual habrá sido previamente instruida y adiestrada en el funcionamiento de la instalación, así como, en materia de prevención de riesgos, de acuerdo con lo establecido por el artículo 19 de la ley 31/1992, de 8 de noviembre, de prevención de riesgos laborales. Dicha formación, que será facilitada por la empresa frigorista, deberá quedar documentada.

i) Utilizar y vigilar que se utilicen, por el personal de la instalación, los equipos de protección individual (EPI) que se determinan en la Instrucción técnica complementaria IF-16.

j) Que al finalizar la jornada de trabajo o, en caso de actividades industriales continuas, al finalizar el turno de trabajo se realice una inspección completa de la instalación frigorífica con el fin de comprobar que nadie se ha quedado encerrado en alguna de las cámaras.

k) Cumplir las condiciones de almacenamiento de refrigerantes en la sala de máquinas, de acuerdo a lo indicado en el artículo 27.

l) Mantener actualizado el cartel de seguridad indicado en el artículo 28 y mantener en buen estado el Manual de Servicio que estará situado en lugar visible de la sala de máquinas para que pueda ser consultado en cualquier momento.

m) Ordenar la realización de las inspecciones periódicas que les correspondan, de acuerdo con lo dispuesto en el artículo 26.3.

n) Informar de los accidentes que se produzcan, de acuerdo con lo dispuesto en el artículo 29.

o) Disponer del certificado de la instalación eléctrica debidamente firmado por el instalador de Baja Tensión.

p) Los titulares de las instalaciones de Nivel 2 deberán tener suscrito un contrato de mantenimiento de la misma con una empresa frigorista de su nivel o con una empresa instaladora de nivel 1 que satisfaga los requisitos exigibles para la clase A2L, en caso de usar estos refrigerantes.

q) Desmontar y dar de baja las instalaciones, de acuerdo con lo previsto en el artículo 25.

Artículo 19. *Requisitos mínimos de las instalaciones.*

1. Se considerará que las instalaciones proporcionan las condiciones mínimas que, de acuerdo con el estado de la técnica, son exigibles para preservar la seguridad de las personas y los bienes cuando se utilicen de acuerdo a su destino en los siguientes casos:

   a) Cuando las instalaciones hayan sido realizadas de conformidad con las prescripciones del presente Reglamento.

   b) Cuando las instalaciones hayan sido realizadas mediante la aplicación de soluciones alternativas, siendo tales las que proporcionen, al menos, un nivel de seguridad y unas prestaciones equiparables a las establecidas, lo cual deberá ser justificado explícitamente por el autor de la memoria técnica o el proyecto que se pretende acoger a esta alternativa.

   Dicho proyecto o memoria debe explicitar la metodología de análisis de riesgo empleada y deben contar con un informe favorable de un organismo de control habilitado, y presentarse al órgano competente de la Comunidad Autónoma para su aprobación por la misma antes de la ejecución de la instalación.

2. A efectos de determinación de responsabilidad, se entenderá que se ha cumplido con los requisitos y condiciones normativamente exigibles si se acredita que las instalaciones se han realizado de acuerdo con cualquiera de las alternativas anteriores.

Artículo 20. *Diseño y ejecución de las Instalaciones frigoríficas.*

1. Las instalaciones frigoríficas y los elementos, equipos y materiales que las integran deberán cumplir las prescripciones establecidas en el presente Reglamento y en aquella otra normativa que les sea aplicable, particularmente la relativa a máquinas, equipos a presión, prevención de fugas y los criterios higiénico-sanitarios para la prevención y control de la legionelosis.

   Los equipos compactos, sea cual sea el refrigerante que utilicen, deberán disponer, cuando sea de aplicación, de un Certificado de Conformidad como conjunto en relación con el Real Decreto 709/2015, de 24 de julio, por el que se establecen los requisitos esenciales de seguridad para la comercialización de los equipos a presión.

Cualquier material empleado en la construcción de las instalaciones frigoríficas deberá ser resistente a la acción de las sustancias con las que entre en contacto, de forma que no pueda deteriorarse en condiciones normales de utilización y, en especial, se tendrá en cuenta su resistencia a efectos de su fragilidad a baja temperatura (resiliencia), tal como determina el apartado 7.5 del anexo I del Real Decreto 709/2015, de 24 de julio.

Cuando se disponga de una sala de máquinas para instalar partes del sistema frigorífico, especialmente los compresores con sus componentes directos, se deberán cumplir los requisitos indicados en la Instrucción técnica complementaria IF-07.

La unión de equipos o elementos para formar una instalación deberá diseñarse teniendo en cuenta:

a) Que cada uno de los equipos o elementos deberá disponer de las correspondientes declaraciones de conformidad «CE» o certificaciones que le sean de aplicación.

b) La protección del conjunto de la instalación contra la superación de los límites admisibles de servicio de los componentes que lo integran.

2. Con carácter previo a la ejecución de las instalaciones frigoríficas incluidas en el ámbito de aplicación del presente Reglamento deberá elaborarse la siguiente documentación técnica en la que se ponga de manifiesto el cumplimiento de los preceptos reglamentarios:

a) Las instalaciones frigoríficas de Nivel 1 requerirán la elaboración de una memoria técnica descriptiva de la instalación suscrita por un instalador frigorista o un técnico titulado competente, que serán responsables de que la instalación cumpla las exigencias reglamentarias.

b) Las instalaciones frigoríficas de Nivel 2 requerirán la elaboración de un proyecto suscrito por un técnico titulado competente que será responsable de que la instalación cumple con las exigencias reglamentarias. Como excepción, debido al menor riesgo que presentan, las instalaciones con refrigerantes de la clase A2L que puedan ser realizadas por empresas instaladoras de Nivel 1 sólo precisarán una memoria y la documentación detallada en el artículo 21.

En el proyecto se incluirá un anexo donde se consignará el valor teórico actual estimado del impacto total equivalente sobre el calentamiento atmosférico (TEWI), así como los cálculos justificativos de dicha estimación, que se fundamentarán en el contenido del apéndice 2 de la IF-02.

3. La ejecución de las instalaciones se realizará por empresas frigoristas o por empresas instaladoras habilitadas de conformidad con lo previsto en el RITE en el caso de instalaciones que se encuentren dentro del ámbito de aplicación de ese Reglamento con arreglo al proyecto o memoria técnica, según corresponda, y con sujeción a lo prescrito en el presente Reglamento y al resto de la normativa vigente aplicable e instrucciones de los fabricantes de los equipos que las integran.

La ejecución de las instalaciones de Nivel 2 deberá efectuarse bajo la dirección de un técnico titulado competente en funciones de director de la instalación, que suscribirá el correspondiente certificado técnico de dirección de obra.

El instalador o el director de la instalación, cuando la participación de este último sea preceptiva, deberán realizar los siguientes controles:

a) Control de la recepción de equipos y materiales: en el momento de la recepción de equipos y materiales deberá comprobarse la documentación y distintivos de los suministros. En particular, se verificará que los equipos y materiales estén provistos de marcado "CE" o de las declaraciones de conformidad o certificaciones que resulten exigibles. En el caso de productos con marcado "CE", que dispongan de la declaración de conformidad de acuerdo con los procedimientos establecidos en la reglamentación de seguridad que les sean de aplicación, si hubiese alguna disparidad con alguno de los puntos de este Reglamento, prevalecerán los criterios de la reglamentación de seguridad específica de los equipos.

b) Control de la ejecución de la instalación: el control de la ejecución de las instalaciones se realizará de acuerdo con las especificaciones técnicas del proyecto o memoria técnica.

La instalación de equipos y materiales deberá llevarse a cabo de tal manera que permita la realización, de forma segura, de las operaciones de mantenimiento y control previstas por el fabricante.

En todo caso, las uniones permanentes que deban realizarse en las instalaciones se llevarán a cabo con procedimientos de soldadura adecuados y por profesionales acreditados.

c) Control de la instalación terminada: una vez finalizada la instalación, deberán realizarse los ensayos, pruebas y revisiones indicados en la Instrucción técnica complementaria IF-09 y, en su caso, en el proyecto o memoria técnica.

Artículo 21. *Comunicación de instalaciones*

Una vez finalizada la instalación y realizadas las pruebas de idoneidad de la instalación con carácter previo a la puesta en servicio de la misma, el titular presentará, ante el órgano competente de la Comunidad Autónoma, la siguiente documentación. No obstante, la Comunidad Autónoma podrá sustituir esta comunicación por una declaración responsable en la que se indique que dispone de toda la documentación requerida.

1. Para instalaciones de nivel 1:

a) Memoria técnica de la instalación realmente ejecutada.

b) Certificado de la instalación suscrito por la empresa frigorista/RITE (de acuerdo con la IF-10).Certificado de instalación eléctrica, que debe incluir la parte correspondiente a la instalación frigorífica, firmado por un instalador en baja tensión o, en su defecto, informe emitido por la empresa instaladora de baja tensión en el cual se describa la instalación, indicando que la misma cumple los requisitos técnicos de la reglamentación vigente en el momento de la fecha de realización de la instalación y que se encuentra en perfecto estado de funcionamiento.

c) Declaraciones de conformidad de los equipos a presión y del sistema de tuberías de acuerdo con el Real Decreto 709/2015, de 24 de julio y, en su caso, de los accesorios de seguridad o presión.

d) Declaraciones de conformidad CE de acuerdo con el Real Decreto 709/2015, de 24 de julio, de la instalación como conjunto, cuando se trate de equipos compactos, y para el resto de instalaciones, de todos los equipos a presión incluidos las declaraciones de conformidad de las tuberías cuando resulte de aplicación.

2. Para instalaciones de nivel 2:

a) Proyecto de la instalación realmente ejecutada.

b) Certificado técnico de dirección de obra.

c) Certificado de la instalación suscrito por la empresa frigorista y el director de la instalación (de acuerdo con la IF-10).

d) Certificado de instalación eléctrica, que debe incluir la parte correspondiente a la instalación frigorífica, firmado por un instalador en baja tensión o, en su defecto, informe emitido por la empresa instaladora de baja tensión en el cual se describa la instalación, indicando que la misma cumple los requisitos técnicos de la reglamentación vigente en el momento de la fecha de realización de la instalación y que se encuentra en perfecto estado de funcionamiento.

e) Declaraciones de conformidad de los equipos a presión y del sistema de tuberías de acuerdo con el Real Decreto 709/2015, de 24 de julio, y, en su caso, de los accesorios de seguridad o presión.

f) Copia de la póliza del seguro de responsabilidad civil del titular de la instalación, cuando así esté establecido.

g) Contrato de mantenimiento con una empresa instaladora frigorista, siempre que la empresa no sea empresa automantenedora.

h) Declaraciones de conformidad CE de acuerdo con el Real Decreto 709/2015, de 24 de julio, de la instalación como conjunto, cuando se trate de equipos compactos, y para el resto de instalaciones, de todos los equipos a presión incluidos las declaraciones de conformidad de las tuberías cuando resulte de aplicación.

3. Para instalaciones de nivel 2, cuyos equipos utilicen fluidos pertenecientes a la clase de seguridad A2L, que no tengan ningún sistema con una potencia eléctrica instalada en los compresores superior a 30 kW, o la suma total de las potencias eléctricas instaladas en los compresores frigoríficos, de todos los sistemas, no excede de 100 kW y que no enfríen ninguna cámara de atmosfera artificial, si han sido llevadas a cabo por empresas frigoristas de nivel 1 o del RITE:

a) Memoria técnica de la instalación ejecutada firmada por el instalador frigorista o técnico titulado competente, facilitando por escrito al usuario información detallada de los equipos: fabricante, modelo, tipo y carga de refrigerante y año de fabricación. Adjuntará un documento del cálculo justificativo de que la instalación cumple con las exigencias de este Reglamento de seguridad para instalaciones frigoríficas (RSIF) en cuanto a: dimensiones del local, altura de montaje del equipo sobre el suelo, carga máxima admitida y medidas de seguridad adoptadas. Dicho documento estará firmado por el instalador frigorista o por técnico titulado competente en el caso de que no se sobrepasen los límites de carga según se establecen en las tablas A y B del Apéndice 1 de la IF04 o por un técnico titulado competente si se sobrepasan los límites de carga o se requiere hacer análisis de riesgo.

b) "Análisis de riesgo" de la instalación, en caso de que no se satisfagan los criterios del punto anterior, es decir que se sobrepase la carga máxima de refrigerante admitida por este RSIF, documentando si se trata de una zona de extensión despreciable (ED) según la norma UNE-EN 60079-10-1, en caso contrario deberá aplicarse el Real Decreto 144/2016, de 8 de abril, por el que se establecen los requisitos esenciales de salud y seguridad exigibles a los aparatos y sistemas de protección para su uso en atmósferas potencialmente explosivas. En este caso la instalación la realizara una empresa instaladora de nivel 2.

c) Certificado de la empresa frigorista, firmado por su representante legal, confirmando que el personal que ha realizado la instalación está habilitado para el manejo de sistemas e instalaciones que utilicen gases de la clase A2L, que conoce lo establecido en el RSIF respecto a estos refrigerantes y ha recibido la formación necesaria, y que la instalación y sus componentes cumplen con las condiciones específicas que recomienda el fabricante de los equipos para la utilización de esta clase de refrigerantes A2L.Certificado de la instalación suscrito por la empresa frigorista (de acuerdo con la IF-10).

d) Los certificados indicados en los apartados c) y d) anteriores podrán unificarse en un solo documento que incluya toda la información exigida en ambos.

e) Certificado de instalación eléctrica, que incluya la parte correspondiente a la instalación frigorífica, firmado por un instalador en baja tensión.

f) Declaraciones de conformidad de los equipos a presión y del sistema de tuberías de acuerdo con el Real Decreto 709/2015, de 24 de julio, y, en su caso, de los accesorios de seguridad o presión.

g) De acuerdo con el Real Decreto 709/2015, de 24 de julio, las declaraciones de conformidad CE de la instalación como conjunto, cuando se trate de equipos compactos, y para el resto de instalaciones, de todos los equipos a presión incluidas las declaraciones de conformidad de las tuberías cuando resulte de aplicación.

h) Contrato de mantenimiento con una empresa instaladora frigorista, siempre que la empresa no sea empresa automantenedora.

4. Para instalaciones de nivel 2, cuyos equipos utilicen fluidos pertenecientes a la clase de seguridad A2L, que no tengan ningún sistema con una potencia eléctrica instalada

en los compresores superior a 30 kW, y la suma total de las potencias eléctricas instaladas en los compresores frigoríficos, de todos los sistemas, no exceda de 100 kW y que no enfríen ninguna cámara de atmosfera artificial, si han sido llevadas a cabo por instaladores frigoristas de nivel 2, se podrá presentar la documentación indicada en el punto anterior o la documentación indicada para instalaciones de nivel 2.

5. Para las instalaciones de climatización para condiciones de bienestar térmico incluidas en el ámbito de aplicación del presente Reglamento, se deberá presentar o disponer de la documentación indicada en los apartados anteriores, junto con la documentación requerida en el RITE, previa a la puesta en servicio de la instalación, ante el órgano responsable del RITE de la Comunidad Autónoma.

6. No será necesario presentar la documentación para los sistemas no compactos con carga inferior a la indicada en el artículo 2 y las instalaciones por absorción que utilizan Br Li-Agua, que deberán ser instalados, mantenidos y reparados por una empresa instaladora frigorista.

   No obstante, la empresa que realice la instalación deberá entregar al titular del sistema o instalación la siguiente documentación:

   a) Un certificado en el que figuren los datos de la empresa instaladora, el fabricante, modelo, año, número de fabricación, carga, denominación y grupo del refrigerante empleado, así como las actuaciones realizadas, según el modelo que figura en el libro registro de la instalación, apéndice I de la IF-10.

   b) Manual de instrucciones.

   c) En el caso de las instalaciones por absorción con Br Li-Agua, además, la empresa instaladora frigorista entregará la justificación documentada de la idoneidad de las soluciones adoptadas desde el punto de vista energético (solución con menor coste energético) y deberán satisfacer las exigencias establecidas en la reglamentación vigente relativa a equipos a presión en cuanto a diseño, fabricación, protección y documentación que debe acompañar a dichos equipos.

7. Para las instalaciones transportables, antes de ponerse en marcha en el nuevo emplazamiento se deberá notificar al órgano competente de la Comunidad Autónoma en materia de industria, entregando una copia de la documentación que corresponda, según se establece en este mismo artículo.

   Por su especial condición, el traslado y posterior puesta en servicio de estos sistemas deberá cumplir adicionalmente con las condiciones que se detallan a continuación:

   a) En el caso de sistemas nuevos compactos, entregados de fábrica cargados de refrigerantes, su primera puesta en marcha se realizará según las instrucciones establecidas por el fabricante en el manual técnico (ajuste de los elementos de seguridad, control de la carga, etc.). Después de cada traslado y cambio de ubicación será suficiente realizar una nueva puesta en marcha siguiendo las instrucciones del manual del fabricante mencionadas anteriormente en este punto.

b) Cuando se trate de sistemas partidos, entregados de fábrica con las partes internas y externas cargadas de refrigerante y las tuberías de unión precargadas o al menos presurizadas con gas inerte, para la primera y sucesivas puestas en marcha después de cada traslado y ubicación se seguirán las instrucciones establecidas por el fabricante en cuanto a los trabajos a realizar. Salvo en el caso de que se modifiquen las tuberías de unión entre ambas partes, pues entonces se tendrá que cumplir con lo que establecen el Real Decreto 709/2015, de 24 de julio, y el presente Reglamento sobre este particular.

c) En las instalaciones no concebidas para su transporte con refrigerante precargado se deberá extraer el refrigerante y presurizar con gas inerte hasta una presión de 1,5 bar en todos sus componentes.

En el nuevo emplazamiento se procederá a realizar la correspondiente puesta en funcionamiento con las mismas exigencias que se establecen en este RSIF para la primera puesta en marcha de este tipo de instalaciones. Si se requiere modificar las tuberías de interconexión se deberá justificar el cumplimiento de lo establecido en Real Decreto 709/2015, de 24 de julio, y en el presente Reglamento para las nuevas tuberías.

Todas estas operaciones deberán quedar registradas en el libro de registro de la instalación.

Artículo 22. *Mantenimiento.*

1. El mantenimiento de las instalaciones frigoríficas, así como la manipulación de refrigerante se realizará por empresas frigoristas o por empresas habilitadas de conformidad con lo previsto en el RITE, en el caso de instalaciones que se encuentren dentro del ámbito de aplicación del presente Reglamento, quedando restringida la manipulación de los circuitos frigoríficos y refrigerantes a los profesionales referidos en el artículo 9.

2. El mantenimiento se realizará siguiendo los criterios indicados en la Instrucción técnica complementaria IF-14.

3. La manipulación de refrigerantes y la prevención de fugas de los mismos en las instalaciones frigoríficas se realizará atendiendo a los criterios de la Instrucción técnica complementaria IF-17, debiéndose subsanar lo antes posible las fugas detectadas.

Artículo 23. *Reparación de instalaciones.*

1. La reparación de las instalaciones frigoríficas se realizará por empresas frigoristas, quedando restringida la manipulación de los circuitos y refrigerantes a los profesionales referidos en el artículo 9.

2. Las reparaciones que afecten a las partes sometidas a presión de los recipientes deberán atenerse a los criterios del Reglamento de equipos a presión, aprobado por el Real Decreto 2060/2008, de 12 de diciembre.

3. De toda reparación deberá emitirse la correspondiente certificación que quedará en poder del titular de la instalación, según el documento "Trabajos de Reparación y Mantenimiento" incluido en el modelo de libro de registro de la IF-10.

Artículo 24. *Modificación de instalaciones.*

1. La transformación de una instalación por ampliación o sustitución de equipos por otros de características diferentes requerirá el cumplimiento de los mismos requisitos exigidos para las nuevas instalaciones.

    A los efectos de determinar la necesidad de elaboración de un proyecto en relación con la modificación de la instalación, se tendrá en cuenta el conjunto de la misma tras la modificación.

2. La modificación de una instalación por reducción o sustitución de equipos por otros de características similares solamente requerirá comunicación al órgano competente de la Comunidad Autónoma y la correspondiente anotación en el libro de registro de la instalación, siempre que los indicadores de seguridad y de funcionamiento (presiones de trabajo, carga de refrigerante, potencia instalada) de la instalación no excedan en más de un 5 % los valores nominales.

    La instalación de un nuevo equipo a presión, y o sustitución de uno existente por otro de mayor volumen (superior en el 5%), debe considerarse como una modificación importante.

3. Cuando se produzca un cambio de refrigerante en la instalación frigorífica, deberá comprobarse si la presión máxima de servicio del nuevo refrigerante es igual o inferior a la presión máxima admisible (PS) del sistema y si el fluido pertenece al mismo grupo de riesgo; en ese caso, el cambio de refrigerante no se consideraría modificación y será suficiente presentar, ante el órgano competente de la Comunidad Autónoma, el certificado de instalación junto con un escrito en el que se notifica el cambio de refrigerante. No será preciso someter al sistema a una prueba de estanqueidad.

4. Si la presión máxima de servicio del nuevo refrigerante supera la PS de la instalación, se considerará una modificación de la instalación y se requerirá antes de la puesta en servicio una memoria o proyecto, según corresponda, en el que se analicen las consecuencias y medidas adoptadas para garantizar el funcionamiento seguro de la instalación (basados en el estudio exigido en la IF-17). También se acompañará el certificado de instalación y el de dirección técnica si se requiere, así como el certificado de pruebas a presión y los documentos detallados en el artículo 21 del presente Reglamento.

Artículo 25. *Fin de vida y desmantelamiento de la instalación.*

1. El desmantelamiento de una instalación frigorífica deberá ser realizado por una empresa frigorista y los residuos generados deberán ser entregados a un gestor de residuos.

2. Con carácter previo al desmantelamiento, el titular de la instalación deberá comunicar al órgano competente de la Comunidad Autónoma la fecha prevista para el

comienzo y fin de las operaciones de desmantelamiento, el nombre de la empresa frigorista que lo llevará a cabo y del gestor de residuos y las actuaciones previstas de tratamiento ambiental de los residuos generados y de descontaminación.

3. Finalizado el desmantelamiento, la empresa frigorista emitirá un certificado de su correcta ejecución que entregará al titular de la instalación a fin de que éste proceda a solicitar la baja, a la Comunidad Autónoma en la que radique la instalación, en los registros que procedan.

Artículo 26. *Controles periódicos.*

1. A las instalaciones se les realizarán periódicamente controles de fugas por una empresa frigorista de conformidad con lo establecido en la Instrucción técnica complementaria IF-17.

2. Las instalaciones deberán ser revisadas periódicamente por una empresa frigorista con la periodicidad y los criterios indicados en las Instrucciones técnicas complementarias IF-14 y IF-17.

3. Las instalaciones deberán ser inspeccionadas por un organismo de control habilitado de acuerdo con el Reglamento de la Infraestructura para la Calidad y la Seguridad Industrial, aprobado por Real Decreto 2200/1995, de 28 de diciembre, con la periodicidad y los criterios indicados en la Instrucción técnica complementaria IF-14.

Artículo 27. *Almacenamientos permitidos en sala de máquinas específica.*

1. Se prohíbe el almacenamiento en la sala de máquinas específica de elementos ajenos a la instalación frigorífica

2. La cantidad máxima de refrigerante para el mantenimiento de dicha instalación que puede ser almacenado en su sala de máquinas es el 20% de la carga total de la instalación, con un máximo de 150 kg.

3. El citado refrigerante deberá almacenarse en botellas o contenedores y de conformidad con lo especificado en la ITC MIE APQ-5, del Reglamento de almacenamiento de productos químicos.

Artículo 28. *Señalizaciones.*

1. En la proximidad del lugar de operaciones, y con independencia de otras obligaciones de señalización de la normativa laboral, contempladas en el Real Decreto 485/1997, de 14 de abril, sobre disposiciones mínimas en materia de señalización de seguridad y salud en el trabajo, deberá existir un cartel de seguridad bien visible y adecuadamente protegido, con las indicaciones reflejadas en el punto 2.3 de la IF-10.

2. Las salas de máquinas estarán claramente señalizadas en su entrada como tales, especificando además claramente que personas no autorizadas no pueden entrar en la misma, que se prohíben fumar y la presencia de luces abiertas (desnudas) o llamas. Además, se mostrarán advertencias que prohibirán el funcionamiento no autorizado del sistema.

3. Los sistemas frigoríficos que contengan más de 10 kg de refrigerantes de las clases de seguridad A3 y B3 situados al aire libre deberán estar claramente marcados en las entradas de la zona restringida, junto con la advertencia de que las personas no autorizadas no podrán entrar y de que está prohibido fumar, encender llamas o manejar otras fuentes potenciales de ignición.

CAPÍTULO V
Otras disposiciones

Artículo 29. *Accidentes.*

1. A efectos estadísticos, sin perjuicio de otras comunicaciones sobre el accidente a las autoridades laborales previstas en la normativa laboral, cuando se produzca un accidente que ocasione daños a las personas que requieran asistencia médica o víctimas mortales, daños al medio ambiente o a la propia instalación, si este produce una parada de la instalación superior a una semana, el titular deberá notificarlo lo antes posible y, en todo caso, en un plazo no superior a veinticuatro horas al órgano competente en materia de industria de la Comunidad Autónoma, el cual llevará a cabo las actuaciones que considere oportunas para esclarecer las causas del mismo.

2. De dicho accidente se elaborará un informe, que el titular de la instalación remitirá en el plazo de un mes al órgano competente en materia de industria de la Comunidad Autónoma.

Artículo 30. *Normas.*

1. Las instrucciones técnicas complementarias podrán establecer la aplicación de normas UNE u otras reconocidas internacionalmente, de manera total o parcial, a fin de facilitar la adaptación al estado de la técnica en cada momento, sin perjuicio del reconocimiento de las normas correspondientes admitidas por los Estados miembros de la Unión Europea (U.E.) o los países miembros de la Asociación Europea de Libre Comercio (AELC) firmantes del Acuerdo sobre el Espacio Económico Europeo (EEE), siempre que las mismas supongan un nivel de seguridad de las personas o de los bienes equivalentes, al menos, al que proporcionan aquellas.

   La referencia que se realizará en el texto de las instrucciones técnicas complementarias a las normas, por regla general, se hace sin indicar el año de edición de las mismas.

   En la Instrucción técnica complementaria IF-21 se indica el listado de todas las normas citadas en el texto de las instrucciones, identificadas por sus títulos y numeración, la cual incluirá el año de edición.

2. Cuando una o varias normas varíen su año de edición, o se editen modificaciones posteriores a las mismas, deberán ser objeto de actualización en el listado de normas de la IF-21 mediante orden de la Ministra de Industria, Comercio y Turismo en la que deberá hacerse constar la fecha a partir de la cual la utilización de la nueva edición de la norma será válida y la fecha a partir de la cual la utilización de la antigua edición de la norma dejará de serlo, a efectos reglamentarios.

A falta de resolución expresa, se entenderá que también cumple las condiciones reglamentarias la edición de la norma posterior a la que figure en el listado de normas, siempre que la misma no modifique criterios básicos y se limite a actualizar ensayos o incremente la seguridad intrínseca del material correspondiente.

Artículo 31. *Tramitación electrónica.*

1. Los interesados podrán tramitar los procedimientos que se deriven de esta norma por vía electrónica, en los términos previstos en la Ley 39/2015, de 1 de octubre, del Procedimiento Administrativo Común de las Administraciones Publicas, y demás normativa aplicable.

2. En el caso de que los interesados sean alguno de los sujetos de los indicados en el artículo 14.2 de la citada Ley 39/2015, de 1 de octubre, deberán tramitar los procedimientos que se deriven de esta norma por vía electrónica.

CAPÍTULO VI

Régimen sancionador

Artículo 32. *Infracciones y sanciones.*

1. El incumplimiento de lo establecido en este real decreto será sancionado de acuerdo con lo establecido en el título V de la Ley 21/1992, de 16 de julio, y en el texto refundido de la Ley sobre Infracciones y Sanciones en el Orden Social, aprobado por el Real Decreto Legislativo 5/2000, de 4 de agosto, en este último caso en la medida que dicho incumplimiento constituya violación de norma jurídico-técnica que incida en las condiciones de trabajo en materia de prevención de riesgos laborales.

2. La comprobación del incumplimiento de las obligaciones establecidas en el presente Reglamento, con independencia de las sanciones indicadas en la Ley citada anteriormente, podrá dar lugar a que, de acuerdo con el artículo 10.2 de dicha Ley, por el órgano competente de la correspondiente Comunidad Autónoma se acuerde la paralización temporal de la actividad, total o parcial, requiriendo a los responsables para que corrijan las deficiencias o ajusten su funcionamiento a las normas reguladoras, en tanto no compruebe dicho órgano competente que se han subsanado las causas que hubieran dado lugar a la suspensión.

3. Cuando se haya dictado una resolución sancionadora en vía administrativa en la que se acuerde la paralización o no de la actividad, se establecerá el plazo en el que debe corregirse la causa que haya dado lugar a la infracción, salvo que pueda y deba hacerse de oficio y así se determine.

Una vez que dicha resolución sancionadora sea ejecutiva en vía administrativa, de no haberse corregido en plazo la conducta que motivo aquella, podrá considerarse que la persistencia en esa conducta constituye una nueva infracción susceptible de la correspondiente sanción, previa la tramitación del pertinente procedimiento.

Disposición adicional primera. *Aceptación de documentos de otros Estados miembros de la Unión Europea a efectos de acreditación del cumplimiento de requisitos.*

A los efectos de acreditar el cumplimiento de los requisitos exigidos a las empresas frigoristas se aceptarán los documentos procedentes de otro Estado miembro de la Unión Europea de los que se desprenda que se cumplen tales requisitos, en los términos previstos en el artículo 17.2 de la Ley 17/2009, de 23 de noviembre, sobre el libre acceso a las actividades de servicios y su ejercicio.

Disposición adicional segunda. *Modelos de declaración responsable.*

Corresponderá a las Comunidades Autónomas elaborar y mantener disponibles los modelos de declaración responsable. A efectos de la integración en el Registro Integrado Industrial regulado en el título IV de la Ley 21/1992, de 16 de julio, y en su Reglamento aprobado por Real Decreto 559/2010, de 7 de mayo, el órgano competente en materia de seguridad industrial del Ministerio de industria, Comercio y Turismo elaborará y mantendrá actualizada una propuesta de modelos de declaración responsable, que deberá incluir los datos que se suministrarán al indicado registro y estará disponible en la sede electrónica de dicho Ministerio.

Disposición adicional tercera. *Cobertura de seguro suscrito en otro Estado.*

Cuando la empresa frigorista que se establece o ejerce la actividad en España, ya esté cubierta por un seguro de responsabilidad civil profesional u otra garantía equivalente o comparable en lo esencial en cuanto a su finalidad y a la cobertura que ofrezca en términos de riesgo asegurado, suma asegurada o límite de la garantía en otro Estado miembro de la Unión Europea en el que ya esté establecida, se considerará cumplida la exigencia establecida en el capítulo III del presente Reglamento. Si la equivalencia con los requisitos es sólo parcial, la empresa frigorista deberá ampliar el seguro o garantía equivalente hasta completar las condiciones exigidas. En el caso de seguros u otras garantías suscritas con entidades aseguradoras y entidades de crédito autorizadas en otro Estado miembro de la Unión Europea, se aceptarán a efectos de acreditación los certificados emitidos por éstas.

ÍNDICE

DE LAS INSTRUCCIONES TÉCNICAS

COMPLEMENTARIAS

INSTRUCCIÓN IF-01

TERMINOLOGÍA

INDICE

1. GENERALIDADES

A los efectos del presente Reglamento, son aplicables las definiciones expuestas en los apartados 2 y 3 de la presente instrucción en los que se incluyen, entre otras, todas las definiciones recogidas en la norma UNE-EN 378-1.

2. RELACIÓN DE TÉRMINOS DEFINIDOS

Sistema de refrigeración	**3.1**
Sistemas de refrigeración (bombas de calor)	3.1.1
Sistema semicompacto	3.1.2
Sistema compacto	3.1.3
Sistema de carga limitada	3.1.4
Sistema de absorción o adsorción	3.1.5
Sistema secundario de enfriamiento o calefacción	3.1.6
Sistema cerrado	3.1.7
Sistema sellado hermético	3.1.8
Carga de refrigerante	3.1.9
Botella y contenedor	3.1.10
Sector de alta presión	3.1.11
Sector de presión intermedia	3.1.12
Sector de baja presión	3.1.13
Sistema frigorífico en cascada	3.1.14
Ciclo transcrítico	3.1.15
Ciclo subcrítico	3.1.16
Conjunto	3.1.17
Componente	3.1.18
Sistema móvil	3.1.19
Sistema transportable	3.1.20
Circuito primario	3.1.21
Circuito secundario	3.1.22
Locales, emplazamientos	**3.2**
Sala de máquinas	3.2.1
Sala de máquinas específica	3.2.2
Espacio o local habitado	3.2.3
Antecámara	3.2.4
Vestíbulo	3.2.5
Pasillo	3.2.6
Salida	3.2.7
Corredor de salida	3.2.8

3. DEFINICIONES.

3.1. Sistemas de refrigeración.

3.1.1. Sistemas de refrigeración (incluidas las bombas de calor).

Conjunto de componentes interconectados que contienen refrigerante y que constituyen un circuito frigorífico cerrado, en el cual el refrigerante circula con el propósito de extraer o ceder calor (es decir, enfriar o calentar) a un medio externo al circuito frigorífico.

3.1.2. Sistema semicompacto o partido.

Sistema de refrigeración construido completamente en fábrica, sobre una bancada metálica o en una cabina o recinto adecuado; fabricado y transportado en una o varias partes y en el cual ningún elemento conteniendo fluido frigorígeno sea montado in situ, salvo las válvulas de interconexión y pequeños tramos de tubería frigorífica.

3.1.3. Sistema compacto.

Sistema semicompacto que ha sido montado, cargado para ser utilizado y probado antes de su instalación y que se instala sin necesidad de conectar partes que contengan refrigerante. Un equipo compacto puede incluir uniones rápidas o válvulas de cierre montadas en fábrica.

3.1.4. Sistema de carga limitada.

Sistema de refrigeración cuyo volumen interior y carga total de refrigerante son tales que, con el sistema parado, aunque se produzca la vaporización total de la carga de refrigerante, la presión en el mismo no puede superar la presión máxima admisible.

3.1.5. Sistema de absorción o adsorción.

Sistema de refrigeración en el cual la producción de frío se realiza por vaporización de un fluido frigorígeno cuyo vapor es sucesivamente absorbido o adsorbido por un medio absorbente o adsorbente, del cual es separado a continuación por calentamiento a una presión parcial de vapor más elevada y seguidamente licuado por enfriamiento.

3.1.6. Sistema secundario de enfriamiento o calefacción.

Sistema que emplea un fluido intermedio para transferir calor o frío desde un generador a los distintos puntos de consumo.

3.1.7. Sistema cerrado.

Sistema de refrigeración en el que todas las partes por las que circula el refrigerante están conectadas herméticamente entre sí mediante bridas, uniones roscadas o conexiones similares.

3.1.8. Sistema sellado hermético.

Un sistema en el que todas las piezas que contengan refrigerante estén sujetas mediante soldaduras, soldeo fuerte o una conexión permanentemente similar, la cual puede contar con válvulas de caperuza o conexiones de servicio con caperuza que permitan una reparación o eliminación adecuadas y cuyo índice de fugas, determinado mediante ensayo, sea inferior a 3 gramos al año bajo una presión equivalente como mínimo al 25% de la presión máxima permitida. Un sistema sellado hermético puede contener uno o varios aparatos sellados herméticamente, siendo estos aparatos los definidos en el punto 11 del artículo 2, del Reglamento (UE) nº 517/2014 del Parlamento europeo y del Consejo, de 16 de abril de 2014, sobre gases fluorados de efecto invernadero y por el que se deroga el Reglamento (CE) nº 842/2006.

3.1.9. Carga de refrigerante.

La especificada en la placa o etiquetado del equipo o en su defecto la máxima cantidad de refrigerante que admita el equipo para su correcto funcionamiento.

3.1.10. Recipiente.

Según se define en el Reglamento (UE) nº 517/2014 del Parlamento europeo y del Consejo, de 16 de abril de 2014, un recipiente es un "producto concebido principalmente para transportar o almacenar gases fluorados de efecto invernadero".

Así mismo, tendrán la consideración de recipientes, las botellas y contenedores destinados al transporte y suministro de refrigerantes normalmente licuados y a presión, concebidos para ser recargados.

3.1.11. Sector de alta presión.

Parte de un sistema de refrigeración que funciona, aproximadamente, a la presión de condensación o del refrigerador del gas

3.1.12. Sector de presión intermedia.

Parte del sistema de refrigeración que, en caso de trabajar en salto múltiple, queda comprendida entre la descarga de un escalón o etapa y la aspiración del siguiente.

3.1.13. Sector de baja presión.

Parte del sistema de refrigeración que funciona, aproximadamente, a la presión de evaporación.

3.1.14. Sistema frigorífico en cascada.

Sistema frigorífico compuesto por dos o más circuitos frigoríficos independientes, en los cuales el condensador de uno de los circuitos transfiere calor directamente al evaporador del circuito de temperatura inmediatamente superior.

3.1.15. Ciclo transcrítico.

Ciclo de refrigeración cuyo compresor descarga el refrigerante a unas condiciones (de presión) por encima del punto crítico.

3.1.16. Ciclo subcrítico.

Ciclo de refrigeración cuyo compresor descarga el refrigerante a unas condiciones (de presión) por debajo del punto crítico.

3.1.17. Conjunto.

Unidad completa con una función definida constituida por varios componentes. Los elementos son a veces conectados juntos "in situ" para formar un sistema completo.

3.1.18. Componente.

Elemento o subconjunto funcional de un sistema de refrigeración.

3.1.19. Sistema móvil.

Sistema de refrigeración que normalmente es transportado durante su funcionamiento.

Nota: Los sistemas móviles incluyen los siguientes tipos:

Sistemas de refrigeración para transporte frigorífico, p.ej.: aéreo, terrestre (por carretera o ferrocarril) y marítimo. Sistemas de refrigeración para acondicionamiento de aire, p.ej.: vehículos terrestres (automóviles, camiones, autobuses, ferrocarriles, excavadoras, grúas, cosechadoras, tractores, etc.), barcos, aviones, etc.

3.1.20. Sistema transportable.

Son sistemas que han sido concebidos para funcionar en régimen estacionario, pero se han diseñado para permitir su traslado de un emplazamiento a otro.

Se suelen colocar sobre plataformas de transporte y cuando llegan al lugar de utilización se estacionan fijando las plataformas y llevando a cabo las operaciones que sean necesarias, tales como interconexionado (si es preciso) y carga de refrigerante.

3.1.21. Circuito primario.

Es aquel por el que circula el refrigerante o fluido frigorígeno que se transforma termodinámicamente de acuerdo con un ciclo de compresión para producir frío o calor.

3.1.22. Circuito secundario.

Circuito por el que se hace circular un fluido con o sin cambio de fase, mediante el cual se transfiere calor al o del circuito primario según la aplicación que proceda.

3.2. Locales, emplazamientos.

3.2.1. Sala de máquinas.

Espacio o recinto cerrado, ventilado por ventilación mecánica, sellado y aislado respecto a las zonas públicas y no accesible al público, destinado a la instalación de componentes del sistema de refrigeración o del sistema completo. Pueden instalarse otros equipos si son compatibles con los requisitos de seguridad del sistema de refrigeración.

No tendrá consideración de espacio, local o recinto habitado a los efectos de establecer la carga máxima de refrigerante en la instalación frigorífica.

3.2.2. Sala de máquinas específica.

Sala de máquinas prevista exclusivamente para la instalación de componentes, consumibles y herramientas necesarias para partes de los sistemas de refrigeración o de los sistemas completos. Es accesible solamente a personal autorizado para necesidades de mantenimiento y reparación.

3.2.3. Espacio o local habitado.

Recinto o local ocupado por personas durante un periodo prolongado de tiempo. Cuando los espacios anexos a los de posible ocupación humana no son, por construcción o diseño, estancos al aire deben considerarse como parte del espacio ocupado por personas. Por ejemplo: falsos techos, pasadizos de acceso, conductos, tabiques móviles y puertas con rejillas de ventilación.

El espacio ocupado puede ser accesible al público o sólo a personal entrenado, en el mismo se pueden emplazar partes de un sistema frigorífico o el sistema completo, con las limitaciones que la IF-04 establece para el tipo y carga de refrigerante en función de la clasificación del local.

3.2.4. Antecámara.

Sala aislada, provista de puertas separadas de entrada y salida que permiten el paso de un recinto a otro, permaneciendo ambos aislados entre sí.

3.2.5. Vestíbulo.

Sala de entrada o pasillo amplio que sirve como sala de espera.

3.2.6. Pasillo.

Corredor para el paso de personas.

3.2.7. Salida.

Abertura en pared exterior, con o sin puerta o portal.

3.2.8. Corredor de salida.

Pasillo inmediatamente próximo a la puerta, a través del cual las personas puedan abandonar el edificio.

3.2.9. Cámara frigorífica.

Recinto o mueble cerrado, dotado de puertas herméticas, mantenido por un sistema de refrigeración, y destinado a la conservación de productos. No tendrá consideración de espacio habitado u ocupado

3.2.10. Comunicación directa.

Abertura existente en la pared medianera entre recintos que, opcionalmente, puede ser cerrada mediante una puerta, ventana o portillo de servicio con apertura libre desde ambos lados.

3.2.11. Al aire libre.

Cualquier espacio no cerrado, que puede estar techado.

Un recinto, donde al menos una de las paredes de mayor longitud esté abierta al aire exterior por medio de persianas con un área libre del 75% y que cubra al menos el 80% del área de la pared (o el equivalente si más de una pared da hacia el exterior), se considera que está al aire libre.

3.2.12. Cámaras de atmósfera artificial.

3.2.12.1. Cámaras de conservación en atmósfera artificial.

Son cámaras frigoríficas, suficientemente estancas a gases y vapores, provistas de dispositivos para equilibrar su presión con la exterior y para regular y mantener la mezcla gaseosa que se desee en su interior (especialmente los contenidos de oxígeno y de anhídrido carbónico).

3.2.12.2. Cámaras para la maduración acelerada y la desverdización.

Aquellas, dentro de las de atmósfera artificial, provistas de elementos de calefacción, humidificación y homogeneización de su ambiente interior y de emisión en el mismo de gases estimulantes del proceso de maduración de los frutos y hortalizas o de la degradación, en su caso, de la clorofila de los frutos (etileno con nitrógeno) y la aparición de los pigmentos propios de la especie y empleando, en ambos procesos, temperaturas superiores a las de conservación.

3.2.13. Locales refrigerados para procesos.

Son aquellas dependencias de trabajo donde tiene lugar un proceso (elaboración, transformación, manipulación o acondicionamiento de un producto, etc.) en unas condiciones higrotérmicas determinadas por normas técnicas o reglamentos (higiénico sanitario) que regulen las condiciones del proceso: salas de despiece, salas de acondicionamiento (envasado, empaquetado de productos, etc.), obradores, etc.

3.2.14. Envolvente ventilada.

Envolvente en donde se alojan los sistemas de refrigeración, en cuyo interior y mediante una ventilación controlada y conducida se mantiene una presión inferior a la de sus espacios circundantes, con lo cual se evita la emisión de refrigerante al exterior de la citada envolvente.

3.3. Presiones.

3.3.1. Presión absoluta.

Presión referida al vacío absoluto.

Nota. Su uso se limita prácticamente sólo al cálculo del proceso frigorífico. Para distinguirla de la presión relativa se acompañará la denominación de las unidades con la letra "a".

3.3.2. Presión relativa (manométrica).

Presión cuyo valor es igual a la diferencia algebraica entre la presión absoluta y la presión atmosférica.

3.3.3. Presión de diseño.

Presión elegida para determinar la presión de cálculo de cada componente.

3.3.4. Presión de prueba de estanqueidad.

Presión que se aplica para verificar que un sistema o cualquier parte del mismo es estanco. No puede ser inferior a la máxima de servicio.

3.3.5. Presión de prueba de resistencia.

Presión que se aplica para comprobar que un sistema o cualquier parte o componente del mismo es capaz de soportar dicha presión sin que se produzcan deformaciones permanentes, roturas o fugas. Tiene que ser un 10% superior a la de estanqueidad.

3.3.6. Presión máxima admisible, PS.

Presión máxima para la que está diseñado el equipo, especificada por el fabricante.

Nota 1: Presión límite de funcionamiento que no deberá sobrepasarse, tanto si el sistema está funcionando como si está parado.

3.3.7. Resistencia límite de un sistema.

Presión a la cual una parte del sistema rompe o revienta.

3.4. Componentes de los sistemas de refrigeración.

3.4.1. Instalación frigorífica.

Conjunto de los componentes de uno o varios sistemas de refrigeración y de todos los elementos necesarios para su funcionamiento (cuadro y cableado eléctrico, circuito de agua, etc.).

Incluye los sistemas de refrigeración de cualquier dimensión, comprendidos los utilizados en acondicionamiento de aire y en bombas de calor, así como los sistemas secundarios de enfriamiento y los de calefacción generada por equipos frigoríficos (incluidas las bombas de calor).

Una instalación frigorífica podrá contener una "instalación" según se define en punto 20 del artículo 2 del Reglamento (UE) nº 517/2014 del Parlamento europeo y del Consejo de 16 de abril de 2014.

3.4.2. Componentes frigoríficos.

Elementos que forman parte del sistema de refrigeración, por ejemplo, compresor, condensador, generador, absorbedor, adsorbedor, depósito de líquido, evaporador, separador de partículas de líquido.

3.4.3. Compresor.

Equipo que incrementa mecánicamente la presión de un vapor o de un gas refrigerante.

3.4.3.1. Compresor de desplazamiento positivo (volumétrico).

Compresor en el que la compresión se obtiene por variación del volumen interior de la cámara de compresión.

3.4.3.2. Compresor no volumétrico.

Compresor en el que la compresión se obtiene sin cambiar el volumen interior de la cámara de compresión.

3.4.4. Motocompresor.

Combinación fija de un motor eléctrico y un compresor en una unidad.

3.4.4.1. Motocompresor hermético.

Combinación compuesta por un compresor y un motor eléctrico, ambos encerrados en la misma carcasa, sin eje ni sello mecánico externos.

3.4.4.2. Motocompresor semihermético.

Combinación compuesta por un compresor y un motor eléctrico, ambos encerrados en una misma carcasa, con tapas desmontables para permitir el acceso, pero sin eje ni sello mecánico externos.

3.4.4.3. Motocompresor de rotor hermético o encapsulado.

Motocompresor con envolvente hermética, que no contiene el bobinado del motor, y sin eje externo.

3.4.5. Compresor abierto.

Compresor con el eje de transmisión que atraviesa la carcasa estanca que contiene al refrigerante.

3.4.6. Absorbedor.

Dispositivo en el que tiene lugar la absorción o adsorción de un refrigerante gaseoso procedente de un evaporador, o sea, su incorporación a un medio líquido o sólido.

3.4.7. Generador.

Aparato o intercambiador de calor en el que, mediante un proceso de calefacción, tiene lugar la separación del vapor disuelto en el líquido, al que se ha incorporado en un absorbedor, haciendo posible su posterior licuefacción en un condensador.

3.4.8. Equipos a presión.

Los componentes del sistema de refrigeración según el Real Decreto 709/2015, de 24 de julio, Artículo 4, apartado 1.1 Recipientes (definidos en el punto 3.4.8.1 de esta ITC IF 01); Apartado 1.3 Tuberías, colectores y sus accesorios (definidos en los puntos 3.5 y 3.5.10 y otros de esta ITC IF 01), y Apartado 1.4 Accesorios de seguridad (definidos en el punto 3.6) y accesorios de presión (válvulas, reguladores de presión y otros) (definiciones en los puntos 3.5.11, 3.5.12, 3.5.13 de esta ITC IF 01).

Así pues, tendrán la consideración de equipos a presión, entre otros, los generadores de hielo, armarios de placas, separadores, recipientes, filtros de aceite, etc.

3.4.8.1. Recipientes a presión.

Cualquier parte del sistema de refrigeración que contiene refrigerante, exceptuando:

i)   Compresores de tipo abierto y semihermético (1).

ii)   Bombas.

iii)   Serpentines y baterías (incluyendo sus colectores), formadas por tuberías con el aire como fluido secundario.

iv) Tuberías y sus válvulas, uniones y accesorios. - Colectores que recojan el gas, liquido o aceite que circula por el sistema, para facilitar la redistribución del fluido respectivo (si no se usa Tes, se deberá justificar la resistencia en el punto de injerto). Las presiones, espesores, calidad de material y fabricación serán los mismos que para las tuberías.

v) Dispositivos de control.

vi) Interruptores de presión, medidores, indicadores de líquido.

vii) Válvulas de seguridad, tapones fusibles, discos de rotura.

(1) Pueden estar sujetos a la exclusión del artículo 1, apartado 2 j) de la Directiva 2014/68/EU del Parlamento Europeo y del Consejo, de 15 de mayo de 2014, relativa a la armonización de las legislaciones de los Estados miembros sobre la comercialización de equipos a presión. El fabricante del compresor decidirá caso por caso si la exclusión es aplicable.

Así pues, tendrán la consideración de equipos a presión, entre otros, los generadores de hielo, armarios de placas, separadores, recipientes, filtros de aceite, etc. En relación con las baterías y serpentines de evaporadores y condensadores, en el Real Decreto 709/2015, de 24 de julio, en el apartado 3 de su artículo 2, define las tuberías como equipos a presión "cuando estén conectadas para integrarse en un sistema a presión" y en la última frase del mismo apartado precisa: "Se equipararán a las tuberías los cambiadores de calor compuestos por tubos y destinados al enfriamiento o el calentamiento de aire.

En relación con el párrafo anterior la guía interpretativa B-04, de la Directiva 2014/68/UE, de 15 de mayo de 2014, aclara que tienen la consideración de tubería solamente si estos intercambiadores están formados por tubos rectos o curvados que pueden estar conectados a colectores comunes circulares formados también por tubos, y se cumplen simultáneamente las tres condiciones siguientes:

– Que el fluido secundario sea el aire.

– Que se utilicen en sistemas de refrigeración, aire acondicionado o bomba de calor.

– Que en la construcción del equipo las tuberías sean el factor predominante.

Para que se cumpla el último punto se precisa que la Categoría como tubería (CT) sea mayor que la categoría como recipiente (CR). Esto sucede si el producto DN × PS (diámetro del colector mayor x presión máxima admisible) es superior al producto de Vh × PS (Vh = volumen del colector mayor). Si no fuera así, el serpentín se clasificaría como equipo a presión y entonces para determinar su categoría se debería sumar el volumen de los colectores al volumen interno de las tuberías y multiplicarlo por PS.

3.4.9. Condensador.

Intercambiador de calor en el que refrigerante en fase de vapor se licua por cesión de calor.

3.4.10. Recipiente de líquido.

Recipiente conectado permanentemente al sistema mediante tuberías de entrada y salida, utilizado para acumulación de refrigerante líquido.

3.4.11. Evaporador.

Intercambiador de calor en el cual el refrigerante liquido se vaporiza por absorción de calor procedente del medio a enfriar.

3.4.12. Enfriador.

Intercambiador de calor en el cual el fluido frigorífico se calienta por absorción de calor procedente del medio a enfriar.

3.4.13. Intercambiador de calor.

Equipo para transferir calor entre dos fluidos sin que estos entren en contacto directo.

3.4.14. Serpentín.

Componente del sistema de refrigeración construido con tubos o tuberías convenientemente conectados, que sirve como intercambiador de calor (evaporador, condensador, etc.).

3.4.15. Batería.

Parte del sistema de refrigeración construido con uno o varios serpentines convenientemente conectados, que sirve como intercambiador de calor (evaporador, condensador, etc.).

3.4.16. Grupo de absorción.

Parte del sistema de absorción que comprende la maquinaria frigorífica desde la entrada del absorbedor hasta la entrada del condensador.

3.4.17. Grupo de compresión.

Parte del sistema de refrigeración que comprende la maquinaria frigorífica desde la entrada del compresor o combinación de compresores hasta la entrada del condensador con sus accesorios correspondientes.

3.4.18. Grupo de condensación.

Parte del sistema de refrigeración que comprende la maquinaria frigorífica desde la entrada del compresor o combinación de compresores, incluido su accionamiento, condensador o condensadores, hasta la salida del recipiente o recipientes de líquido y el correspondiente conjunto de accesorios.

3.4.19. Grupo evaporador.

Combinación de uno o más compresores, evaporadores y recipientes de líquido (si fuesen necesarios) y el correspondiente conjunto de accesorios.

3.4.20. Dispositivo de expansión.

Elemento que permite y regula el paso del refrigerante líquido desde un estado de presión más alto a otro más bajo. Se consideran como tales las válvulas de expansión (manuales, termostáticas y electrónicas), los tubos capilares, los flotadores de alta, etc.

Nota. Es el componente frigorífico con función opuesta a la del compresor, delimita por la fase liquida los sectores de alta, intermedios (si hubiera) y baja.

3.4.21. Separador de partículas de líquido.

Recipiente que contiene refrigerante a baja presión y temperatura, conectado mediante tubos de alimentación de líquido y retorno de vapor, a uno o más evaporadores.

Normalmente se coloca en el sector de baja en la aspiración de los compresores para protegerlos contra arrastres de líquido. Con frecuencia son diseñados también como recipientes acumuladores y distribuidores de líquido en los sectores de baja

3.4.22. Separador de aceite.

Equipo a presión colocado en la descarga del compresor para separar y recuperar el aceite empleado en la lubricación del compresor.

3.4.23. Refrigerador intermedio.

Equipo a presión, utilizado en las instalaciones de dos etapas, que tiene como principal finalidad refrigerar el gas descargado por los compresores de baja y que puede utilizarse a su vez para subenfriar el líquido enviado al sector de baja y aumentar así el efecto frigorífico.

El subenfriamiento puede llevarse a cabo en un circuito abierto o cerrado; en el primer caso el refrigerante líquido quedará a la presión intermedia y a la temperatura de saturación que corresponda a esa presión, mientras que en el segundo caso el líquido quedará a la presión de alta y con una temperatura superior a la intermedia (de cinco a diez grados, según el acercamiento elegido).

El dispositivo en cuestión puede separarse en dos conjuntos independientes: uno para desrecalentar el gas y otro para subenfriar el líquido.

3.4.24. Economizador.

Equipo a presión, utilizado en las instalaciones que funcionan en una sola etapa de compresión con compresores que disponen de una toma de presión comprendida entre la aspiración y la descarga, y cuya principal finalidad consiste en subenfriar el líquido enviado al sector de baja para aumentar así el efecto frigorífico. Dicho aparato, como en el caso anterior, podrá ser del tipo de circuito abierto o circuito cerrado.

3.4.25. Volumen interior bruto.

Volumen calculado conforme a las dimensiones interiores del recipiente, sin tener en cuenta el volumen ocupado por cualquier parte interna.

3.4.26. Volumen interior neto.

Volumen calculado conforme a las dimensiones internas del recipiente, deducido el volumen ocupado por las partes internas permanentes.

3.4.27 Reductor de CO_2 (adsorbedor y absorbedor de dióxido de carbono).

Equipo que mediante un proceso químico, físico o químico-físico elimina el exceso de CO_2 producido por los frutos durante su almacenamiento en cámaras de atmósfera artificial.

3.4.28 Generador de atmósfera (reductor de oxígeno).

Equipo que, utilizando distintos procesos, genera la atmósfera neutra necesaria reduciendo el porcentaje deseado de oxígeno en las cámaras de atmósfera artificial.

3.4.29 Cambiador-difusor.

Equipo consistente en baterías de difusores compuestas por membranas (permeables al paso de ciertos gases), que controlan la mezcla gaseosa, con ubicación indistinta en el interior o exterior de la cámara de atmósfera artificial.

3.4.30 Válvula equilibradora de presiones.

Dispositivo de seguridad, utilizado en las cámaras frigoríficas, que permite y regula la comunicación con el exterior de las mismas, evitando depresiones o sobrepresiones peligrosas para la estructura de éstas, dado el grado de estanqueidad con que actualmente se construyen todas ellas, así como la incidencia que sobre las estructuras llegan a tener las rápidas variaciones de temperatura y los desescarches.

3.5. Tuberías, uniones y accesorios.

3.5.1. Red de tuberías.

Tuberías o tubos (incluidas mangueras, colectores, compensadores o tubería flexible) para la interconexión de las diversas partes de un sistema de refrigeración.

3.5.2. Unión (unión mecánica).

Conexión realizada entre dos partes.

3.5.3. Unión por soldadura.

Unión obtenida por ensamblaje de partes metálicas en estado plástico o de fusión.

3.5.4. Unión por soldadura fuerte.

Unión obtenida por ensamblado de partes metálicas mediante aleaciones que funden en general a una temperatura de fusión superior o igual a 450 °C, pero por debajo de la temperatura de fusión de las partes unidas.

3.5.5. Unión por soldadura blanda.

Unión obtenida por ensamblado de partes metálicas mediante mezcla de metales o aleaciones que funden a temperatura inferior a 450 °C e igual o superior a 220 °C.

3.5.6. Unión embridada.

Unión realizada atornillando entre sí un par de terminaciones con brida.

3.5.7. Unión abocardada.

Unión metálica a presión, en la cual se realiza un ensanchamiento cónico en el extremo del tubo.

3.5.8. Unión roscada.

Unión de tubo roscado que requiere material de relleno con el fin de sellar los hilos de la rosca.

3.5.9. Unión cónica roscada.

Unión entre tuberías que no precisa de ningún material de sellado, por ejemplo, unión roscada de un aro de metal deformable por compresión.

3.5.10. Colector o distribuidor.

Tramo de tubería o tubo de un sistema de refrigeración al cual se conectan dos o más tuberías o tubos.

3.5.11. Dispositivo de seccionamiento (válvula de corte).

Dispositivo para abrir o cerrar el flujo de fluido; por ejemplo, refrigerante, salmuera.

3.5.12. Válvulas de interconexión.

Pares de válvulas de cierre macho y hembra que aíslan partes del circuito frigorífico y están dispuestas para que dichas secciones puedan unirse antes de la apertura de las válvulas o separarse después de cerrarlas.

3.5.13. Válvula de cierre rápido.

Dispositivo de corte que cierra automáticamente (por ejemplo, por peso, fuerza de un resorte, bola de cierre rápido) o tiene un ángulo de cierre muy pequeño.

3.6. Accesorios de seguridad.

3.6.1. Dispositivo de alivio de presión.

Elemento diseñado para liberar o evacuar automáticamente el exceso de presión de un sistema frigorífico al exterior o a otro sector de presión más baja.

3.6.2. Válvula de alivio de presión.

Válvula accionada por presión que se mantiene cerrada mediante un resorte u otros medios y que está diseñada para liberar o evacuar el exceso de presión de forma automática, al abrir a una presión no superior a la máxima admisible y cerrar de nuevo una vez que la presión haya descendido por debajo del valor admisible.

3.6.3. Disco de rotura.

Disco o lamina cuya rotura se produce con un diferencial de presión predeterminado.

3.6.4. Tapón fusible.

Dispositivo con un material que a determinada temperatura funde aliviando la presión.

3.6.5. Dispositivo limitador de la temperatura.

Dispositivo que se acciona por temperatura, diseñado para impedir que se alcancen temperaturas excesivas.

3.6.6. Dispositivo de seguridad limitador de presión.

Dispositivo accionado por presión, diseñado para detener el funcionamiento del generador de presión.

3.6.6.1. Presostato automático.

Dispositivo de desconexión de rearme automático, que se denomina PSH para protección contra una presión alta y

PSL para protección contra una presión baja.

3.6.6.2. Presostato con rearme manual.

Dispositivo de desconexión de rearme manual sin ayuda de herramientas, denominado PZH si la protección es contra una presión alta y PZL si la protección es contra una presión baja.

3.6.6.3. Presostato de seguridad con bloqueo mecánico.

Dispositivo de desconexión accionado por presión, con bloqueo mecánico y rearme manual, únicamente con la ayuda de una herramienta. Se denomina PZHH si la protección es contra una presión muy alta y PZLL si la protección es contra una presión muy baja.

3.6.7. Dispositivo de seguridad limitador de presión máxima sometido a un ensayo de tipo.

Dispositivo sometido a un ensayo de tipo, diseñado para que, en caso de fallo o disfunción del propio instrumento, éste interrumpa el suministro de tensión al equipo.

3.6.8. Válvula de tres vías.

Válvula para comunicar o interrumpir total o parcialmente dos circuitos con un tercero. Si se utiliza conjuntamente con dos dispositivos de seguridad habilitará únicamente la conexión de uno de ellos con el circuito frigorífico a proteger y garantizará que en cualquier momento solo uno de los dispositivos quede fuera de servicio.

3.6.9 Válvula de cuatro vías.

Válvula de accionamiento automático que, generalmente con dos vías, comunica dos zonas del sector de alta y otras dos del sector de baja y cuya finalidad es intercambiar la interconexión entre ambas con objeto de enviar en un momento dado gas caliente al evaporador y poder aspirar del condensador para efectuar un desescarche por inversión de ciclo.

3.6.10. Detector de refrigerante.

Dispositivo de control que detecta la presencia de un refrigerante determinado y usualmente activa una alarma cuando la concentración de dicho refrigerante en el ambiente sobrepasa un valor predeterminado.

3.6.11. Sistema de detección de fugas de refrigerantes fluorados.

Dispositivo calibrado mecánico, eléctrico o electrónico para la detección de fugas de gases fluorados de efecto invernadero según se define en punto 29 del artículo 2 del Reglamento (UE) nº 517/2014 del Parlamento europeo y del Consejo de 16 de abril de 2014 que, en caso de detección, alerte al operador y automáticamente a la empresa mantenedora.

3.7. Fluidos.

3.7.1. Refrigerante (fluido frigorígeno).

Fluido utilizado en la transmisión de calor que, en un sistema de refrigeración, absorbe calor a bajas temperatura y presión, cediéndolo a temperatura y presión más elevadas. Este proceso tiene lugar, generalmente, con cambios de fase del fluido.

3.7.2. Fluido secundario (fluido frigorífero).

Sustancia intermedia (p.ej., agua, salmuera, aire, CO_2, etc.) utilizada para transportar calor entre el circuito frigorífico (circuito primario) y el medio a enfriar o calentar, con o sin cambio de estado.

3.7.3. Azeótropo o mezcla azeotrópica.

Mezcla de fluidos refrigerantes cuyas fases vapor y líquido en equilibrio poseen la misma composición a una presión determinada.

3.7.4. Zeotropo o mezcla zeotrópica.

Mezcla de fluidos refrigerantes cuyas fases vapor y líquido en equilibrio y a cualquier presión poseen distinta composición.

3.7.5. Toxicidad.

Propiedad de una sustancia que la hace nociva o letal para personas y animales debido a una exposición intensa o prolongada por contacto, inhalación o ingestión.

3.7.6. Límite inferior de inflamabilidad LII.

Concentración mínima de refrigerante que es capaz de propagar una llama en una mezcla homogénea de aire y refrigerante.

3.7.7. Límite superior de inflamabilidad LSI.

Concentración de refrigerante a partir de la cual no se produce la inflamación por insuficiencia de oxígeno.

3.7.8. Límite práctico LP.

Concentración máxima admisible, por razones de seguridad, expresada en kg/m^3, de gas refrigerante en un local habitado.

El Límite práctico se determina a partir del RCL o se emplean valores históricamente existentes que establecían la carga límite.

3.7.9. Límite concentración refrigerante RCL.

Concentración máxima de refrigerante, en el aire, de acuerdo con lo especificado en el apéndice 4 de la IF-04, establecido para reducir el riesgo de toxicidad aguda, asfixia y el peligro de inflamabilidad.

Se utiliza para determinar la máxima carga de ese refrigerante en una aplicación específica.

3.7.10. Límite de exposición para la toxicidad aguda ATEL.

Máxima concentración de refrigerante recomendado determinada de acuerdo con la norma UNE-EN 378-1 y destinada a reducir los riesgos de una peligrosa intoxicación aguda para los seres humanos en el caso de una fuga de refrigerante.

3.7.11. Límite de privación de oxigeno ODL.

Concentración de un refrigerante u otro gas que provoca un desplazamiento del oxígeno del ambiente, ocasionando por tanto una insuficiencia del mismo para la respiración normal. El valor a considerar debe ser 140.000 ppm (18,0 % O_2) por volumen, de refrigerante en el aire.

3.7.12. LOEL.

Nivel inferior de efecto observado (concentración).

3.7.13 NOEL.

Nivel de efecto no observado (concentración).

3.7.14. Límite de concentración inflamable FCL.

Se expresa en ppm y se calcula como el 20 % del LII.

3.7.15. Fraccionamiento.

Cambio en la composición de la mezcla del refrigerante; por ejemplo, por evaporación de los componentes más volátiles o por condensación de los menos volátiles.

3.7.16. Emisión súbita y masiva.

Emisión y evaporación de una considerable parte de la carga de refrigerante en un periodo de tiempo muy corto, por ejemplo, inferior a cinco minutos.

3.7.17. Tiempo máximo de exposición.

Tiempo máximo que el hombre puede estar expuesto, sin riesgo, a una concentración elevada de refrigerante; por ejemplo: no superior a diez minutos.

3.7.18. Aire exterior.

Aire procedente del exterior del edificio.

3.7.19. Halocarbonos/hidrocarburos.

Estos son:
- CFC: halocarbono completamente halogenado (exento de hidrógeno) que contiene cloro, flúor y carbono.
- HCFC: halocarbono parcialmente halogenado que contiene hidrógeno, cloro, flúor y carbono.
- HFC: halocarbono parcialmente halogenado que contiene hidrógeno, flúor y carbono.
- PFC: halocarbono que contiene únicamente flúor y carbono.
- HFO: las hidrofluoroolefinas tienen la misma composición que los
- HFC: hidrógeno, flúor y carbono, pero proceden de los alquenos (olefinas), en lugar de los alcanos, es decir, son compuestos insaturados y por tanto más inestables, con corta duración en la atmósfera en caso de fuga.
- HC: hidrocarburo que contiene únicamente hidrógeno y carbono.

3.7.20. Recuperación del refrigerante.

Acción de extraer el refrigerante de un sistema en cualquier condición y almacenarlo en botellas o contenedores externos.

3.7.21. Reutilización del refrigerante.

Empleo de refrigerantes usados en un sistema frigorífico tras su recuperación, en el mismo sistema cuando se realiza una limpieza y en otro distinto cuando se realiza una regeneración.

3.7.22. Limpieza del refrigerante.

Procedimiento básico de reducción de los contaminantes existentes en los refrigerantes, así como filtrado y deshidratación, normalmente in situ mediante equipos adecuados, con fines de reinstalación en el mismo aparato o en otro similar de la misma propiedad/usuario por la misma empresa frigorista.

3.7.23 Regeneración del refrigerante.

Procesado de los refrigerantes usados con vistas a permitir su reutilización, mediante procedimientos como el filtrado, secado, destilación y tratamiento químico para alcanzar las especificaciones del producto nuevo. Esta operación es realizada por parte de gestor de residuos, lo que normalmente implica el tratamiento en lugar distinto, en una instalación central.

Nota: Mediante los análisis químicos del refrigerante se determinará que cumple las especificaciones correspondientes. La identificación de contaminantes y los análisis químicos exigidos para un producto nuevo, se especifican en las normas nacionales e internacionales.

3.7.24. Eliminación del refrigerante.

Entrega a gestor autorizado de refrigerante usado para su destrucción, bien por estar prohibido, bien por ser imposible su limpieza o regeneración.

3.7.25. Potencial de agotamiento de la capa de ozono (PAO) en inglés ODP (Ozone Depletion Potential).

Parámetro adimensional que mide el potencial de agotamiento de la capa de ozono estratosférico de la unidad de masa de una sustancia en relación con la del R-11 que se adopta como unidad.

3.7.26. Potencial de Calentamiento Atmosférico (PCA) en inglés GWP (Global Warming Potential).

Parámetro que mide el potencial de calentamiento atmosférico producido por un kilo de toda sustancia emitida a la atmósfera, en relación con el efecto producido por un kilo de dióxido de carbono, CO_2 que se toma como referencia, sobre un tiempo de integración dado. Cuando el tiempo de integración es de 100 años se indica con PCA 100.

3.7.27. TEWI (TOTAL EQUIVALENT WARMING IMPACT) Impacto total equivalente sobre el calentamiento atmosférico.

Es un parámetro que evalúa la contribución total al calentamiento atmosférico producido durante su vida útil por un sistema de refrigeración utilizado. Engloba la contribución directa de las emisiones de refrigerante a la atmósfera y la indirecta debida a las emisiones de CO_2 (dióxido de carbono) consecuencia de la producción de energía necesaria para el funcionamiento del sistema de refrigeración durante su período de vida útil. Se expresa en kilogramos equivalentes de CO_2.

3.7.28. Deslizamiento (en inglés, glide).

Es la diferencia, en valor absoluto, de temperatura existente, en el proceso isobárico de ebullición o condensación de una mezcla de refrigerantes, entre la temperatura del punto de burbuja y la temperatura del punto de rocío.

3.7.29. Temperatura del punto de burbuja.

Es la temperatura en la que una mezcla zeotrópica de refrigerantes en fase líquida subenfriada sometida a calentamiento isobárico inicia su ebullición.

3.7.30. Temperatura del punto de rocío.

Es la temperatura en la que una mezcla zeotrópica de refrigerante en fase gaseosa recalentada sometida a enfriamiento isobárico inicia su condensación.

3.7.31. Limpieza del circuito frigorífico.

Procedimiento para la extracción de las sustancias indeseadas presentes en un circuito frigorífico tales como aceites, ácidos, agua y otras impurezas.

3.7.32. QLAV Carga límite con ventilación adicional.

Densidad de carga del refrigerante que cuando se supera crea una situación peligrosa instantánea, si la carga total fuga dentro del espacio ocupado (Ver apéndice 3 de la IF-04 para el uso concepto QLAV para manejar el riesgo de los sistemas en espacios ocupados donde el nivel de ventilación es suficiente para dispersar el refrigerante escapado en 15 minutos).

3.7.33. QLMV Carga límite con mínima ventilación.

La densidad de carga del refrigerante que daría como resultado una concentración igual a la RCL en una habitación de construcción no hermética con un escape de refrigerante moderadamente severo.

(Véase apéndice 3 de la IF-04 para el uso concepto QLMV para manejar el riesgo de los sistemas en espacios ocupados no subterráneos donde el nivel de ventilación no es suficiente para dispersar el refrigerante escapado en 15 min. El cálculo se basa en una apertura de 0,0032 m^2 y un índice de fugas de 2,78 gr/s).

3.7.34. Temperatura de autoignición de una sustancia.

La temperatura más baja en o por encima de la cual un producto químico puede quemarse espontáneamente en una atmósfera normal sin una fuente externa de ignición, tal como una llama o una chispa.

3.7.35. Tiempo de respuesta.

Tiempo que transcurre desde el momento en que se coloca una sonda de detección de gas en una concentración o se expone a un gas de calibración o delante de una fuga hasta que se dispara una alarma.

3.8. Varios.

3.8.1. Competencia.

Capacidad de realizar satisfactoriamente las actividades de una ocupación.

3.8.2. Soldador Acreditado.

Persona poseedora de un certificado, expedido por un organismo legalmente autorizado, por el que se acredita su competencia para efectuar determinado trabajo de soldadura, de acuerdo con la normativa vigente.

3.8.3. Operario.

Trabajador manual con actividad de carácter técnico.

3.8.4. Experto sanitario.

ATS, Auxiliares sanitarios, socorrista o persona con preparación específica y avalada por un documento que acredite su capacidad.

3.8.5. Acondicionamiento del aire de bienestar.

Proceso para el tratamiento del aire de un local, diseñado para satisfacer los requisitos de bienestar de los ocupantes.

3.8.6. Puesta en marcha.

Acción de poner a punto y en servicio una instalación en correcto funcionamiento.

3.8.7. Equipo de respiración autónomo.

Equipo que consiste en una máscara o media máscara que incorpora una válvula a demanda y un suministro de gas respirable a partir de un contenedor a presión.

3.8.8. Sistema de vacío.

Procedimiento para extraer el aire de un sistema o componente nuevo o revisado antes de proceder a la carga de refrigerante. Sirve también para verificar la estanqueidad del sistema o de un componente.

3.8.9. Potencia instalada.

A los efectos del presente Reglamento, se entenderá por potencia instalada, en el caso de motocompresores herméticos o semiherméticos, la máxima potencia consumida por el motor de accionamiento en el campo de las condiciones de aspiración y descarga permitidos por el fabricante en su catálogo.

Si no se dispone de esta información se determinará dicha potencia a partir de la intensidad máxima admisible indicada en la placa identificativa del motor, para ello se aplicarán las siguientes ecuaciones:

$$\text{Alimentación monofásica: } P = V \times I \times \cos \varphi$$

$$\text{Alimentación trifásica: } P = \sqrt{3} \times V \times I \times \cos \varphi$$

donde:

P = Potencia eléctrica en W.

V = Tensión de alimentación en Voltios. I = Intensidad máxima en Amperios.

$\cos \varphi$ = Factor de potencia de la carga, a falta de datos tomar 0,85.

En el caso de motocompresores abiertos, se computará como potencia instalada la potencia nominal del motor de accionamiento. Cuando se trate de sistemas de absorción se computará como potencia instalada la potencia térmica de accionamiento entregada al generador.

Para las unidades de climatización, cuando se desconozcan o no se puedan conocer los datos anteriormente indicados, se entenderá como potencia instalada el consumo de la unidad que aparece en la ficha técnica de estos productos.

3.8.10. Titular de la Instalación.

Persona física o jurídica propietaria o usuaria de una instalación.

3.8.11. Contacto directo.

Se considera contacto directo cuando el fluido enfriado o calentado y el refrigerante están separados únicamente por una pared de un intercambiador de calor, de forma que en caso de aparición de una fuga el refrigerante pueda incorporarse a la corriente del fluido enfriado. También se considerará contacto directo, cuando se utilice un fluido termoportador y éste se pulverice sobre el ambiente, sobre el producto o se use para tratar un líquido, en caso de fuga del intercambiador del circuito primario, el refrigerante también puede pasar al fluido termoportador y desde este al ambiente o a los productos de consumo.

3.8.12. Fuga significativa.

Es aquella que impide que la instalación frigorífica funcione correctamente con el refrigerante restante.

INSTRUCCIÓN IF-02

CLASIFICACIÓN DE LOS REFRIGERANTES (FLUIDOS FRIGORÍGENOS)

Índice

(TEWI, TOTAL EQUIVALENT WARMING IMPACT)

1. GENERALIDADES

Los refrigerantes se clasifican en grupos de acuerdo con sus efectos sobre la salud, el medio ambiente y la seguridad.

2. DENOMINACIÓN DE LOS REFRIGERANTES

De acuerdo con lo que establece el artículo 4.1 del presente Reglamento, los refrigerantes se denominarán o expresarán por su fórmula o por su denominación química o, si procede, por su denominación simbólico alfanumérica, no siendo suficiente, en ningún caso, su nombre comercial.

3. DESIGNACIÓN Y CLASIFICACIÓN DE LOS REFRIGERANTES

Los refrigerantes que figuran en el apéndice 1, tabla A, de esta IF-02 utilizan la clase de designación y seguridad especificadas en la norma ISO 817. Los valores límites prácticos serán los que figuran en dicha tabla A.

El límite práctico para un refrigerante viene dado por el nivel más elevado de concentración en un espacio ocupado que no ocasionará efectos perjudiciales y tampoco creará un riesgo de ignición, con cualquier tipo de fuga o escape. Se utiliza para determinar la carga máxima de refrigerante admisible en una aplicación específica.

Para los refrigerantes que incluyen mezclas que se comercializan para el año 2003, los límites prácticos existentes en ese momento (según lo establecido en normas internacionales o nacionales anteriores) deberá mantenerse a menos que, para los refrigerantes no inflamables, los valores ATEL/ODL exceden el límite práctico, en cuyo caso se utilizarán los valores ATEL/ODL.

4. GRUPOS DE CLASIFICACIÓN SEGÚN EL GRADO DE SEGURIDAD

A efectos de lo dispuesto en el artículo 4.2 del presente Reglamento, los refrigerantes se clasifican en grupos de acuerdo con sus efectos sobre la salud, el medio ambiente y la seguridad que se detallan en el apéndice 1 de esta instrucción.

El centro directivo competente en materia de seguridad industrial del Ministerio de industria, Comercio y Turismo, mediante resolución, podrá autorizar a petición de parte interesada la utilización de otros refrigerantes permitidos, o sus mezclas, no incluidos en el apéndice 1, previa determinación de cuantas características de prueba y uso sean precisas según lo requerido en las prescripciones establecidas en el presente Reglamento y en las instrucciones técnicas complementarias que lo desarrollan.

Dentro de la tabla del Apéndice 1 se encuentran gases cuyo uso está prohibido por el Reglamento (CE) 1005/2009 de gases que afectan a la capa de ozono, en concreto los que poseen potencial de agotamiento de la capa de ozono (PAO). Estos gases se incluyen a efectos prácticos de clasificación de los refrigerantes.

4.1. Clasificación en función de sus efectos sobre la salud y seguridad.

Los refrigerantes se clasifican de acuerdo con su inflamabilidad y su toxicidad.

4.1.1. Clasificación en función de su inflamabilidad.

Los refrigerantes deberán incluirse dentro de una de las tres categorías, 1, 2 y 3 basándose en lo siguiente:

– CATEGORÍA 1: Refrigerantes que no muestran propagación de llama cuando se ensayan a +60 ºC y 101,3 kPa.

– CATEGORÍA 2: Refrigerantes que cumplan las tres condiciones siguientes: Muestran propagación de llama cuando se ensayan a +60 ºC y 101,3 kPa.

Tiene un límite inferior de inflamabilidad, cuando forman una mezcla con el aire, igual o superior al 3,5% en volumen (V/V).

Tiene un calor de combustión menor que 19.000 kJ/kg.

Dentro de este grupo la norma ISO 817 ha introducido el criterio de la disminución de riesgo a causa de la baja velocidad de propagación de la llama de ciertas substancias, estableciendo la categoría 2L, el cual además de satisfacer las tres condiciones anteriores presenta la siguiente característica:

Velocidad de propagación de la llama inferior a 10 cm/s.

Los refrigerantes que en la actualidad están dentro de esta categoría son los siguientes:

A2L: R-32; R-143a; R-1234yf; R-1234ze; R-444A; R-444B; R-445A; R-446A; R-447A; R-451A; R-451B; R-452B; R-454A; R-454B; R-454C y R-455A.

B2L: R-717.

– CATEGORÍA 3: Refrigerantes que cumplan las tres condiciones siguientes: Muestran propagación de llama cuando se ensayan a +60 ºC y 101,3 kPa.

Tiene un límite inferior de inflamabilidad, cuando forman una mezcla con el aire, inferior al 3,5% en volumen (V/V).

Tiene un calor de combustión mayor o igual que 19.000 kJ/kg.

Nota – Los límites inferiores de inflamabilidad se determinarán de acuerdo con la correspondiente norma, por ejemplo, ANSI / ASTM E 681 y se recogen en la ISO 817 y UNE-EN 378.

4.1.2. Clasificación en función de la toxicidad.

Los refrigerantes deberán incluirse dentro de una de las categorías A y B basándose en su toxicidad:

–CATEGORÍA A: Refrigerantes cuya concentración media en el tiempo no tiene efectos adversos para la mayoría de los trabajadores que pueden estar expuestos al refrigerante durante una jornada laboral de 8 horas diarias y 40 horas semanales y cuyo valor es igual o superior a una concentración media de 400 ml/m³ [400 ppm. (V/V)].

–CATEGORÍA B: Refrigerantes cuya concentración media en el tiempo no tiene efectos adversos para la mayoría de los trabajadores que puedan estar expuestos al refrigerante durante una jornada laboral de 8 horas diarias y 40 horas semanales y cuyo valor es inferior a una concentración media de 400 ml/m³ [400 ppm. (V/V)].

Nota – Bajo ciertas condiciones se pueden producir compuestos tóxicos de descomposición por contacto con llamas o superficies calientes. Los principales productos de descomposición del grupo de refrigerantes del grupo L1 (A1), con excepción del dióxido de carbono, son los ácidos clorhídricos y fluorhídricos. Si bien son tóxicos, delatan automáticamente su presencia debido a su olor extremadamente irritante incluso a bajas concentraciones.

Nota – Estos criterios sobre toxicidad, con independencia de su posible valor de referencia, no se refieren a los valores límites ambientales previstos en el Real Decreto 374/2001, de 6 de abril, sobre la protección de la salud y seguridad de los trabajadores contra los riesgos relacionados con los agentes químicos durante el trabajo, que se aplicarán según su normativa específica.

4.1.3. Clases y Grupos de seguridad.

Los refrigerantes se clasifican por clases de seguridad de acuerdo con la tabla 1.

Tabla 1. Clases de seguridad y su determinación en función de la inflamabilidad y toxicidad

		Baja toxicidad	Alta toxicidad
Incremento riesgo-inflamabilidad ↓	Sin propagación de llama	A1	B1
	Baja inflamabilidad	A2L	B2L
	Media inflamabilidad	A2	B2
	Alta inflamabilidad	A3	B3
		→ →	
		Incremento riesgo - toxicidad	

Para el propósito del presente Reglamento se agrupan de forma simplificada como sigue:

Grupo L1 de alta seguridad = A1.

Grupo L2 de media seguridad = A2L, A2, B1, B2L, B2.

Grupo L3 de baja seguridad = A3, B3.

Cuando existan dudas sobre el grupo al que pertenece un refrigerante éste se deberá clasificar en el más exigente de ellos.

4.1.4. Clasificación de las mezclas de los refrigerantes en función de sus efectos sobre la salud y la seguridad.

A las mezclas de refrigerantes, cuya inflamabilidad o toxicidad puedan variar debido a cambios de composición por fraccionamiento, se les deberá asignar una doble clasificación de clase de seguridad separada por una barra oblicua (/). La primera clasificación registrada deberá ser la clasificación de la composición original de la mezcla. La segunda registrada deberá ser la de la composición de la mezcla en el "caso del fraccionamiento más desfavorable". Cada característica deberá considerarse independientemente.

Ambas clasificaciones deberán determinarse utilizando los mismos criterios que si fuera un refrigerante con un único componente.

En cuanto a su toxicidad, "el caso del fraccionamiento más desfavorable" deberá definirse como la composición que resulta de la concentración más alta del (de los) componente(s) en fase líquida o vapor. La toxicidad de una mezcla específica deberá establecerse en base a sus componentes considerados individualmente.

Puesto que el fraccionamiento puede ocurrir como resultado de una fuga en el sistema de refrigeración cuando se determine "el caso de fraccionamiento más desfavorable" deberán considerarse la composición de la mezcla que queda en el sistema y la de la fuga. El "caso del fraccionamiento más desfavorable" podrá ser o bien la composición inicial o una composición generada durante el fraccionamiento.

El caso del fraccionamiento más desfavorable, en lo referente a la toxicidad, podrá o no coincidir con el caso del fraccionamiento más desfavorable respecto a la inflamabilidad.

4.1.5. Límites prácticos.

Los límites prácticos se establecerán según los criterios recogidos en el apéndice 1.

4.1.6. Certificado de la calidad del refrigerante y ficha de seguridad.

Los distribuidores-fabricantes de refrigerantes deberán suministrar junto al refrigerante el certificado de calidad del mismo acreditativo de su composición química concreta así como su ficha de seguridad.

APÉNDICE 1.
TABLA A. CLASIFICACIÓN DE LOS REFRIGERANTES[1]

Grupo L	Clase de seguridad	Nº de Refrigerante (2)	DENOMINACIÓN (composición = % peso)	Fórmula	Masa Molecular (3) kg/kmol	Densidad de vapor a 25ºC a101,3 kPa kg/m³	Límite Práctico (4) kg/m³	Punto de Ebullición 101,3kPa (5) ºC	ATEL/ODL (6) (kg/m³)	Temp. Auto-ignición°C	Límite inferior de inflamabilidad kg/m³	Potencial de calentamiento atmosférico (7) PCA 100	Potencial agotamiento de la capa de ozono (8) PAO	Clasif. según:(9) REP
1	A1	R-11	Triclorofluorometano	CCl3F(10)	137.4	5.62	0.3	24	0.0062	ND	NF	4750	1	2
1	A1	R-12	Diclorodifluorometano	CCl2F2(10)	120.9	4.94	0.5	-29	0.088	ND	NF	10900	1	2
1	A1	R-12B1	Bromoclorodifluorometano	CBrClF2(10)	165.4	6.76	0.2	-4	ND	ND	NF	1 890	3	2
1	A1	R-13	Clorotrifluorometano	CClF3(10)	104.5	4.27	0.5	-81	ND	ND	NF	14 400	1	2
1	A1	R-13B1	Bromotrifluorometano	CBrF3(10)	148.9	6.09	0.6	-58	ND	ND	NF	7140	10	2
1	A1	R-14	Tetrafluoruro de carbono	CF4	88.0	3.60	0.4	-128	0.40	ND	NF	7390	0	2
1	A1	R-22	Clorodifluorometano	CHClF2(10)	86.5	3.54	0.3	-41	0.21	635	NF	1 810	0.055	2
1	A1	R-23	Trifluorometano	CHF3(11)	70.0	2.86	0.68	-82	0.15	765	NF	14800	0	2
1	A1	R-113	1,1,2-Tricloro-1,2,2-trifluoroetano	CCL2FCClF2(10)	187.4	NA	0.4	48	0.2	ND	NF	6130	0.8	2
1	A1	R-114	1,2-Dicloro-1,1,2,2 tetrafluoroetano	CClF2CClF2 (10)	170.9	6.99	0.7	4	0.14	ND	NF	10000	1	2
1	A1	R-115	2-Cloro-1,1,1,2,2-pentafluoroetano	CF3CClF2(10)	154.5	6.32	0.76	-39	0.76	ND	NF	7 370	0.6	2
1	A1	R-116	Hexafluoroetano	CF3CF3(11)	138.0	5.64	0.68	-78	0.68	ND	NF	12200	0	2
1	A1	R-124	2-Cloro-1,1,1,2-tetrafluoroetano	CF3CHClF (10)	136.5	5.58	0.11	-12	0.056	ND	NF	609	0.022	2
1	A1	R-125	Pentafluoroetano	CF3CHF2	120.0	4.91	0.39	-49	0.37	733	NF	3500	0	2
1	A1	R-134a	1,1,1,2-Tetrafluoroetano	CF3CH2F(11)	102.0	4.17	0.25	-26	0.21	743	NF	1430	0	2
1	A1	R-218	Octofluoropropano	CF3CF2CF3 (11)	188.0	7.69	1.84	-37	0.85	ND	NF	8830	0	2

[1] Nota: Adicionalmente a los refrigerantes recogidos en esta tabla, podrán también ser utilizados los recogidos en la norma UNE-EN 378-1, siempre que estos no supongan una minoración de las condiciones de seguridad. Inclusión de esta nota por el Real Decreto 164/2025, de 4 de marzo. Ref. BOE-A-2025-7190.

Clasificación										Inflamabilidad				
Grupo L	Clase de seguridad	Nº de Refrigerante (2)	DENOMINACIÓN (composición = % peso)	Fórmula	Masa Molecular(3) kg/kmol	Densidad de vapor a 25°C a101,3 kPa kg/m³	Límite Práctico (4) kg/m³	Punto de Ebullición 101,3 kPa (5) °C	ATEL/ODL (6) (kg/m³)	Temp. Auto-ignición °C	Límite inferior de inflamabilidad kg/m³	Potencial de calentamiento atmosférico (7) PCA 100	Potencial agotamiento de la capa de ozono (8) PAO	Clasif. según:(9) REP
1	A1	R-227ea	1,1,1,2,3,3,3-Heptafluorpropano	CF3CHFCF3(11)	170.0	6.95	0.63	-15	0.63	ND	NF	3220	0	2
1	A1	R-236fa	1,1,1,3,3,3-Hexafluorpropano	CF3CH2CF3(11)	152.0	6.22	0.59	-1	0.34	ND	NF	9810	0	2
1	A1	R-1233zd(E)	Trans-1-cloro-3,3,3-trifluorprop-1-N	CF3CH=CHCl(10)	130.5	5.34	0.086	18.1	0.086	ND	NF	4.5	0	2
1	A1	R-C318	Octofluorciclobuta no	C4F8(11)	200.0	8.18	0.81	-6	0.65	ND	NF	10300	0	2
1	A1	R-C318	Octofluorciclobutano	C4F8(11)	200.0	8.18	0.81	-6	0.65	ND	NF	10300	0	2
1	A1	R-501	R-22/12(75/25)	CClF2+CHClF2 (10;11)	93.1	3.81	0.38	-41.0	0.21	ND	NF	4083	0.29	2
1	A1	R-502	R-22/115 (48.8/51.2)	CHClF2+ CF3CClF2 (10;11)	112	4.56	0.45	-45.4	0.33	ND	NF	4 657	0.33	2
1	A1	R-503	R-23/13 (40.1/59.9)	CHF3+CClF3 (10;11)	87.5	3.58	0.35	-88.7	ND	ND	ND	14560	0.6	2
1	A1	R-504	R-32/115 (48.2/51.8)	CH2F2+CClF2CF3 (10;11)	79.2	3.24	0.45	-57	0.45	ND	NF	4143	0.31	2
1	A1	R-507A	R-125/143a (50/50)	CF3CHF2CF3CH3 (11)	98.9	4.04	0.53	-46.7	0.53	ND	NF	3985	0	2
1	A1	R-508A	R-23/116 (39/61)	CHF3+C2F6(11)	100.1	4.09	0.23	-86.0	0.23	ND	NF	13210	0	2
1	A1	R-508B	R-23/116 (46/54)	CHF3+C2F6 (11)	95.4	3.90	0.25	-88.3	0.2	ND	NF	13400	0	2
1	A1	R-509A	-22/218 (44/56)	CHClF2+C3F8 (10;11)	124	5.07	0.56	-47.0	0.38	ND	NF	5741	0.024	2
1	A1	R513A	R-134a/1234yf (44/56)	CH2FCF3+CF3CF=CH2 (11)	108.4	4.256	0.319	-29.05	0.319	ND	NF	631.4	0	2
1	A1	R-718	Agua	H2O	18		ND	100	NA	NA	NF	0	0	2
1	A1	R-744	Dióxido de carbono	CO₂	44.0	1.80	0.1	-78	0.072	ND	NF	1	0	2
1	A1/A1	R-401A	R-22/152a/124 (53/13/34)	CHClF2+ CHF2CH3+ CF3CHClF (10;11)	94.4	3.86	0.3	33.4 a -27.8	0.10	681	NF	1182	0.037	2
1	A1/A1	R-401B	R-22/152a/124 (61/11/28)	CHClF2+ CHF2CH3 CF3CHClF (10;11)	92.8	3.80	0.34	-34.9 a -29.6	0.11	685	NF	1 288	0.04	2

Grupo L	Clase de seguridad (2)	Nº de Refrigerante (2)	DENOMINACIÓN (composición = % peso)	Fórmula	Masa Molecular (3) kg/kmol	Densidad de vapor a 25ºC a101,3 kPa kg/m³	Límite Práctico (4) kg/m³	Punto de Ebullición 101,3 kPa (5) ºC	ATEL/ODL (6) (kg/m³)	Temp. Auto-ignición ºC	Límite inferior de inflamabilidad kg/m³	Potencial de calentamiento atmosférico (7) PCA 100	Potencial agotamiento de la capa de ozono (8) PAO	Clasif. Según (9) REP
1	A1/A1	R-401C	R-22/152a/124 (33/15/52)	CHClF2+CHF2CH3+CF3CHClF (10;11)	101	4.13	0.24	-28.9 a -23.3	0.083	ND	NF	932.6	0.03	2
1	A1/A1	R-402A	R-125/290/22 (60/2/38)	CF3CHF2+C3H8+CHClF2 (10;11)	101.5	4.16	0.33	-49.2 a -47.0	0.27	723	NF	2788	0.021	2
1	A1/A1	R-402B	R-125/290/22 (38/2/60)	CF3CHF2+C3H8+CHClF2 (10;11)	94.7	3.87	0.32	-47.2 a -44.8	0.24	641	NF	2416	0.033	2
1	A1/A1	R-403A	R-290/22/218 (5/75/20)	C3H8+CHClF2+C3F8 (10;11)	92	3.76	0.33	-47.7 a -44.3	0.24	ND	0.80	3124	0.041	2
1	A1/A1	R-403B	R-290/22/218 (5/56/39)	C3H8+CHClF2+C3F8 (10;11)	103.3	4.22	0.41	-49.1 a 46.84	0.29	ND	NF	4457	0.031	2
1	A1/A1	R-404A	R-125/143a/134a (44/52/4)	CF3CHF2+CF3CH3+CF3CH2F (11)	97.6	3.99	0.52	-46.5 a -45.7	0.52	728	NF	3 922	0	2
1	A1/A1	R-405A	R-22/152a/142b/C318 (45/7/5.5/42.5)	CHClF2+CHF2CH3+CH3CClF2+C4F8 (10;11)	111.9	4.58	ND	-32.8 a -24.4	0.26	ND	ND	5328	0.028	2
1	A1/A1	R-407A	R-32/125/134a (20/40/40)	CH2F2+CF3CHF2+CF3CH2F (11)	90.1	3.68	0.33	-45.2 a -38.7	0.31	685	NF	2107	0	2
1	A1/A1	R-407B	R-32/125/134a (10/70/20)	CH2F2+CF3CHF2+CF3CH2F (11)	102.9	4.21	0.35	-46.8 a -42.4	0.33	703	NF	2804	0	2
1	A1/A1	R-407C	R-32/125/134a (23/25/52)	CH2F2+CF3CHF2+CF3CH2F (11)	86.2	3.53	0.31	-43.8 a -36.7	0.29	704	NF	1774	0	2
1	A1/A1	R-407D	R-32/125/134a (15/15/70)	CH2F2+CF3CHF2+CF3CH2F (11)	90.9	3.72	0.41	-39.4 a -32.7	0.25	ND	NF	1627	0	2
1	A1/A1	R-407E	R-32/125/134a (25/15/60)	CH2F2+CF3CHF2+CF3CH2F (11)	83.8	3.43	0.40	-42.8 a -35.6	0.27	ND	NF	1552	0	2
1	A1/A1	R-407F	R-32/125/134a (30/30/40)	CH2F2+CF3CHF2+CF3CH2F (11)	82.1	3.36	0.32	-46.1 a -39.7	0.32	ND	NF	1825	0	2
1	A1/A1	R-407H	R-32/125/134a (32.5/15.0/52.5)	CH2F2/CHF2-CF3/CF3-CH2F (11)	79,099	42.03	0,300	-44.7 a -37.6	0.298	ND	NF	1495,13	0	2
1	A1/A1	R-408A	R-125/143a/22 (7/46/47)	CF3CHF2+CF3CH3+CHClF2 (10;11)	87.0	3.56	0.41	44.6 a -44.1	0.33	ND	NF	3152	0.026	2
1	A1/A1	R-409A	R-22/124/142b (60/25/15)	CHClF2+CF3CHClF+CH3CClF2 (10;11)	97.5	3.98	0.16	-34.7 a -26.3	0.12	ND	NF	1 585	0.048	2
1	A1/A1	R-409B	R-22/124/142b (65/25/10)	CHClF2+CF3CHClF+CH3CClF2 (10;11)	96.7	3.95	0.17	-35.8 a -28.2	0.12	ND	NF	1 560	0.048	2

| Clasificación | | | DENOMINACIÓN (composición = % peso) | Fórmula | Masa Molecular(3) kg/kmol | Densidad de vapor a 25ºC a101,3 kPa kg/m³ | Límite Práctico (4) kg/m³ | Punto de Ebullición 101,3 kPa (5) ºC | ATEL/ODL (6) (kg/m³) | Inflamabilidad | | Potencial de calentamiento atmosférico (7) PCA 100 | Potencial agotamiento de la capa de ozono (8) PAO | Clasif. según (9) REP |
Grupo L	Clase de seguridad	Nº de Refrigerante (2)								Temp. Auto-ignición ºC	Límite inferior de inflamabilidad kg/m³			
1	A1/A1	R-410A	R-32/125 (50/50)	CH2F2+ CF3CHF2 (11)	72.6	2.97	0.44	-51.6 a -51.5	0.42	ND	NF	2088	0	2
1	A1/A1	R-410B	R-32/125 (45/55)	CH2F2+ CF3CHF2 (11)	75.5	3.09	0.43	-51.5 a -51.4	0.43	ND	NF	2229	0	2
1	A1/A1	R1)	R-22/124/600 (50/47/3)	CHClF2+CF3CHClF+C4H10 (10;11)	102.7	X	0.45	-34.1	X	ND	NF	1 191.35	0.034	2
1	A1/A1	R1)	R-125/143a /290/22 (42/6/250)	CF3CHF2+ CF3CH3+ C3H8+ CHClF2 (10;11)	95.6	X	0.41	-45.6	X	ND	NF	2643.26	0.02	2
1	A1/A1	R-414A	R-22/124/600a/142b (51.0/28.5/4.0/16.5)	CHClF2+CF3CHClF+CH(CH3)3+ CH3CClF2 (10;11)	97.0	3.96	0.10	-33.2 a -24.7	0.10	ND	NF	1478	0.045	2
1	A1/A1	R-414B	R-22/124/600a/142b (50.0/39.0/1.5/9.5)	CHClF2+CF3CHClF+CH(CH3)3+CH3CClF2 (10;11)	101.6	3.86	0.096	-33.2 a -24.7	0.096	ND	NF	1362	0.042	2
1	A1/A1	R-416A	R-134a/124/600 (59.0/39.5/1.5)	CF3CH2F+ CF3CHClF+ C4H10 (10;11)	111.9	4.58	0.064	-23.9 a -22.1	0.064	ND	NF	1084	0.009	2
1	A1/A1	R-417A	R-125/134a/600 (46.6/50.0/3.4)	CF3CHF2+ CF3CH2F+ C4H10 (11)	106.7	4.36	0.15	-38.0 a -32.9	0.057	ND	NF	2346	0	2
1	A/A1	R-417B	R-125/134a/600 (79.0/18.3/2.7)	CF3CHF2+CF3CH2F+ C4H10 (11)	113.1	4.63	0.069	-44,9 a -41,5	0.069	ND	NF	3027	0	2
1	A1/A1	R-417C	R-125/134a/600 (19.5/78.8/1.7)	CF3CHF2+ CF3CH2F+ C4H10 (11)	103.7	4.24	0.087	-32.7 a -29.2	0.097	ND	NF	1809	0	2
1	A1/A1	R-119A	R-125/290/218 (86/5/9)	CF3CHF2+ C3H8+ C3F8(11)	113.9	1,18	0.49	-54	ND	ND	NF	3804.85	0	2
1	A1/A1	R-420A	R-134a/142b (88.0/12.0)	CF3CH2F+CClF2CH3 (10;11)	101.9	4.16	0.18	-24.9 a -24.2	0.18	ND	NF	1536	0.005	2
1	A1/A1	R-421A	R-125/134a (58.0/42.0)	CF3CHF2+CF3CH2F (11)	111.8	4.57	0.28	-40.8 a -35.5	0.28	ND	NF	2631	0	2
1	A1/A1	R-421B	R-125/134a (58/42)	CF3CHF2+CF3CH2F (11)	116.9	4.78	0.33	-45.7 a -42.6	0.33	ND	NF	3190	0	2
1	A1/A1	R-422A	R-125/134a/600a (85.1/11.5/3.4)	CF3CHF+CF3CH2F+ CH(CH3)3 (11)	113.6	4.65	0,29	-46.5 a -44.1	0.29	ND	NF	3143	0	2

Clasificación		Nº de Refrigerante (2)	DENOMINACIÓN (composición = % peso)	Fórmula	Masa Molecular (3) kg/kmol	Densidad de vapor a 25°C a101,3 kPa (4) kg/m³	Límite Práctico (4) kg/m³	Punto de Ebullición 101,3 kPa (5) °C	ATEL/ODL (6) (kg/m³)	Inflamabilidad Temp. Auto-ignición °C	Inflamabilidad Límite inferior de inflamabilidad kg/m³	Potencial de calentamiento atmosférico (7) PCA 100	Potencial agotamiento de la capa de ozono (8) PAO	Clasif. según (9) REP
Grupo L	Clase de seguridad													
1	A1/A1	R-422B	R-125/134a/600ª (55/42/3)	CF3CHF2+CF3CH2F+CH(CH3)3 (11)	108.5	4.44	0.25	-40.5 a -35.6	0.25	ND	NF	2526	0	2
1	A1/A1	R-422C	R-125/134a/600a (82/15/3)	CF3CHF2+CF3CH2F+CH(CH3)3 (11)	113.4	4.64	0.29	-45.3 a -42.3	0.29	ND	NF	3085	0	2
1	A1/A1	R-422D (11)	R-125/134a/600a (65.1/31.5/3.4)	CF3CHF2+CF3CH2F+CH(CH3)3 (11)	109.9	4.49	0.26	-43.2 a -38.4	0.26	ND	NF	2729	0	2
1	A1/A1	R-422E	R-125/134a/600a (58.0/39.3/2.7)	CF3CHF2+CF3CH2F+CH(CH3)3 (11)	109.3	4.47	0.26	-41.8 a -36.4	0.26	ND	NF	2592	0	2
1	A1/A1	R-423A	R-134a/227ea (52.5/47.5)	CF3CH2F+ CF3CHFCF3(11)	126.0	5.15	0.30	-24.2 a -23.5	0.30	ND	NF	2280	0	2
1	A1/A1	R-424A	R-125/134a/600a/600/601a (50.5/47.0/0,9/1.0/0,6)	CHF2CF3+CH2FCF3+C4H10+C4H10+C5H12 (11)	108,4	4.43	0,10	-39,1 a -33,3	0.10	ND	NF	2440	0	2
1	A1/A1	R-425A	R-32/134a/227ea (18.5/69.5/12.0)	CH2F2+CF3CH2F+ CF3CHFCF3 (11)	90.3	3.69	0.27	-38.1 a -31.3	0.27	ND	NF	1505	0	2
1	A1/A1	R-426A	R-125/134a/600/601a (5,1/93,0/1,3/0,6)	CF2CF3+ CH2FCF3+C4H10+C5H12 (11)	101,6	4.16	0,083	-28,5 a -26.7	0.083	ND	NF	1508	0	2
1	A1/A1	R-427	R-32/ R-125/R-143a/R-134a (4,99/7,51/2,57/84,93)	CH2F2+ CF3CHF2+CF3CH3+ CF3CH2F (11)	97,87	X	0,15	-33,09 a - 28,62	x	--	0,278	1622,91	0	1
1	A1/A1	R-427A	R-32/125/143a/134a (15/25/10/50)	CH2F2+CF3CHF2+CF3CH3+CF3CH2F (11)	90,4	3.70	0.29	-43,0 a -36.3	0.29	ND	NF	2138	0	2
1	A1/A1	R-428A	R-125/143a/290/600a (77,5/20,0/0,6/1,9)	CHF2CF3+CH3CF3+ C3H8+C4H10 (11)	107,5	4.40	0,37	-48,3 a -47,5	0.37	ND	NF	3607	0	2
1	A1/A1	R-434A	R-125/143a/134a/600a (63,2/18,0/16,0/2,8)	CHF2CF3+CH3CF3+CH2FCF3+C4H10 (11)	105,7	4.32	0,32	-45,0 a -42,3	0.32	ND	NF	3245	0	2
1	A1/A1	R-437A	R-125/134ª/600/601 (19,5/78,5/1,40.6)	HF2CF3+CH2FCF3+CH(CH3)3+CH3CH2CH2+CH2CH3 (11)	103,71	4.24	0,081	-32,9 a -29.2	0.081	ND	NF	1805	0	2
1	A1/A1	R(1)	R-125/218/134a (11/4/85)	CHF2CF3+C3F8+CF3CH2F (11)	105,72	4,48	0.27	-29.61 a -27.64	0.23	ND	NF	1953.7	0	2
1	A1/A1	R-438A	R-32/125/134a/600/601a (8,5/45,0/44.2/1,7/0,6)	CH2F2+ CHF2CF3+ CH2FCF3+C4H10+C5H12+CH3CH2CH2CH3 (11)	99,1	4.05	0,079	-43,0 a -36,4	0.079	ND	NF	2265	0	2
1	A1/A1	R-453A	R-32/125/134a/227ea/600/601 (20.0/20.0/53.8/5.0/0.6/0.6)	CH2F2+ CHF2CF3+CF2CHFCF3+CF3CHFCF3+CH3(CH2)2CH3+(CH3)2CH-CH2-CH3 (11)	88.4	3.69	0.14	-44.5 a -42.5	-42,52 a -34,98	ND	NF	1765.4	0	2

Clasificación		Nº de Refrigerante (2)	DENOMINACIÓN (composición = % peso)	Fórmula	Masa Molecular(3) kg/kmol	Densidad de vapor a 25°C a101,3 kPa kg/m³	Límite Práctico (4) kg/m³	Punto de Ebullición 101,3 kPa (5) °C	ATEL/ODL (6) (kg/m³)	Inflamabilidad		Potencial de calentamiento atmosférico (7) PCA 100	Potencial agotamiento de la capa de ozono (8) PAO	Clasif. según(9) REP
Grupo L	Clase de seguridad									Temp. Auto-ignición °C	Límite inferior de inflamabilidad kg/m³			
1	A1/A1	R-442A	R-32/125/134a/152a/227a (31/31/30/3/5)	CH2F2+CHF2CF3+CH2FCF3+CH3CHF2+CF3CHFCF3 (11)	81.8	3.35	0.33	-52.7 a -46.5	0.33	ND	NF	1888	0	2
1	A1/A1	R-448A	R-32/125/1234yf/134a/1234ze(E) 26/26/20/21/7	CH2F2+CF3CHF2+CH2CFCF3+CF3CH2F+CHFCHCF3 (11)	86.28	3.58	0.388	-45.9 a -39.8	0.388	ND	NF	1387	0	2
1	A1/A1	R-449A	R-32/125/1234yf/134a (24.3/24.7/25.3/25.7)	CF2F2+CF3CHF2+CF3CFCH2+CF3CH2F (11)	87.21	3.62	0.357	-46.0 a -39.9	0.357	ND	NF	1397	0	2
1	A1/A1	R-450A	R-134a/1234ze(E) (42/58)	CF3CH2F+CF3CH=CHF (11)	108.67	4.54	0.319	-23.4 a -22.8	0.345	ND	NF	604.7	0	2
1	A1/A1	R-452A	R-32/125/1234yf (11/59/30)	CH2F2+CF3CHF2+CF3CFCH2 (11)	103.51	4.30	0.423	-47.0 a -43.2	0.423	ND	NF	2140	0	2
1	A1/A1	R(1)	R-134a/125/32/143a (84,93/7,51/4,99/2,57)	CF3CH2F+CF3CHF2+CH2F2+CF3CH3 (11)	97.87		0.15	-33,09 a -28,62		-	-	1444.47	0	2
1	A1/A1	R-464A	R-32/125/1234ze(E)/227ea (27/27/40/6)	CH2F2+CF3CHF2+CHFCHCF3+CF3CHFCF3 (11)	88.27	3,618	0.321	-46,5 a -36,9	0.32	ND	NF	1291.12	0	2
1	A1/A1	R(1)	R-744/32/125/134a/1234ze (E)/227ea (11/11/11/4/56/7)	CO2+CH2F2+CHF2CF3+CH2FCF3+CHFCHCF3+CF3CHFCF3 (11)	88.93	3,64	0.25	-62,9 a -31,7	0.25	NF	NF	746	0	2
1	A1/A1	R(1)	R-744/32/125/134a/1234ze (E)/227ea (10/17/19/7/44/3)	CO2+CH2F2+CHF2CF3+CH2FCF3+CHFCHCF3+CF3CHFCF3 (11)	84.43	3,45	0,26	-62,7 a -35,6	0.26	NF	NF	980	0	2
2	A2L	R-32	Difluormetano	CH2F2 (11)	52	2,13	0,061	-52	0.30	648	0,307	675	0	1
2	A2L	R-143a	1,1,1-Trifluoretano	CF3CH3 (11)	84,0	3,44	0,048	-47	0.48	750	0,282	4470	0	1
2	A2L	R-1234yf	2,3,3,3 Tetrafluorpropeno	CF3CF=CH2	114.0	4,66	0,058	-26	0.47	405	0,289	4	0	1
2	A2L	R1234ze(E)	Trans 1,3,3,3 Tetrafluorpropeno	CF3CH=CHF	114.0	4,66	0,061	-19	0.28	368	0,303	7	0	2
2	A2L	R-444A	R-32/152A/1234ze(E) 12/5/83	CH2F2+CH3CHF2+CF3CH=CHF	96.70	4,03	0,065	-34.3 a -24.3	0.289	ND	0,324	93	0	1
2	A2L	R-444B	R-32/152A/1234ze (E) (41,5/10/48,5)	CH2F2+CH3CHF2+CF3CH=CHF(11)	72,8	3,02	0,055	-44.6 a -34.9	0,33	ND	0,276	295,9	0	1

Clasificación		N° de Refrigerante (2)	DENOMINACIÓN (composición = % peso)	Fórmula	Masa Molecular(3) kg/kmol	Densidad de vapor a 25°C a 101,3 kPa kg/m³	Límite Práctico (4) kg/m³	Punto de Ebullición 101,3 kPa (5) °C	ATEL/ODL (6) (kg/m³)	Inflamabilidad Temp. Auto-igni-ción °C	Límite inferior de inflamabi-lidad kg/m³	Potencial de calentamiento atmosférico (7) PCA 100	Potencial agotamiento de la capa de ozono (8) PAO	Clasif. según:(9) REP
Grupo L	Clase de seguridad													
2	A2L	R-445A	R-744/134a/1234ze (E) (6/9/85)	CO2+CF3CH2F+ CF3CH=CHF	103,10	4,29	0,053	-50,3 a -23,5	0,228	ND	0,266	134,7	0	1
2	A2L	R-446A	R-32/1234ze (e)/600 68/29/3	CH2F2+ CF3CH=CHF+C4H10 (11)	62	2,6	0,031	-49,4 a -44,0	0,068	ND	0,157	461,2	0	1
2	A2L	R-447A	R-32/125/1234ze€ (68/3,5/28,5)	CH2F2+CF3CHF2+ CF3CH=CHF (11)	63,04	2,61	0,034	-49,3 a -44,2	0,36	ND	0,168	583,5	0	1
2	A2L	R-451A	R-1234yf/134a (89,8/10,2)	CF3CF=CH2+ CF3CH2F	112,69	4,303	0,065	-30,8 a -30,5	0,462	ND	0,323	149,5	0	1
2	A2L	R-451B	R-1234yf/134a (88,8/11,2)	CF3CF=CH2+ CF3CH2F (11)	112,56	4,70	0,065	-31,0 a -30,6	0,461	ND	0,323	163,7	0	1
2	A2L	R-452B	R-32/125/1234yf (67.0/7.0/26.0)	CH2F2+CF3CHF2+CF3CFCH2 (11)	63,5	2,63	0,062	-51,0 a -50,3	0,467	-	0,310	698.25	0	1
2	A2L	R-454A	R-32/1234yf (35.0/65.0)	CH2F2+CF3CFCH2 (11)	80.5	2,8	0,056	-48,4 a -41,6	0,46	-	0,278	238.89	0	1
2	A2L	R-454B	R-32/1234yf (68.9/31.1)	CH2F2+CF3CFCH2 (11)	62,6	2,2	0,061	-50,9 a -50,0	0,35	-	0,301	466.32	0	1
2	A2L	R-454C	R-32/1234yf (21.5/78.5)	CH2F2+CF3CFCH2 (11)	90,8	3,2	0,059	-46,0 a -37,8	0,44	-	0,291	148.27	0	1
2	A2L	R-455A	R-744/R-32/R-1234yf (3.0/21.5/75.5)	CO2+CH2F2+CF3CF=CH2 (11)	87.5	3,63	0,105	-51,6 a - 39,1	0,414	ND	0,423	148.18	0	1
2	A2	R-141b	1,1-Dicloro-1-fluoretano	CCl2FCH3 (10;11)	117,0	4,78	0,053	32	0,012	532	NA	725	0,11	2
2	A2	R-142b	1-Cloro-1,1-difluoretano	CClF2CH3 (10;11)	100,5	4,11	0,049	-10	0,10	750	0,329	2310	0,065	1
2	A2	R-152a	1,1-Difluoretano	CHF2CH3	66,0	2,70	0,027	-25	0,14	455	0,130	124	0	1
2	A2	R-160	Cloruro de etilo	CH3CH2Cl	64,5	X	0,019	X	ND	510	0,095	ND	0	1
2	A2	R-512A	R-134a/152a (5/95)	CH3CH2F+CHF2CH3	67,2	2,75	0,025	-24	0,14	ND	0,124	189,3	0	1

Grupo L	Clase de seguridad	Nº de Refrigerante (2)	DENOMINACIÓN (composición = % peso)	Fórmula	Masa Molecular(3) kg/kmol	Densidad de vapor a 25°C a 101,3 kPa kg/m³	Límite Práctico (4) kg/m³	Punto de Ebullición 101,3 kPa (5) °C	ATEL/ODL (6) (kg/m³)	Temp. Auto-ignición °C	Límite inferior de inflamabilidad kg/m³	Potencial de calentamiento atmosférico (7) PCA 100	Potencial agotamiento de la capa de ozono (8) PAO	Clasif. según:(9) REP
2	A1/A2	R-406A	R-22/600a/142b (55/4/41)	CHClF2+ CH(CH3)3+ CClF2CH3(10;11)	89.9	3,68	0,13	-32,7 a -23,5	0,14	ND	0,302	1943	0,057	1
2	A1/A2	R-411A	R-1270/22/152a (1,5/87,5/11,0)	C3H6+CHClF2+ CHF2CH3 (10;11)	82,4	3,37	0,04	-39,6 a -37,1	0,074	ND	0,186	1597	0,048	1
2	A1/A2	R-411B	R-1270/22/152a (3/94/3)	C3H6+CHClF2+ CHF2CH3 (10;11)	83,1	3,40	0,05	-41,6 a -40,2	0,044	ND	0,239	1705	0,052	1
2	A1/A2	R-412A	R-22/218/142b (70/5/25)	CHClF2+C3F8+CClF2CH3 (10;11)	92,2	3,77	0,07	-36,5 a -28,9	0,17	ND	0,329	2286	0,055	1
2	A1/A2	R-413A	R-218/134a/600°... (9;88/3)	C3F8+ CF3CH2F+ CH(CH3)3 (11)	103,9	4,25	0,08	-29,4 a -27,4	0,21	ND	0,375	2053	0	1
2	A1/A2	R-415A	R-22/152a (82/18)	CHClF2+CHF2CH3 (10;11)	81,9	3,35	0,04	-37,5 a -34,7	0,19	ND	0,188	1507	0,028	1
2	A1/A2	R-415B	R-22/152a,(25/75)	CHClF2+CHF2CH3 (10;11)	70,2	2,87	0,03	-23,4 a -21,8	0,15	ND	0,13	545,5	0,009	1
2	A1/A2	R-418A	R-290/22/152a 81,5/96,0/2,5)	C3H8+CHClF2+CHF2CH3 (10;11)	84,6	3,46	0,06	-41,7 a -40,0	0,20	ND	0,31	1741	0,033	1
2	A1/A2	R-419A	R-125/134a/E170 (77/19/4)	CF3CHF2+CF3CH2F+CH3OCH3 (11)	109,3	4,47	0,05	-42,6 a -35,9	0,31	ND	0,25	2967	0	1
2	A1/A2	R-419B	R-125/134a/E170 (48,5/48,0/3,5)	CF3CHF2+CF3CH2F+CH3OCH3 (11)	105,2	4,3	0,06	-37,4 a -31,5	0,26	ND	0,29	2384	0	1
2	A1/A2	R-439A	R-32/125/600a (50/47/3)	CH2F2+CF3CHF2+CH(CH3)3 (11)	71,2	2,91	0,061	-52,0 a -51,8	0,34	ND	0,304	1983	0	1
2	A1/A2	R-440A	R-290/134a/152a (0,6/1,6/97,8)	C3H8+CF3CH2F+CHF2CH3 (11)	66,2	2,71	0,025	-25,5 a -24,3	0,14	ND	0,124	144,2	0	1
2	A1/A2	R(1)	R-125/134a/152a/E170 (67/15/15/3)	CF3CHF2+CF3CH2F+CHF2C H3+ CH3OCH3	108,45	X	0,094	-38,1 a -37,8	ND	ND	ND	2578.1	0	1
2	B1	R-21	Diclorofluormetano	CHCl2F (10)	103	X	0,1	8,92	ND	ND	NF	ND	0	1
2	B1	R-123	2,2-Dicloro-1,1,1-trifluoretano	CF3CHCl2 (10)	153,0	NA	0,1	27	ND	730	NF	77	0,02	2
2	B1	R-245fa	1,1,1,3,3 Pentafluor propano	CF3CH2CHF2 (11)	134,0	5,48	0,19	15	0,057	ND	NF	1030	0	2
2	B1	R-764	Dióxido de azufre	SO2	64,1	X	0,00026	-10	0,19	ND	NF	ND	0	1

Grupo L	Clase de seguridad	Nº de Refrigerante (2)	DENOMINACION (composición = % peso)	Formula	Masa Molecular(3) kg/kmol	Densidad de vapor a 25ºC a101,3 kPa kg/m³	Limite Práctico (4) kg/m³	Punto de Ebullición 101,3 kPa (5) ºC	ATEL/ODL (6) (kg/m³)	Inflamabilidad Temp. Auto-ignición ºC	Inflamabilidad Limite inferior de inflamabilidad kg/m³	Potencial de calentamiento atmosférico (7) PCA 100	Potencial agotamiento de la capa de ozono (8) PAO	Clasif según:(9) REP
2	B2L	R-717	Amoniaco	NH3	17,0	0,700	0,00035	-33	0,00022	630	0,116	0	0	1
2	B2	R-30	Diclorometano (cloruro de metileno)	CH2Cl2 (10)	84,9	3,47	0,017	40	ND	662	0,417	9	ND	2
2	B2	R-40	Cloruro de metilo	CH3Cl (10)	50,5	X	0,021	-24	ND	625	0,147	ND	0	1
2	B2	R-611	Formiato de metilo	C2H4O2	60	X	0,012	31,2	ND	456	0,123	ND	0	1
2	B2	R-1130	1,2-Dicloroetileno	CHCl = CHCl	96,9	X	ND		ND	458	0,246	ND	0	1
3	A3	R-50	Metano	CH4	16,0	0,654	0,006	-161	ND	645	0,032	25	0	1
3	A3	R-170	Etano	C2H6	30,0	1,23	0,0086	-89	0,0086	515	0,038	6	0	1
3	A3	R-290	Propano	C3H8	44,0	1,80	0,008	-42	0,09	470	0,038	3	0	1
3	A3	R-600	Butano	C4H10	58,1	2,38	0,0089	0	0,0024	365	0,038	4	0	1
3	A3	R-600a	2 Metilpropano (Isobutano)	CH(CH3)3	58,1	2,38	0,011	-12	0,059	460	0,043	3	0	1
3	A3	R-601	Pentano	C5H10	72,1	2,95	0,008	36	0,0029	ND	0,035	5	0	1
3	A3	R-601a	2 Metilbutano (Isopentano)	(CH3)2CHCH2CH3	72,1	2,95	0,008	27	0,0029	ND	0,038	5	0	1
3	A3	R-1150	Etileno	CH2 = CH2	28,1	1,15	0,006	-104	ND	425	0,036	4	0	1
3	A3	R-1270	Propileno	CH3CH=CH2	42,1	1,72	0,008	-48	0,0017	455	0,046	2	0	1
3	A3	R-E170	Dimetileter	CH3OCH3	46	1,88	0,013	-25	0,079	235	0,064	1	0	1
3	A3	R-510A	R-E170/600a (88/12)	C2H6O+CH(CH3)3	47,25	1,93	0,011	-25,1	0,087	ND	0,056	1,2	0	1
3	A3	R-511A	R-290/E170 (95/5)	CH3H8+C2H6O	44,2	1,81	0,008	-42	0,092	ND	0,038	2,9	0	1
3	A3/A3	R-429A	R-E170/152a/600a (60/10/30)	C2H6O+CHF2CH3+CH(CH3)3	50,8	2,08	0,098	-26,0 a -25,6	0,098	ND	0,052	13,9	0	1
3	A3/A3	R-430A	R-152a/600a (76/24)	CHF2CH3+CH(CH3)3	64	2,61	0,1	-27,6 a -27,6	0,10	ND	0,084	95	0	1

Clasificación		Nº de Refrigerante (2)	DENOMINACIÓN (composición = % peso)	Fórmula	Masa Molecular(3) kg/kmol	Densidad de vapor a 25°C a 101,3 kPa kg/m³	Límite Práctico (4) kg/m³	Punto de Ebullición 101,3 kPa (5) °C	ATEL/ODL (6) (kg/m³)	Inflamabilidad		Potencial de calentamiento atmosférico (7) PCA 100	Potencial agotamiento de la capa de ozono (8) PAO	Clasif. según (9) REP
Grupo L	Clase de seguridad (3)									Temp. Auto-igni-ción °C	Límite inferior de inflamabi-lidad kg/m³			
3	A3/A3	R-431A	R-290/152a (71/29)	CH3H8+ CHF2CH3	48,8	2,0	0,009	-43,1 a -43,1	0,10	ND	0,044	38,1	0	1
3	A3/A3	R-432A	R-1270/E170 (80/20)	C3H6+C2H6O	42,8	1,75	0,008	-46,6 a -45,6	0,0021	ND	0,039	1,8	0	1
3	A3/A3	R-333A	R-1270/290 (30/70)	C3H6+ CH3H8	43,5	1,78	0,007	-44,6 a -44,2	0,0055	ND	0,036	2,7	0	1
3	A3/A3	R-433C	R-1270/290 (25/75)	C3H6+ CH3H8	43,6	1,78	0,006	-44,3 a -43,9	0,0066	ND	0,032	2,8	0	1
3	A3/A3	R-435A	R-E170/152a (80/20)	C2H6O+C2H4F2	49,0	2,0	0,014	-26,1 a -25,9	0,09	ND	0,069	25,6	0	1
3	A3/A3	R-436A	R-290/600a (56/44)	CH3H8+CH(CH3)3	49,3	2,02	0,006	-34,3 a -26,2	0,073	ND	0,032	3	0	1
3	A3/A3	R-436B	R-290/600a (52/48)	CH3H8+CH(CH3)3	49,9	2,0	0,007	-33,4 a -25,0	0,071	ND	0,033	3	0	1
3	A3/A3	R-441A	R-170/290/600a/600 (3,1/54,8/6,0/36,1)	C2H6+C3H8+CH(CH3)3+C4H10	48,3	1,98	0,0063	-41,9 a -20,4	0,0063	ND	0,032	3,5	0	1
3	A3/A3	R-443A	R-1270/290/600a (55/40/5)	CH3H6+C3H8+CH(CH3)3	43,47	1,8	0,003	-44,8 a -41,2	0,003	ND	0,036	2,5	0	1
3	A3/A3	R(1)	R32/1270/E170 (21/75/4)	CH2F2+CH3H6+C2H6O	44,0	1,82	0,0108	-62,16 a -50,23	ND	ND	0,054	143,9	0	1

ND= No conocido /NA.- = No aplicable/NF = No inflamable (1) Pendiente de asignar denominación simbólica alfa numérica (2) Los "R- "números se corresponden con ISO 817

(3) Por comparación, la masa molecular del aire se toma igual a 28,8 kg/kmol.

(4) Determinado de acuerdo con 5.2 de la UNE-EN 378-1: 2017 (5) En las mezclas se da el punto de burbuja / punto de rocío.

(6) Límite de exposición a toxicidad aguda (ATEL) o límite de privación de oxígeno (ODL), el que sea de valor inferior, tomado de la ISO 817.

(7) Datos del Reglamento Europeo de F gas nº 517/2014; para CFC y HCFC que no están incluidos en dicho Reglamento los datos proceden del 4º Informe de Evaluación de IPCC (Intergovernmental Panel on Climate Change). Estos datos son valores científicos y pueden ser revisados. Véase MI-IF 01.

(8) Los datos que conciernen al PAO son los citados en el del diario oficial de la Comunidad Europea L333, volumen 37, del 22 de diciembre de 1994 y son utilizados por todas las reglamentaciones. Véase MI-IF 01 (9) Clasificación de los refrigerantes según el REP ("Reglamento de Equipos a Presión").

(10) Estos refrigerantes, en cumplimiento de lo establecido en el Reglamento (CE) Nº 1005/2009 del Parlamento Europeo y del Consejo, de 16 de septiembre de 2009, sobre las sustancias que agotan la capa de ozono, no podrán ser utilizados para la carga o mantenimiento de instalaciones frigoríficas.

(11) Estos refrigerantes están regulados por el Reglamento (CE) Nº 517/2014 del Parlamento Europeo y del Consejo de 16 de abril de 2014 sobre determinados gases fluorados de efecto invernadero. Los Refrigerantes marcados con los números 10 y 11 son refrigerantes fluorados y tienen PAO mayor de 0 o PCA mayor de 150.

APÉNDICE 2.

IMPACTO TOTAL EQUIVALENTE SOBRE EL CALENTAMIENTO ATMOSFÉRICO, TEWI, (*TOTAL EQUIVALENT WARMING IMPACT*)

El "TEWI" es un parámetro utilizado para evaluar el calentamiento atmosférico producido durante la vida de funcionamiento de un sistema de refrigeración, englobando la contribución directa de las emisiones del refrigerante a la atmósfera con la contribución indirecta de las emisiones de dióxido de carbono resultantes de consumo energético del sistema de refrigeración durante su periodo de vida útil.

El TEWI ha sido concebido para determinar la contribución total del sistema de refrigeración utilizado al calentamiento atmosférico. Cuantifica el calentamiento atmosférico directo del refrigerante si se libera, y la contribución indirecta de la energía requerida para que el equipo trabaje durante su vida útil. Es válido únicamente para comparar sistemas alternativos u opciones de refrigerantes en una aplicación concreta y en un lugar dado.

Para un sistema frigorífico determinado, el TEWI incluye:

a) El impacto directo sobre el calentamiento atmosférico bajo ciertas condiciones de pérdida de refrigerante.

b) El impacto directo sobre el calentamiento atmosférico debido a los gases emitidos por el aislamiento u otros componentes, si procede.

c) El impacto indirecto sobre el calentamiento atmosférico por el CO_2 emitido durante la generación de la energía consumida por el sistema.

Es posible identificar mediante la aplicación del TEWI la instalación más eficiente para reducir el impacto real del calentamiento atmosférico producido por un sistema de refrigeración. Las principales opciones son:

a) Diseño/elección del sistema de refrigeración y refrigerante más adecuados para hacer frente a la demanda de una aplicación frigorífica específica.

b) Optimización del sistema para obtener la mayor eficiencia energética (la mejor combinación y disposición de los componentes y sistemas utilizados para reducir el consumo de energía).

c) Mantenimiento apropiado para conseguir una eficiencia energética óptima evitando las fugas de refrigerante (ejemplo, todos los sistemas se mejorarán con un mantenimiento y manejo correctos).

d) Recuperación y reciclaje / regeneración del refrigerante usado.

e) Recuperación y reciclaje / regeneración del aislamiento utilizado.

La eficiencia energética es el objetivo más significativo para reducir el calentamiento atmosférico causado por la refrigeración. En muchos casos, un equipo frigorífico muy eficaz con un refrigerante que tiene elevado potencial de calentamiento atmosférico puede ser menos perjudicial para el medio ambiente que un equipo de refrigeración ineficaz con un refrigerante de bajo PCA que, sin embargo, genere un consumo de energía mayor. Especialmente si se minimizan las emisiones: la ausencia de fugas significa inexistencia de calentamiento atmosférico directo.

El TEWI se determina para un sistema de refrigeración concreto y no solo respecto al refrigerante en sí. Varía de un sistema a otro y depende de los supuestos hechos respecto a factores importantes como son: tiempo de funcionamiento, vida de servicio, factor de conversión y eficiencia. Para un sistema o una aplicación dados, la utilización más eficaz del TEWI consiste en evaluar la importancia relativa de los efectos directo e indirecto.

Por ejemplo, cuando el sistema de refrigeración sea solamente un elemento de un sistema mayor, tal como en un circuito secundario (por ejemplo, una central frigorífica para acondicionamiento de aire), entonces deberá tenerse en cuenta el consumo total de energía durante el funcionamiento (incluyendo las pérdidas de puesta en régimen y distribución en sistemas de acondicionamiento de aire), para obtener así una comparación satisfactoria del impacto total sobre el calentamiento atmosférico.

El factor TEWI podrá calcularse por medio de la siguiente formula, en la que los diferentes tipos de impacto están correspondientemente separados.

$$\text{TEWI} = [PCA \times L \times n] + [PCA \times m \, (1 - \alpha\text{recuperación})] + [n \times E_{anual} \times \beta]$$

$PCA \times L \times n$ = Impacto debido a perdidas por fugas = PCA directo.

$PCA \times m(1 - \alpha\text{recuperación})$ = Impacto por pérdidas producidas en la recuperación = PCA directo.

$n \times E_{anual} \times \beta$ = Impacto debido a la energía consumida = PCA indirecto.

donde:

TEWI, es el impacto total equivalente sobre el calentamiento atmosférico, expresado en kilogramos de CO_2.

PCA, es el potencial de calentamiento atmosférico, referido a CO_2.

L, son las fugas, expresadas en kilogramos por año. La estimación se hará primordialmente para comparar sistemas en instalaciones nuevas y se considerará que las fugas son inversamente proporcionales al tamaño de la instalación, a tal efecto se usará la siguiente ecuación: $L = 0,4 \times (m)^{2/3}$.

n, es el tiempo de funcionamiento del sistema, en años.

m, es la carga del refrigerante, en kilogramos.

$\alpha_{recuperación}$, es el factor de recuperación, de 0 a 1. En la llamada línea blanca (unidades Split, etc.), se estimará un valor del orden de 0,6. En el resto de instalaciones frigoríficas se considerará una recuperación del orden del 0,95.

E_{anual}, es el consumo energético, en kilovatio-hora por año.

β (emisión de CO_2). Este valor debe tomarse del documento del RITE: Factores de emisión de CO_2 y coeficientes de paso a energía primaria.

Nota 1: Este potencial de calentamiento atmosférico está determinado respecto del CO_2 y se basa en un horizonte de tiempo de integración acordado de 100 años. Para valores PCA de diferentes refrigerantes véase Tabla A del Apéndice 1 de esta Instrucción.

Nota 2: El factor de conversión β expresa la cantidad de CO_2 producido por la generación de 1 kWh.

Cuando puedan emitirse gases de efecto invernadero por causa del aislamiento u otros componentes, se añadirá el potencial del calentamiento atmosférico de tales gases:

$$PCA_i \times mi\,(1 - \alpha_i)$$

donde:

PCA_i, es el potencial del calentamiento atmosférico del gas contenido en el aislamiento, referido al CO_2.

m_i, es la carga de gas existente en aislamiento del sistema, en kilogramos.

α_i, es el índice de gas recuperado del aislamiento al final de la vida del sistema, varia de 0 a 1.

SE DEBERÁ ATENDER ESPECIALMENTE A LO SIGUENTE:

- Cuando se calcule el TEWI es muy importante actualizar los PCA relativos al CO_2 y la emisión de CO_2 por kilovatio-hora partiendo de las cifras más recientes.

- Muchos de los supuestos y factores en este método de cálculo son normalmente específicos para una aplicación y en un lugar concreto.

- Las comparaciones (de los resultados) entre diferentes aplicaciones o diferentes emplazamientos pueden tener, por tanto, poca validez.

- Este cálculo tiene una particular importancia en la fase de diseño o cuando haya que tomar la decisión de realizar una conversión a otro refrigerante.

INSTRUCCIÓN IF-03

CLASIFICACIÓN DE LOS SISTEMAS DE REFRIGERACIÓN

Índice

1. CLASIFICACIÓN DE LOS SISTEMAS DE REFRIGERACIÓN

A efectos de lo dispuesto en el artículo 6 del presente Reglamento, los sistemas de refrigeración se clasifican en:

1.1. Sistema directo.

El evaporador, condensador o enfriador de gas del sistema de refrigeración está en contacto directo con el medio a enfriar o calentar. Sistemas en los que el fluido trasmisor de calor está en contacto directo con el medio a enfriar o calentar (sistemas de spray, de conductos, etc.) se tratarán como sistemas directos.

1.1.1. Sistema directo conducido.

Un sistema conducido se clasifica como un sistema directo si el aire acondicionado está en contacto con las partes que contienen refrigerante del circuito y el aire acondicionado se envía a un espacio ocupado.

1.1.2. Sistema directo de pulverización abierta.

Un sistema de pulverización se clasifica como un sistema directo si el fluido de transferencia de calor está en contacto directo con partes del circuito primario que contienen refrigerante y el circuito secundario está abierto a un espacio ocupado.

1.1.3. Sistema directo de pulverización abierta ventilado.

El sistema es similar al definido en el apartado 1.1.2 exceptuando que el evaporador, condensador o enfriador de gas están situados en un espacio abierto o ventilado y se clasifica como sistema directo si el fluido de transferencia de calor está en contacto directo con partes del circuito primario que contienen refrigerante y el circuito secundario está abierto a un espacio ocupado. Aunque el fluido de transferencia de calor se ventile a la atmósfera, fuera del espacio ocupado, queda la posibilidad de que una rotura del circuito de refrigerante pueda dar lugar a la liberación del mismo en el espacio ocupado.

1.2. Sistemas indirectos.

En general el equipo productor de frío (2) estará situado en un local distinto al de utilización (1), pero no tiene porqué ser siempre así, por ejemplo, en una nave industrial destinada a la producción de bebidas de consumo puede necesitar el uso de un fluido secundario como el propilénglicol o similar, el cual puede ser refrigerado en la misma sala por una planta enfriadora.

1.2.1. Sistema indirecto cerrado.

Un sistema indirecto se clasificará como un sistema cerrado si el fluido de transferencia de calor no está en contacto directo con el medio a enfriar o calentar y una fuga de refrigerante en el circuito indirecto puede entrar en el espacio ocupado solo si el circuito indirecto también tiene una fuga o se purga en el interior del espacio ocupado.

1.2.2. Sistema indirecto ventilado.

Un sistema indirecto se clasificará como un sistema cerrado ventilado, si el fluido de transferencia de calor no está en contacto directo con el medio a enfriar o calentar y una fuga de refrigerante en el circuito indirecto puede evacuarse a la atmósfera fuera del espacio ocupado.

1.2.3. Sistema indirecto cerrado ventilado.

Un sistema indirecto se clasificará como un sistema cerrado ventilado, si el fluido de transferencia de calor no está en contacto directo con el medio a enfriar o calentar y una fuga de refrigerante en el circuito indirecto puede ventilarse a la atmósfera a través de una ventilación mecánica fuera del espacio ocupado.

1.2.4. Sistema doble indirecto.

Un sistema indirecto se clasificará como un sistema doble indirecto si el fluido de transferencia de calor está en comunicación directa con las partes que contienen refrigerante y el calor puede intercambiarse con un segundo circuito indirecto que pasa a un espacio ocupado. Una fuga de refrigerante no puede entrar en el espacio ocupado.

1.2.5. Sistema indirecto de alta presión.

Un sistema indirecto se clasificará como un sistema de alta presión si el fluido de transferencia de calor no está en comunicación directa con el medio a enfriar o calentar y el circuito indirecto se mantiene a una presión más alta que el circuito primario (con refrigerante) en todo momento, de modo que una fuga del circuito con refrigerante no puede dar lugar a una liberación de refrigerante al espacio ocupado. El refrigerante no puede penetrar en el circuito indirecto.

IF-03
DIAGRAMAS DE SISTEMAS DE REFRIGERACIÓN

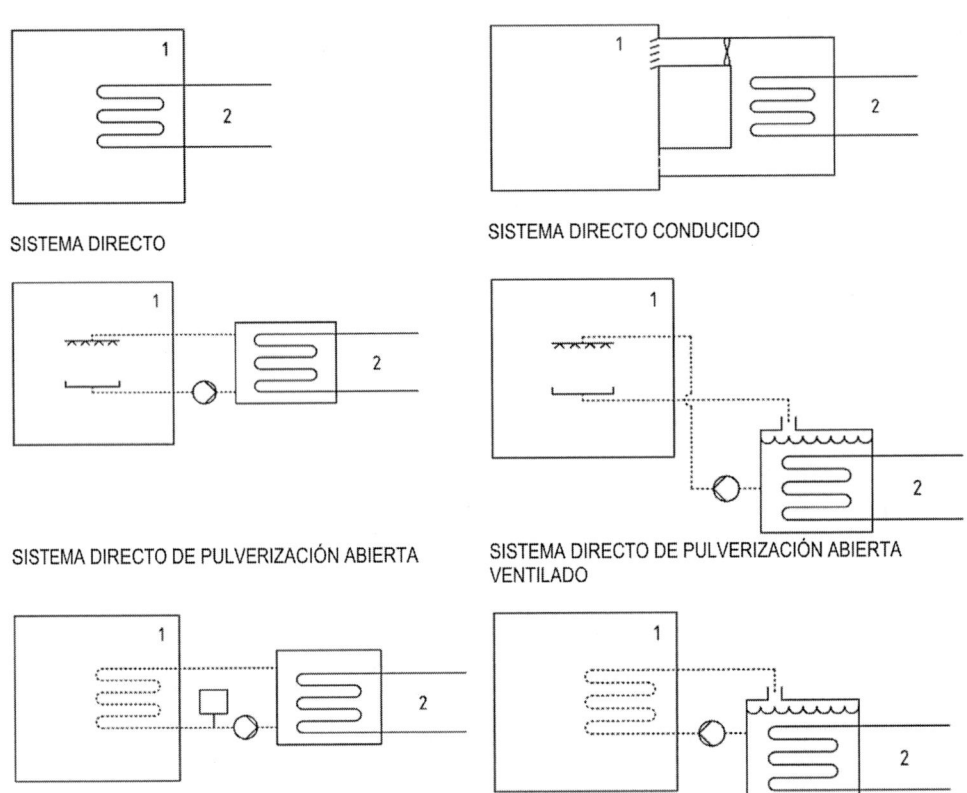

SISTEMA DIRECTO

SISTEMA DIRECTO CONDUCIDO

SISTEMA DIRECTO DE PULVERIZACIÓN ABIERTA

SISTEMA DIRECTO DE PULVERIZACIÓN ABIERTA
VENTILADO

SISTEMA INDIRECTO CERRADO

SISTEMA INDIRECTO VENTILADO

1   recinto habitado
2   parte o partes que contienen refrigerante

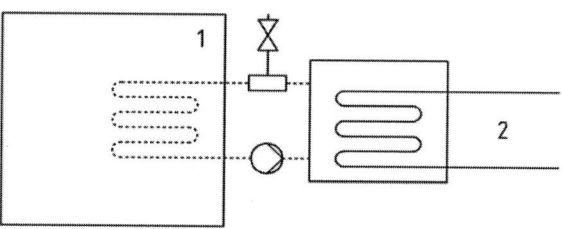

SISTEMA INDIRECTO CERRADO VENTILADO

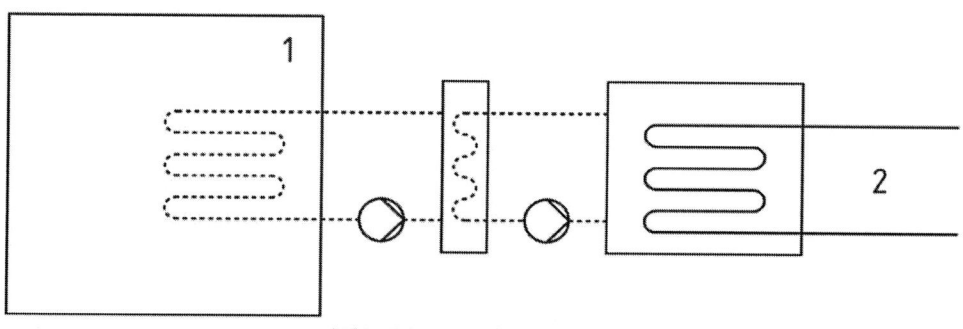

SISTEMA DOBLE INDIRECTO

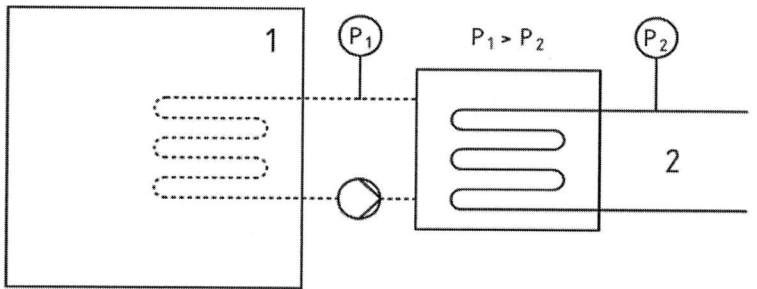

SISEMA INDIRECTO DE ALTA PRESIÓN

1   recinto habitado
2   parte o partes que contienen refrigerante

INSTRUCCIÓN IF-04

UTILIZACIÓN DE LOS DIFERENTES REFRIGERANTES

Índice

1. GENERALIDADES.

Cuando en una instalación frigorífica se utilicen refrigerantes de diferentes grupos se deberán aplicar los requisitos correspondientes a cada uno de estos grupos.

Se prohíben las descargas deliberadas a la atmósfera de refrigerantes nocivos para el medio ambiente.

Cuando se elija un refrigerante se deberá tener en cuenta su influencia sobre el efecto invernadero y el agotamiento de la capa de ozono estratosférico.

Los refrigerantes serán únicamente manipulados por empresas habilitadas.

2. CRITERIOS PARA LA SELECCIÓN DEL REFRIGERANTE.

2.1. Los refrigerantes deberán elegirse teniendo en cuenta su potencial influencia sobre el medio ambiente en general, así como sus posibles efectos sobre el medio ambiente local y su idoneidad como refrigerante para un sistema determinado. Cuando se seleccione un refrigerante deberán considerarse, respecto a la valoración del riesgo, los siguientes factores (relación no exhaustiva y sin prioridades):

a) Efectos medioambientales (medio ambiente global).

b) Carga de refrigerante.

c) Aplicación del sistema de refrigeración.

d) Diseño del sistema de refrigeración.

e) Construcción del sistema de refrigeración.

f) Cualificación profesional.

g) Mantenimiento.

h) Eficiencia energética.

i) Seguridad e higiene, por ejemplo, toxicidad, inflamabilidad (entorno local).

La influencia de un refrigerante en el medio ambiente atmosférico depende de la aplicación, tipo y estanqueidad del sistema, la carga y manipulación del refrigerante, de su eficiencia energética, y del potencial de éste para crear o añadir riesgos contra el medio ambiente.

2.2. Se elegirán los refrigerantes con mejor eficiencia energética en el sistema. Para una eficiencia energética similar se escogerán aquellos con los valores PCA más bajos posibles (apéndice 1 de la tabla A de la IF-02).

Está prohibido el empleo de refrigerantes CFC y HCFC en instalaciones nuevas o existentes (valor PAO > 0).

2.3. Cuando sea necesario utilizar refrigerantes con un PCA superior a cero, se deberá procurar que la carga sea la menor posible.

2.4. Si el calentamiento atmosférico es el único impacto medio ambiental, cuando el requisito de máxima eficacia energética no pueda cumplirse simultáneamente con el de menor carga de refrigerante se deberá valorar cual es el criterio preferente mediante el análisis del ciclo de vida o análisis TEWI recogido en IF-02.

Se deberá considerar que instalaciones con carga de refrigerante significativamente menor de la necesaria pueden verse afectadas en su eficiencia energética, contribuyendo indirectamente al efecto invernadero.

Los sistemas indirectos reducen la carga de refrigerante y aseguran una mayor estanqueidad del sistema; sin embargo, el rendimiento energético generalmente es inferior al de los sistemas directos si no se toman medidas adicionales.

2.5. El sistema deberá ser diseñado e instalado para que sea estanco.

Se deberá prestar particular atención a los siguientes factores que podrían afectar a la estanqueidad del sistema:

a)   Tipo de compresor.

b)   Tipo de uniones.

c)   Tipo de válvulas.

2.6. Los refrigerantes deberán seleccionarse teniendo en cuenta la facilidad para su posible reutilización o destrucción.

3. UTILIZACIÓN DE LOS REFRIGERANTES EN FUNCIÓN DEL EMPLAZAMIENTO DE LA INSTALACIÓN.

De acuerdo con lo dispuesto en el artículo 6 del capítulo II del presente Reglamento, la utilización de los diferentes refrigerantes se determinará considerando: el sistema directo o indirecto (artículo 6.1), su tipo de emplazamiento (1, 2, 3 o 4 según artículo 6.2), el local donde se empleen (A, B y C según artículo 7), y en todo caso se efectuará conforme a las prescripciones siguientes:

3.1. Requisitos generales.

De acuerdo con los cuatro tipos existentes de emplazamiento para los sistemas de refrigeración (1, 2, 3 y 4), la localización apropiada deberá seleccionarse de acuerdo con el RSIF, en el que se tienen en cuenta los posibles riesgos.

Las tablas A y B del apéndice 1 de esta IF-04 muestran las combinaciones permitidas y las no permitidas. Las permitidas pero sujetas a restricciones están indicadas por los números de los apartados o subapartados especificando la restricción de la carga de refrigerante.

Algunos equipos o instalaciones frigoríficas y de acondicionamiento de aire funcionan tanto para enfriar como para calentar, invirtiendo el flujo entre el compresor y los intercambiadores de calor, por medio de una válvula inversora especial (bomba de calor reversible, desescarche por inversión de ciclo, por gases calientes, etc.). En estos casos los sectores de alta y baja presión del sistema podrán cambiar dependiendo del modo en que opere la unidad.

No podrán colocarse tuberías de refrigerante en zonas de paso exclusivo, como vestíbulos, entradas y escaleras; tampoco podrán ser colocadas en huecos con elevadores u objetos móviles. Como excepción, podrán cruzar un vestíbulo si no hay uniones en la sección correspondiente, debiendo estar protegidas por un tubo o conducto rígido de metal.

Algunas combinaciones parecen entrar en conflicto o ser innecesarias, p.e. en "sistemas directos con todas las partes que contienen refrigerante en una sala de máquinas" parece que todo el refrigerante puede quedar confinado en la sala de máquinas; sin embargo, esta definición se aplicaría a sistemas con conductos, con pulverización de tipo abierto o incluso a sistemas situados en el exterior, ya que en caso de fuga el refrigerante puede escapar directamente a un recinto ocupado. Los sistemas indirectos que no están situados en una sala de máquinas son otra combinación que puede parecer innecesaria, sin embargo, las bombas de calor agua-agua pertenecen claramente a esta categoría.

3.2. Carga máxima admisible de refrigerante en general.

Para determinar las limitaciones de carga de refrigerante en un sistema dado, se tendrá que clasificar el mismo según cuatro aspectos:

a) Categoría de toxicidad del refrigerante.

b) Categoría de inflamabilidad.

c) Clasificación del local según su accesibilidad, de acuerdo con artículo 7.

d) Tipo de emplazamiento según el artículo 6.2.

El método se desarrolla en el apéndice 2 de esta IF-04.

3.3. Limitaciones de carga por inflamabilidad en sistemas de acondicionamiento de aire y bombas de calor para confort humano.

El Apéndice 3 de esta IF trata de las limitaciones de carga como consecuencia de la inflamabilidad específicamente en los sistemas de acondicionamiento de aire y bombas de calor para el confort humano. Por un lado, para partes de los sistemas ubicados en locales habitados conteniendo refrigerantes de la clase de seguridad A2L y por otro en los equipos no fijos, compactos y sellados en fábrica igualmente para el acondicionamiento de aire y la bomba de calor destinados al confort humano.

3.3.1. Observaciones generales.

3.3.1.1. Protección contra riesgos de incendio y explosión.

Los sistemas que utilicen refrigerantes inflamables se construirán de forma que cualquier pérdida de refrigerante no pueda fluir o estancarse de modo que pueda ocasionar un riesgo de incendio o explosión en áreas que contengan equipos, componentes o aparatos que sean potenciales fuentes de ignición y puedan estar funcionando en el momento de la fuga.

A este respecto, se considera que los sistemas frigoríficos que se ajustan al Real Decreto 144/2016, de 8 de abril, por el que se establecen los requisitos esenciales de salud y seguridad exigibles a los aparatos y sistemas de protección para usos en atmosferas potencialmente explosivas en función del tipo de zona se ajustan a esta cláusula.

Las fuentes de ignición incluyen superficies calientes que excedan los límites de temperatura establecidos, llamas y gases calientes que no queden aislados de manera adecuada y aparatos eléctricos que puedan producir arco o chispa. Otros tipos de fuentes potenciales de ignición se pueden ver en la norma UNE-EN 1127-1.

La temperatura de las superficies que puedan estar expuesta, en caso de fuga de los refrigerantes pertenecientes a las clases A2, A2L, B2L, A3, B2, B3, no será superior a la temperatura de auto-ignición del refrigerante en cuestión, reducida en 100 K. Las temperaturas de autoignición se indican en la tabla A de la IF-02.

Los componentes y aparatos no se considerarán una posible fuente de ignición si se cumple al menos una de las siguientes condiciones:

a) El sistema está situado de forma que queda fuera de la zona potencialmente inflamable, en la que el refrigerante fugado podría fluir o estancarse, o

b) La zona se ventila de forma permanente o previamente al incio de la alimentación eléctrica a los equipos, con un caudal de aire tal que la concentración de refrigerante en la zona de la fuente no puede exceder el 50% del LII, o

c) Los equipos están protegidos en forma adecuada para su funcionamiento en zona 2, zona 1 o zona 0, en función de la definición que para estas se da en la norma UNE- EN 60079-10-1, o

d) Equipos eléctricos en los que la máxima energía posible de una chispa o arco dentro de su circuito no pueda encender la concentración más inflamable del refrigerante utilizado.

La desconexión y la conexión eléctricas de los conectores incorporados en los componentes no se considera funcionamiento normal. Donde haya un enchufe y toma de corriente, se considerarán parte del equipo. Desconectar o conectar el enchufe de/a la toma de corriente se considera que es parte de la operación normal a menos que se requiera el uso de una herramienta especial.

Cuando un sistema tenga puertas o paneles extraíbles, etc., la evaluación tendrá en cuenta la extensión de las zonas inflamables cuando se abren las puertas o paneles, antes o después de una fuga, si se espera que se pueden abrir en el funcionamiento normal. Si la evaluación demuestra que una zona potencialmente inflamable puede extenderse más allá de los límites de los equipos, esta información se facilitará en la documentación para el equipo en la que el aparato está en funcionamiento, la liberación de refrigerante se inicia al mismo tiempo que el aparato se alimenta eléctricamente.

Componentes separados, tales como termostatos, que se cargan con menos de 0,5 gr de un gas inflamable no son considerados como riesgo de incendio o explosión en caso de fuga del gas del propio componente.

Los requisitos generales para los tipos de protección se indican en la norma UNE-EN 60079-0. Los tipos de protección detallados en las distintas partes de la norma UNE-EN 60079 se basan en grupos de gases específicos, que pueden no representar los refrigerantes pertenecientes a las categorías 2 y 2L, debido a las diferentes características de inflamabilidad. En tal caso debería llevarse a cabo, con el refrigerante en cuestión una prueba específica (ver UNE- EN 60079-0 + A11, clausula 4).

3.3.1.2. Protección del sistema de refrigeración o calefacción secundario.

Si es posible que en un intercambiador de calor circuito primario/circuito secundario, queden cerradas válvulas en el lado del secundario, de forma que pueda producirse un incremento de presión en el intercambiador, deberá protegerse este por medio de un dispositivo de alivio de presión fijado a una presión no superior a PS del lado secundario.

Si la carga de refrigerante del sistema es superior a 500 kg, deberán tomarse medidas para detectar e informar sobre la presencia de refrigerante en cualquier circuito asociado que contenga agua u otros fluidos secundarios (p.e. un detector de refrigerante).

Cuando el fluido empleado pertenezca a las clases de seguridad B1, A2L, A2, B2, B2L, A3 o B3 y la carga sea superior a 500 kg, se tomarán las disposiciones adecuadas para impedir que una fuga de refrigerante se difunda a áreas servidas por el fluido de transferencia de calor secundario debido a un fallo de la pared del evaporador o condensador.

Sin pretender un carácter limitativo, se pueden tomar las siguientes precauciones:

a) Separador automático de aire, montado en el circuito secundario, en el tubo de salida del evaporador o el condensador y a un nivel más alto que el intercambiador de calor. El separador de aire/refrigerante debe permitir una evacuación de flujo suficiente para descargar el refrigerante que puede ser liberado a través del intercambiador de calor. La descarga del separador tendrá lugar en un extractor o al exterior.

b) Intercambiador de calor de doble pared, entre el primario y secundario, a fin de evitar, en caso de fuga, que el refrigerante pase al circuito secundario.

c) Mantener constantemente una presión superior en el secundario que en el primario, en el área común.

3.3.2. Sistema frigorífico ubicado en el exterior.

Los sistemas situados a la intemperie se situarán de forma que, en caso de escape, el refrigerante no penetre en edificios colindantes para evitar refrigerante del escape que fluye en un edificio o pongan en peligro a las personas y bienes. El refrigerante de escape no deberá ser capaz de penetrar en orificios de aireación, puertas, trampillas o aberturas similares.

Para los sistemas de refrigeración instalados en exteriores en los que haya la posibilidad que el gas descargado pueda estancarse, p.e en un subterráneo, la instalación deberá cumplir con los requisitos para la detección de gases y ventilación de las salas de máquinas. Para los refrigerantes de las categorías 2L, 2 y 3 se deberán tener en consideración los requisitos relativos a las fuentes de ignición.

3.3.3. Requisitos para envolventes ventiladas.

Cuando se empleen envolventes ventiladas para contener sistemas que usen refrigerantes inflamables pertenecientes a las clases de seguridad A2L, B2L, A2, B2, A3 y B3, además de aplicar las prescripciones del apartado 3.2, habrá que emplear las siguientes medidas:

Se deberá proporcionar un flujo de aire entre la envolvente ventilada y el exterior. Se deberá especificar el tamaño del conducto de ventilación y número de curvas, además de la máxima caída de presión en Pascal (Pa). No habrá fuentes de ignición ubicadas en el conducto como motores, elementos de control que pueda producir chispas.

Se mantendrá una depresión en el interior de la envolvente de 20 Pa como mínimo y el caudal de aire al exterior, no deberá ser restringido por cualquiera de los componentes, y vendrá dado por:

$$Q_{min} = 15 \times S \times (m_c/\rho) \geq 2 \text{ m}^3/\text{h},$$

donde

Q_{min} es el caudal volumétrico de la ventilación (m^3/h);

15 = factor a aplicar para 4 minutos de pérdida en caso de una fuga importante ($1/h$);

$S = 4$ (factor de seguridad);

m_c = masa de carga de refrigerante (kg);

ρ = densidad del refrigerante a presión atmosférica y +25 °C (kg/m^3).

El sistema de ventilación debe operará de acuerdo con una de las siguientes opciones:

a) Funcionará permanentemente, monitorizándose continuamente el caudal de aire y el sistema de refrigeración será puesto en modo seguro dentro de los 10 segundos posteriores al descenso del caudal por debajo del mínimo. El modo seguro (garantiza que no se producirá una explosión) se mantendrá hasta que se restablezca el flujo de aire.

b) El sistema de ventilación se pondrá en marcha mediante un sensor de gas refrigerante antes de que se alcance el 25% del LII (véase Tabla A de la IF-02). El sensor estará adecuadamente colocado atendiendo a la densidad del refrigerante. La función del sensor y la ventilación se verificará a intervalos regulares de acuerdo con las instrucciones del fabricante. Cuando se detecte un fallo, se dará la alarma correspondiente y el sistema pasará a modo seguro quedando el ventilador conectado hasta que el fallo se haya resuelto.

Se deberá llevar a cabo un ensayo de tipo o ensayos individuales para evaluar el cumplimiento de los requisitos para el sistema de ventilación.

3.3.4. Bases de cálculo del volumen de locales ocupados.

El espacio en cuestión será todo local en el cual se ubique cualquier parte del sistema de refrigeración conteniendo refrigerante o al que pueda llegar el refrigerante en caso de fugas.

Para el cálculo de las cantidades máximas de refrigerante se usará el volumen ocupado cerrado más pequeño.

Para determinar la citada carga máxima también se podrá emplear como volumen de cálculo, el volumen total de todos los locales en donde se emplacen componentes del sistema frigorífico que contengan refrigerante, siempre y cuando se utilice aire para su calefacción y refrigeración y que el caudal de este aire de impulsión a cada uno de los locales sea en todo momento igual o superior al 25% del nominal. Si el local o locales disponen de sistemas de ventilación mecánica y se garantiza que estén en funcionamiento cuando haya presencia de personas, se podrá considerar el efecto de la renovación del aire para determinar el volumen del cálculo. Espacios múltiples con aperturas apropiadas (que no puedan ser cerradas) entre los diferentes espacios individuales o que estén intercomunicados por sistemas comunes de ventilación, retorno o extracción de aire, en donde no se encuentren ni evaporador ni condensador, se tratarán como un solo espacio. Donde el evaporador o condensador estén situados dentro de un conducto de aire que atiende a varios espacios, se usara para el cálculo el volumen del menor de estos espacios.

Si el suministro de aire a un determinado espacio no puede reducirse por debajo del 10 % de su caudal máximo mediante un reductor de caudal adecuado, este espacio será el que se debe de tomar como el menor de los espacios ocupados por humanos.

Para los refrigerantes de la clase de seguridad A1 se tomara como volumen de cálculo la totalidad de los locales o espacios enfriados o calentados por aire procedente de un sistema, si el suministro de aire a cada local no puede reducirse por debajo del 25% de su caudal nominal a plena marcha: Con refrigerantes del grupo de seguridad A1, el efecto debido a la renovación de aire pueden ser considerados en el cálculo del volumen si el espacio dispone de un sistema de ventilación mecánico que funcione siempre que el espacio este ocupado.

Cuando el evaporador o el condensador estén montados dentro de una red de conductos de suministro de aire y el sistema alimente a un edificio de varios pisos sin particiones, se considerará el volumen de la planta más pequeña.

Cuando los espacios anexos a los de posible ocupación humana no son, por construcción o diseño, estancos al aire deben considerarse como parte del espacio ocupado por personas. Por ejemplo: falsos techos, pasadizos de acceso, conductos, tabiques móviles y puertas con rejillas de ventilación.

Donde la unidad interior o tuberías de refrigerante relacionadas con ella, estén emplazadas en un local en el cual la carga total exceda la máxima permitida, se tomarán medidas especiales para asegurar al menos el mismo nivel de seguridad. Véase apéndice 4 de esta IF-04.

4. PRESCRIPCIONES ESPECIALES.

4.1. Utilización de sistemas directos de refrigeración en locales industriales (Categoría C).

En edificios con locales de diferentes clasificaciones, cuando los locales industriales estén situados en pisos distintos del primero y de la planta baja, cuando contengan algún sistema directo de refrigeración deberán estar totalmente separados del resto del edificio por construcciones resistentes y puertas de seguridad, y dotados de suficientes salidas de emergencia directas al exterior. En caso contrario serán considerados como locales comerciales.

4.2. Instalación de equipos frigoríficos que no requieran sala de máquinas.

4.2.1. Cuando en caso de fuga de refrigerante la concentración del mismo en el local en que esté emplazado el equipo no supere los límites prácticos indicados en el apéndice 1 tabla A de la IF-02, y la potencia de accionamiento de los motores de los compresores sea inferior a 100 kW, será admisible la instalación de los equipos fuera de una sala de máquinas, en cuyo caso se tendrán en cuenta las siguientes condiciones:

a) En pasillos y vestíbulos de locales no industriales, cuando se utilicen refrigerantes del grupo L1, sólo podrán colocarse equipos frigoríficos compactos y semicompactos.

b) Todos los equipos frigoríficos deberán estar provistos de carcasas de protección o estarán ubicados de tal forma que sean inaccesibles a personas no autorizadas.

c) Queda prohibida la instalación de equipos frigoríficos en los pasillos, escaleras, y sus rellanos, entradas y salidas de edificios, siempre que dificulten la libre circulación de las personas.

d) Los componentes frigoríficos situados a la intemperie deberán ser apropiados para ello. Estos no deberán estar accesibles a personas no autorizadas. Cuando los componentes frigoríficos vayan instalados sobre cubierta se deberá prestar especial cuidado para que el refrigerante en caso de escape no penetre en el edificio ni ponga en peligro a las personas.

4.2.2. Cuando la carga específica sea superior a la permitida, además de cumplir lo establecido en el 4.2.1, se podrá colocar el equipo en una sala de máquinas no específica, debiendo en tal caso cumplirse además las condiciones que se detallan a continuación:

a) El local esté separado mediante puertas estancas del resto. b) Se limite el acceso al personal autorizado.

b) Se disponga de un detector de refrigerante.

c) No haya en el entorno superficies caldeadas a temperaturas superiores a 400 ºC.

d) Exista un sistema de ventilación forzada.

En éste local se podrán emplazar otros equipos si son compatibles con los requisitos de seguridad del sistema de refrigeración y tendrá la consideración de sala de máquinas.

En las salas de máquinas específicas solo se podrán ubicar el sistema de refrigeración al completo o partes del mismo.

4.3. Sistemas situados en envolventes ventilados colocados en espacio ocupado.

Los equipos situados en el interior de envolventes ventilados dispondrán de un conducto construido de acuerdo con las especificaciones indicadas por el fabricante del sistema. Construidos de metal de acuerdo con la UNE-EN 1507 y soportados según la UNE-EN 12236. Una vez montados se sellarán todas las costuras y juntas para evitar posibles escapes de gas. La resistencia al fuego del conducto y de la envolvente será la misma que la exigida para los materiales, espesores y ejecución de los cerramientos y puertas de las salas de máquinas, por el Reglamento de Seguridad contra incendios en establecimientos industriales, aprobado por Real Decreto 2267/2004, de 3 de diciembre.

El volumen del local en el cual se coloque el sistema con envolvente deberá ser al menos 10 veces superior al de la envolvente y disponer de suficientes entradas de aire para garantizar la renovación del aire sin contaminación procedente del exterior. Asimismo, el aire extraído del interior de la envolvente se evacuará al exterior, de forma que no haya la posibilidad de que sea aspirado nuevamente al interior del local.

5. INSTALACIONES ESPECIALES.

5.1. Máquinas de absorción cuya instalación utiliza NH_3-Agua.

Tratándose de una instalación frigorífica que utiliza un refrigerante del grupo L2 deberán seguirse todas las prescripciones del presente Reglamento.

5.2. Sistemas frigoríficos en cascada y circuitos secundarios que emplean fluidos con cambio de fase líquido/gas.

5.2.1. Generalidades.

En este capítulo se describen los requisitos adicionales a los ya indicados en el presente Reglamento que deberán de cumplir todos los componentes que forman los circuitos del escalón de baja en instalaciones en cascada y los que trabajan con fluidos secundarios que utilizan sustancias volátiles, fundamentalmente el CO_2.

5.2.2. Presiones de diseño mínimas.

Los componentes de los circuitos indicados en el apartado anterior no tendrán que cumplir con los criterios expuestos en la tabla 1 de la IF-06 con respecto a presiones mínimas de diseño, siempre y cuando se garanticen las siguientes condiciones:

a) Refrigerantes con PCA > 1. Se podrá adoptar una presión de diseño (PS) igual o superior a 1.5 veces la presión de funcionamiento prevista en las condiciones de diseño de la planta, tomando alguna de las siguientes medidas:

    i) Si se trata de un circuito de carga limitada se diseñará de tal forma que bajo ninguna circunstancia su presión interna pueda superar la presión de diseño PS.

    ii) Se dispondrá de un equipo frigorífico capaz de mantener la presión del refrigerante en el circuito por debajo de PS durante los periodos de paro de la instalación. Este equipo estará alimentado por una fuente de energía independiente de forma que se pueda garantizar su funcionamiento en cualquier circunstancia.

iii) Antes de parar la instalación se trasladará todo el refrigerante hacia un recipiente con capacidad de resistir la presión calculada aplicando los criterios de la tabla 1 de la IF-06 o la presión crítica del correspondiente gas multiplicada por el cociente entre la temperatura máxima previsible y la temperatura crítica, ambas en temperaturas absolutas.

b) Que se emplee un fluido con el menor impacto posible para el medio ambiente (PAO = 0 y PCA = 1) y que su descarga al aire libre no suponga riesgo ni para las personas ni para la naturaleza, por ejemplo, el CO_2. Este refrigerante podrá dejarse escapar al exterior en caso de emergencia y cuando la presión supere el punto de consigna de los dispositivos de seguridad o sea necesario vaciar la instalación antes de su desmontaje.

No obstante, para evitar pérdidas regulares de refrigerante, o cuando sea necesario arrancar máquinas de elevada presión, se dotará a las instalaciones de un equipo auxiliar frigorífico de mantenimiento de la presión, que además pueda reducir las pérdidas de refrigerante en el caso de fallo de la energía eléctrica, o se adoptará una solución equivalente.

La presión de diseño mínima en el lado de baja presión de estos circuitos, tanto si se trata de instalaciones en cascada como si el CO_2 se utiliza como fluido secundario, será como mínimo de 25 bar o un 20% superior a la prevista de funcionamiento (la mayor de éstas); mientras que en el lado de alta de este mismo escalón será de 40 bar salvo que el desescarche se realice por gas caliente, en cuyo caso deberá ser de 50 bar. Cuando el desescarche se realice mediante gas caliente los componentes del sector de baja que se sometan a la presión de desescarche deberán tener una presión de diseño de 50 bar, es decir, los propios evaporadores, la tubería, válvulas de paso y demás componentes del circuito que puedan estar en contacto con el gas caliente; el resto de tubería de líquido, aspiración y vaciado, así como válvulas, automatismos y separador de bombas del sector de baja podrán estar diseñados y protegidos en función de la presión máxima de servicio establecida para el sector de baja.

En caso de que se utilice otro tipo de desescarche éste se realizará de forma que no pueda quedar CO_2 líquido atrapado en el evaporador.

c) En cualquier caso, las presiones de diseño de los componentes de estas instalaciones serán necesariamente superiores a las presiones máximas de trabajo calculadas para que puedan absorber:

i) Los aumentos de presión por acumulación de incondensables.

ii) El margen para el ajuste de los mecanismos limitadores de presión.

iii) El margen para el tarado de las válvulas de seguridad.

5.2.3. Instalaciones que utilizan R-744 (CO_2).

5.2.3.1. Características principales del R-744.

Aunque es un compuesto no tóxico, exposiciones a valores mayores que el 3% ocasionan una sensación de malestar, provocando hiperventilación, taquicardia, dolor de cabeza, vértigo, sudoración y desorientación. Exposiciones a concentraciones superiores al 10% pueden conducir a la pérdida de la conciencia y la muerte; concentraciones mayores al 30% provocan rápidamente la muerte. Los efectos se incrementan con los trabajos pesados, del alto consumo metabólico.

En presencia de agua puede formar ácido carbónico, con el consiguiente riesgo de ataque químico, por ello deberá emplearse en las instalaciones frigoríficas, únicamente anhídrido carbónico seco.

Reacciona con el R-717 formando carbamato amónico, el cual es un polvo blanco que puede obstruir las tuberías y los orificios, sin embargo, es soluble en agua y se disocia en amoníaco y anhídrido carbónico por encima de +60 °C.

5.2.3.2. Peligros más significativos.

a) Durante el funcionamiento y con la instalación parada todos los elementos del circuito estarán a presiones superiores a la atmosférica.

b) Al despresurizar o al trasvasar en estado líquido existe el peligro de bloqueo por solidificación del CO_2 que ocurrirá a presiones inferiores a 5.2 bar absolutos.

c) Uno de los principales peligros en el empleo del CO_2 es su eventual concentración en espacios confinados.

d) La entrada de CO_2 líquido en los compresores causa graves daños que provocarán roturas y escapes de CO_2 a la atmósfera.

e) El CO_2 líquido tiene un coeficiente de dilatación térmica muy elevado. Su presión, si queda atrapado en tuberías y accesorios, subirá rápidamente al aumentar la temperatura ambiente y supondrá un grave riesgo de rotura (usualmente muy brusca) de los componentes. Incluso podrá provocar que trozos de tuberías y otras piezas mecánicas se proyecten a gran velocidad. En ciertas circunstancias esto podrá suceder también en su forma gaseosa.

f) En presencia de agua podrá formar ácido carbónico con el consiguiente riesgo de ataque químico.

5.2.3.3. Precauciones a tener en consideración.

a) Antes de cargar el CO_2 en las instalaciones se hará un vacío hasta una presión de 675 Pa o inferior y se mantendrá al menos durante 6 horas sin que se aprecie aumentos de presión por entrada de aire o evaporación de residuos de agua. El objetivo será conseguir que los circuitos sean estancos y estén secos antes de cargar el CO_2.

b) La presencia de agua en el circuito frigorífico con refrigerante CO_2 es muy perjudicial. Por este motivo se deberá mantener en todo momento un contenido de agua inferior al máximo que puedan absorber los vapores de refrigerante saturados de humedad (sin que haya por tanto saturación de agua). Para lograrlo, además de utilizar en la carga de la instalación CO_2 seco, se instalarán filtros deshidratadores y se realizarán controles anuales del contenido del agua en fase líquida, los cuales se podrán llevar a efecto durante las revisiones periódicas establecidas.

c) En espacios confinados se tomarán medidas que garanticen la ventilación adecuada de éstos antes de la entrada de personas en los mismos.

d) Cualquier manipulación de todo componente requerirá despresurización previa.

e) Se prohíbe soldar o calentar con llama cualquier componente de los circuitos de CO_2 salvo que previamente hayan sido convenientemente vaciados y llenados con aire o nitrógeno exento de oxígeno.

f) En superficies exteriores de tuberías, depósitos y demás componentes de acero de las instalaciones con CO_2 se producen con facilidad corrosiones debilitando el espesor y con ellos su resistencia mecánica. Por ejemplo, por condensaciones en las partes de bajas temperaturas con superficies no protegidas. Para evitarlo se aislarán las tuberías frías y se pintarán todas las superficies manteniéndolas en buen estado durante toda la vida útil de las plantas.

g) Debido a los problemas de corrosiones y considerando que las tuberías necesarias en las instalaciones de CO_2 son relativamente de pequeño diámetro será preferible el uso de tuberías de cobre o acero inoxidable, salvo que se adopten medidas que eviten dichas corrosiones.

h) Siempre que se vaya a entrar en un recipiente que haya contenido R-744 o en un recinto dónde, por efecto de la apertura de una parte del circuito, se haya podido formar una concentración peligrosa, se deberá tener en consideración la reglamentación existente sobre trabajo en espacios confinados (véase nota técnica de prevención NTP223 editada por el Instituto Nacional de Seguridad, Salud y Bienestar en el Trabajo).

i) Se adoptarán las disposiciones adecuadas para evitar que el refrigerante líquido quede encerrado entre componentes o dentro de los mismos de forma que un incremento de temperatura no pueda dar lugar a una rotura de la tubería o del componente, por ejemplo, mediante una válvula de alivio, válvula manual precintada o procedimiento similar que evite con garantía dicho riesgo.

j) Todas las bombas de refrigerante que puedan independizarse mediante válvulas de cierre deberán disponer de válvulas de alivio.

k) La tubería de impulsión de las bombas de refrigerante llevará una válvula de alivio independiente de otros automatismos.

l) Se adoptarán medidas para evitar que, la apertura de parte del circuito que habitualmente funciona a temperaturas inferiores a 0°C (aun perteneciendo al lado de alta del escalón de baja), ocasione condensaciones internas.

m) Las tuberías de salida de las válvulas de seguridad o de alivio con descarga al exterior del circuito estarán diseñadas y montadas de manera que se evite el riesgo de bloqueo por formación de CO_2 sólido.

5.2.3.4. Detectores de fugas para CO_2.

En las salas de máquinas y en los locales de más de 30 m^3 en los que se utilice este refrigerante, cuando la carga total de R-744 en la instalación dividida por el volumen del local arroje un valor superior al límite práctico indicado en la tabla A del apéndice 1 de la IF-02, deberá montarse, a una altura inferior a 1 metro sobre el nivel del suelo, un detector de gas con los niveles de actuación siguientes:

5 000 p.p.m. (V/V), valor límite inferior de alarma.

10 000 p.p.m. (V/V), valor límite superior de alarma.

En el valor límite inferior se activará una alarma y se procederá a ventilar el recinto. En el valor límite superior se prohibirá la estancia a personas salvo que estén protegidas con equipos de respiración autónomo.

5.2.4. Materiales para instalaciones con refrigerante CO_2.

a) Por la coincidencia de las altas presiones y bajas temperaturas de utilización, en las tuberías de interconexión de los componentes de los sistemas que trabajen con CO_2, deberán emplearse materiales con una resiliencia adecuada a las temperaturas de trabajo (aceros especiales, aceros inoxidables o cobre).

b) Puesto que el cobre es también compatible con la mayoría de los refrigerantes empleados en el sector de baja, es utilizable en el montaje de tuberías. No obstante, las altas presiones asociadas a éstos refrigerantes aconsejan establecer unos espesores mínimos, los cuales estarán de acuerdo con la ecuación:

$$T = \frac{P \times D}{20F + P}$$

donde:

T = Espesor pared (mm).

D = Diámetro exterior del tubo (mm).

P = Presión máxima admisible en bar (relativa).

F = Resistencia en N/mm^2 para el tubo de cobre recocido.

El espesor mínimo no será inferior en ningún caso a 0.7 mm.

O bien se habrán determinado de acuerdo con un código internacionalmente reconocido o una norma armonizada, debiéndose destacar las siguientes consideraciones:

i) Cualquiera que sea la resistencia a la tracción y/o el límite elástico indicados en las características mecánicas del mismo, habrá que considerar los valores correspondientes al material recocido, tal como se establece en los diversos códigos y normas, debido al procedimiento de soldadura fuerte utilizado con el cobre.

ii) Asimismo, habrá que tener en consideración las tolerancias constructivas del tubo empleado, minorando la misma del espesor a analizar.

iii) En los sistemas transcríticos habrá que cerciorarse previamente de que el procedimiento de cálculo es adecuado para el rango de presiones que tienen lugar.

El cálculo justificativo de la selección de los espesores se reflejará en la memoria o el proyecto, por el instalador frigorista o por el técnico competente según se trate. Con cualquier refrigerante que permita el uso del cobre, se aplicarán estos mismos criterios de diseño y justificación documental.

5.3. Pistas de patinaje sobre hielo.

Las pistas de patinaje deberán ser consideradas como locales de tipo B. Deberá haber en ellas suficientes salidas de emergencia, tal y como se indica en el Código Técnico de la Edificación, aprobado por el Real Decreto 314/2006, de 17 de marzo.

Se podrán utilizar todo tipo de sistemas indirectos.

En los sistemas con partes del circuito conteniendo refrigerante, separados herméticamente de la ocupación general, se podrán utilizar refrigerantes de los grupos de seguridad L1 y L2 con ODP = 0.

5.3.1. Pistas de patinaje cubiertas.

Los sistemas se podrán considerar como indirectos, si las partes conteniendo refrigerante están separadas de la zona ocupada por público por un suelo de hormigón armado adecuado, sellado herméticamente. En tal caso, deberán satisfacerse los siguientes requisitos:

a) Contará con recipientes de refrigerante que puedan contener la carga total de refrigerante.

b) En la zona de la pista, las tuberías y colectores estarán soldados, sin bridas y empotrados en el suelo de hormigón.

c) Las tuberías y colectores de distribución laterales estarán dispuestos en una galería técnica independiente, adecuadamente ventilada y hermética hacia la zona de público, comunicada con la sala de máquinas.

d) El sector de baja será diseñado para la misma presión que la del sector de alta.

5.3.2. Pistas de patinaje al aire libre e instalaciones para actividades deportivas similares.

Todo el equipo, las tuberías y los elementos frigoríficos, deberán estar completamente protegidos frente a intervenciones no autorizadas y dispuestos de tal forma que sean accesibles para su inspección. Serán de aplicación los requisitos establecidos en el apartado 5.3.1.

APÉNDICE 1. TABLAS A Y B.
CARGA MÁXIMA DE REFRIGERANTE EN EL SISTEMA

Tabla A. Requisitos de límite de carga para refrigerantes basados en su toxicidad

Categoría de toxicidad	Categoría del local por accesibilidad		Tipo de ubicación de los sistemas			
			1	2	3	4
A	A		Límite toxicidad × volumen del local o apéndice 4	Sin límites de carga (a)	Sin límites de carga (a)	Los requisitos de carga por toxicidad tendrán que evaluarse según las categorías de los locales por ubicación de los sistemas 1,2 o 3 dependiendo de la ubicación de la envolvente ventilada
	B	Plantas superiores sin salidas de emergencia o sótanos	Límite toxicidad × volumen del local o apéndice 4			
	B	Otros	Sin límites de carga (a)			
	C	Plantas superiores sin salidas de emergencia o sótanos	Límite toxicidad × volumen del local o apéndice 4			
	C	Otros	Sin límites de carga (a)			
B	A		Para sistemas de absorción o adsorción sellados: límite de toxicidad × volumen del local y no más de 2,5 kg. Resto de sistemas: límite de toxicidad × volumen del local		Sin límites de carga (a)	
	B	Plantas superiores sin salidas de emergencia o sótanos	Límite de toxicidad × volumen del local	Carga máx 25 kg (a)		
	B	Densidad de personal inferior a 1 persona por 10m²	Carga máx. 10 kg	Sin límites de carga (a)		
	B	Otros		Carga máx. 25 kg (a)		
	C	Densidad de personal inferior a 1 persona por 10m²	Carga no mayor de 50 kg (a) y salidas de emergencia existentes.	Sin límites de carga (a)		
	C	Otros	Carga máx. 10 kg (a)	Carga máx. 25 kg (a)		
a) Para aire exterior aplicar límite de toxicidad por volumen del local punto 3.3.2 de IF-04 y para salas de máquinas IF-07						

Tabla B. Requisitos de límite de carga para sistemas de refrigeración basados en la inflamabilidad

Categoría de inflama-bilidad	Categoría del local por accesibilidad		Tipo de ubicación de los sistemas			
			1	2	3	4
2L	A	Confort humano	Según apéndice 3 pero no superior a $m_2^a \times 1,5$ o según apéndice 4 pero no superior a $m_3^b \times 1,5$		Sin límite de carga[c]	Carga de refrigerante no superior a $m_3^b \times 1,5$
		Otras aplicaciones	$20\% \times LII \times$ volumen del local pero no más de $m_2^a \times 1,5$ o según apéndice 4 y no superior a $m_3^b \times 1,5$			
	B	Confort humano	Según apéndice 3 pero no superior a $m_2^a \times 1,5$ o según apéndice 4 pero no superior a m_3^b 1,5			
		Otras aplicaciones	$20\% \times LII \times$ volumen del local pero no más de $m_2^a \times 1,5$ o según apéndice 4 y no superior a $m_3^b \times 1,5$	$20\% \times LII \times$ volumen del local y no más de 25 kg[c] o según apéndice 4 pero no más de $m_3^b \times 1,5$		
	C	Confort humano	Según apéndice 3 pero no superior a $m_2^a \times 1,5$ o según apéndice 4 pero no superior a $m_3^b \times 1,5$			
		Otras aplicaciones	$20\% \times LII \times$ volumen del local pero no más de $m_2^a \times 1,5$ o según apéndice 4 y no superior a $m_3^b \times 1,5$	$20\% \times LII \times$ volumen del local y no más de 25 kg o según apéndice 4 pero no más de $m_3^b \times 1,5$		
		Inferior a 1 persona por cada 10 m²	20% del $LII \times$ volumen del local y no más de 50 kg[c] o según apéndice 4 y no más de m_3^b x 1,5	Sin límites de carga[c]		
2	A	Confort humano	Según apéndice 3 pero no más de m_2^a		Sin restric-ciones [c]	Carga de refrigerante no superior a m_3^b
		Otras aplicaciones	$20\% \times LII \times$ volumen del local pero máximo m_2^a			
	B	Confort humano	Según apéndice 3 pero no más de m_2^a			
		Otras aplicaciones	$20\% \times LII \times$ volumen del local pero máximo m_2^a			
	C	Confort humano	Según apéndice 3 pero no más de m_2a			
		Otras aplicaciones · Sótanos	$20\% \times LII \times$ volumen del local pero máximo m_2^a			
		Otras aplicaciones · Plantas superiores	20% del LII x volumen del local pero máx 10 kg[c]	20% del $LII \times$ volumen del local pero máx 25 kg[c]		

a) $m_2 = 26$ m$^3 \times$ LII

b) $m_3 = 130$ m$^3 \times$ LII

c) Para aire exterior aplicar límite de toxicidad por volumen del local punto 3.3.2 de IF-04 y para salas de máquinas IF-07

Categoría de inflamabilidad	Categoría del local por accesibilidad			Tipo de ubicación de los sistemas			
				1	**2**	**3**	**4**
3	A	Confort humano		Según apéndice 3 y no más del valor mayor de m_2 o 1,5 kg		No más de 5kg^c	Carga del refrigerante no mayor de m_3^{b}
		Otras aplicaciones	En sótanos	Solo sistemas sellados: 20% × LII × volumen del local y no más de 1kg			
			Sobre nivel terreno	Solo sistemas sellados 20% × LII × volumen del local y no más de 1,5kg			
	B	Confort humano		Según apéndice 3 y no más del valor mayor de m_2 o 1,5 kg		No más de 10 kg^c	
		Otras aplicaciones	En sótanos	20% del LII por volumen del local y no más de 1 kg^a			
			Sobre nivel terreno	20% del LII por volumen del local y no más de 2,5kg			
	C	Confort humano		Según apéndice 3 y no más del valor mayor de m_2 o 1,5 kg		Sin restriccio-nes^c	
		Otras aplicaciones	En sótanos	20% del LII por volumen del local y no más de 1 kg^c			
			Sobre nivel terreno	20% × LII × volumen del local y no más de 10 kg^c	20% × LII × volumen del local y no más de 25 kg^c		

a) m_2 = 26 m^3 × LII

b) m_3 = 130 m^3 × LII

c) Para aire exterior aplicar límite de toxicidad por volumen del local punto 3.3.2 de IF-04 y para salas de máquinas IF-07

APÉNDICE 2
ESTIMACIÓN DE LA MÁXIMA CARGA DE REFRIGERANTE ADMISIBLE

1. Requisitos de cargas máximas de refrigerante para sistemas frigoríficos.

Los límites prácticos para los refrigerantes (véase apéndice 1, tabla A de la IF-02), están basados en el efecto de un escape súbito de refrigerante con un tiempo de exposición breve. No se refieren a los límites de seguridad para una exposición regular diaria. Los límites prácticos serán utilizados para determinar la carga máxima admisible en función de la categoría del local, tal y como se refleja en las tablas A y B del apéndice 1, de esta instrucción.

El procedimiento a aplicar será el siguiente:

a) Determinar la clasificación del local en donde se empleen los sistemas, según artículo 7 (A, B y C) y el tipo de ubicación del sistema (1, 2, 3 y 4) según artículo 6.2.

b) Determinar la categoría de toxicidad del refrigerante utilizado en el sistema de refrigeración que será la categoría A o B, correspondiendo al primer carácter reflejado en la clase de seguridad del Apéndice 1, Tabla A de la IF-02. El límite de toxicidad de los valores ATEL/ODL o el límite práctico indicado en de la citada Tabla A del Apéndice 1 de la IF-02, elegir el mayor de los dos.

c) Calcular la carga máxima para el sistema de refrigeración basada en la toxicidad, como la mayor de:

    i) Carga máxima a partir de la tabla A del Apéndice 1 de esta IF.

    ii) 20 m³ multiplicados por la carga máxima para toxicidad con sistemas de refrigeración sellados herméticamente.

    iii) 150 gr para sistemas de refrigeración herméticamente sellados que utilicen refrigerantes de la clase de toxicidad A.

d) Determinar la clase de inflamabilidad del refrigerante usado en el sistema, que será de las categorías 1, 2L, 2 o 3, que es el carácter indicado a continuación de la letra A o B en la columna del grupo de seguridad de la tabla A en el apéndice 1 de la IF-02, véase el LII correspondiente en la misma tabla.

e) Determinar la carga máxima de refrigerante utilizado en el sistema basada en la inflamabilidad, como la mayor de:

i)   Carga máxima a partir de la tabla B del Apéndice 1 de esta IF.

ii) $m_1 \times 1,5$ para sistemas de refrigeración herméticamente sellados utilizando la categoría de inflamabilidad 2L.

iii) m_1 para sistemas de refrigeración herméticamente sellados, utilizando la categoría de inflamabilidad 2 y 3.

iv) 150 gr para sistemas de refrigeración herméticamente sellados.

f) Aplicar la carga menor de refrigerante obtenida con los supuestos c) y e). Para determinar la carga máxima de refrigerante con refrigerantes de la categoría de inflamabilidad 1, no es aplicable.

Las cargas máximas de refrigerante representados en la tabla B del apéndice 1 de esta IF-04 se les ha puesto un tope de manera que coincidan con los limites basados en los LII (límite inferior de inflamabilidad) de los refrigerantes según tabla A del apéndice 1 de la IF02.

En el caso de las categorías de seguridad 2 y 3 los factores básicos del tope son m^1, m^2 y m^3. Para refrigerantes de la categoría de inflamabilidad 2L, el factor básico de tope se aumenta con el factor 1,5 al reconocer la menor velocidad de propagación de la llama en estos refrigerantes lo que conduce a reducir la probabilidad y consecuencias de la ignición.

Los factores de tope se muestran en la tabla B del apéndice 1 y son los siguientes:

$$m_1 = 4m^3 \times LII$$

$$m_2 = 26 \ m^3 \times LII$$

$$m_3 = 130 \ m^3 \times LII$$

En donde los valores de los límites inferiores de inflamabilidad (LII) son los que aparecen en la tabla A del apéndice 1 de la IF-02, en kg/m^3. Los multiplicadores 4, 26 y 130 se basan en cargas 150 gr, 1 kg y 5 kg del refrigerante R-290.

Apéndice 3

ESTIMACIÓN DE LA MÁXIMA CARGA ADMISIBLE POR INFLAMABILIDAD PARA SISTEMAS DE ACONDICIONAMIENTO DE AIRE Y BOMBAS DE CALOR, EN LA APLICACIÓN PARA CONFORT HUMANO

1. Partes conteniendo refrigerante en un espacio ocupado.

Cuando la carga de un refrigerante con inflamabilidad categoría 2L supera el valor m1 × 1,5, la máxima carga de refrigerante admisible en el local se calculará con la formula (1). Si la carga de refrigerante con categoría de inflamabilidad 2 o 3 supera m1, la carga máxima en el local se calculará con la formula (1) o la superficie mínima el suelo A_{min} para poder instalar el sistema con carga m (kg) se calculará con la formula (2):

$$m_{max} = 2,5 \times LII^{5/4} \times h_0 \times A^{1/2} \qquad (1)$$

$$A_{min} = m^2/(2,5 \times LII^{5/4} \times h_0)^2 \qquad (2)$$

donde:

$m_{máx}$, es la carga máxima permitida en el recinto en kg.

A, es el área del recinto en m^2.

A_{min}, es la superficie mínima del suelo.

LII, es el límite inferior de inflamabilidad en kg/m^3.

h_0, es la altura de instalación del aparato en m:

   − 0,6 m para un emplazamiento al suelo.

   − 1,8 m para un montaje en la pared.

   − 1,0 m para equipos de ventana.

   − 2,2 m para equipos de techo.

donde LII es el límite inferior de inflamabilidad según tabla A del apéndice 1 de la IF-02 y la masa molecular del refrigerante es superior a 42 gr/mol.

2. Requisitos especiales para sistemas de acondicionamiento de aire o bombas de calor formados por una sola unidad compacta, no fija, sellada en fábrica y con carga limitada.

Para unidades no fijas, selladas herméticas en fabrica formadas por una sola unidad compacta (unidad funcional en una solo envolvente) con una cantidad de carga según la ecuación (3), la carga máxima debe de cumplir con la formula (4), o la superficie de suelo mínima requerida A_{min} para instalar el equipo con una carga de refrigerante determinada m (kg) debe cumplir con la formula (5).

$$(4 \text{ m}^3) \times \text{LII} < m \leq 8 \text{ m}^3 \times \text{LII} \qquad (3)$$

$$m_{max} = 0,25 \times A \times \text{LII} \times 2,2 \qquad (4)$$

$$A_{min} = m/(0,25 \times \text{LII} \times 2,2) \qquad (5)$$

donde:

m_{max}: es la carga máxima permitida en kg.

m: es la carga de refrigerante en el sistema en kg.

A_{min}: es la superficie de suelo mínima requerida en m².

A: es la superficie de suelo en m².

LII: es el límite inferior de inflamabilidad (LII) en kg/m³, indicado en la tabla A del Apéndice 1 de la IF-02.

El equipo puede ubicarse a cualquier altura sobre el suelo. Cuando se ponga en funcionamiento, entrará en servicio un ventilador que suministrará de manera continua el caudal de aire mínimo requerido en condiciones de marcha normales de estado estable, incluso cuando el compresor pare por termostato.

Apéndice 4

ALTERNATIVA PARA LA GESTIÓN DEL RIESGO EN SISTEMAS DE REFRIGERACIÓN SITUADOS EN ESPACIOS OCUPADOS

1. General[1].

Donde la combinación de categorías de clasificación y acceso de ubicación mostradas en las tablas A y B del apéndice 1 de la Instrucción IF-04 permitan el uso de disposiciones alternativas, el diseñador puede elegir (para todos o algunos de los espacios ocupados atendidos por el equipo) calcular la carga de refrigerante permitida utilizando los valores RCL, QLMV o QLAV que figuran en la tabla A de este apéndice 4. Todos los espacios ocupados en los que se encuentre alguna parte del sistema que contenga refrigerante deberán ser tenidos en cuenta en el cálculo de la carga admisible de refrigerante. Estas disposiciones alternativas pueden usarse sólo para un espacio ocupado que cumple todas las condiciones siguientes:

a) Sistemas donde el refrigerante se clasifica como clase de seguridad A1 o A2L según tabla A del apéndice 1 de IF-02.

b) Sistemas donde la carga de refrigerante no exceda de 150 kg y no exceda de $1,5 \times m^3$ para refrigerantes A2L.

c) Sistemas en los que todas las derivaciones (por ejemplo, colectores o piezas en T) y todos los cambios de diámetro (por ejemplo, reductores) en tuberías que contienen refrigerante en el espacio ocupado en cuestión están fabricados de accesorios o colectores construidos en fábrica.

d) Sistemas que son partidos y en los que el diseño, el dimensionamiento y la selección de materiales y componentes de tuberías que contienen refrigerante instaladas sobre el terreno en el espacio ocupado en cuestión están de acuerdo con las instrucciones de los fabricantes de las unidades construidas en fábrica.

e) Sistemas en los que no se instalan válvulas (por ejemplo, válvulas de expansión, de inversión o de servicio) o aberturas de servicio en el espacio ocupado en cuestión, con la excepción de válvulas o aberturas de servicio que formen parte de las unidades construidas en fábrica.

f) La ubicación del sistema es tipo 2.

g) Sistemas en los que el intercambiador de calor de la unidad interior y el control del sistema están diseñados para evitar daños debido a la formación de hielo.

h) Sistemas donde las partes que contienen refrigerante de la unidad interior están protegidas contra la rotura del ventilador o el ventilador está diseñado para evitar que se rompa.

---

[1]Modificación del apartado 1 del apéndice 4 «1. General» por el Real Decreto 164/2025, de 4 de marzo. Ref. BOE-A-2025-7190.

i) Sistemas donde se utilizan solo uniones permanentes en el espacio ocupado en cuestión, excepto para las juntas realizadas «in situ» para unir directamente la unidad interior a la tubería.

j) Sistemas donde se instalan los tubos que contienen el refrigerante en el espacio ocupado en cuestión de manera tal que estén protegidos contra daño accidental según apartado 3.3 de la IF-06 y apartado 3 de este apéndice.

k) Disposiciones alternativas para garantizar la seguridad se proporcionan en los apartados 2.2 y 2.3 de este apéndice.

l) Las puertas del espacio ocupado no son estancas.

m) El efecto del flujo descendente se mitiga aplicando el apartado 2.4 de este apéndice

Siempre que se cumplan todas las condiciones anteriores, se supone que la fuga máxima en el espacio ocupado no es mayor que la resultante de un poro y la carga máxima se calcula sobre esa base.

2. Carga permisible.

2.1. Generalidades.

Para los espacios ocupados de más de 250 m^2, el cálculo de límites de carga utilizará 250 m^2 como superficie de la sala para la determinación del volumen de la habitación.

La carga total del sistema dividida por el volumen de la sala no debe exceder el valor de QLMV en la tabla A de este apéndice (o si la planta más baja es subterránea), el valor de RCL de tabla B a menos que se tomen las medidas apropiadas. Si el valor excede al QLMV o al RCL, se tomarán las medidas apropiadas de acuerdo con apartado.2.2 o 2.3. La medida más adecuada será la ventilación (natural o mecánica), las válvulas de cierre de seguridad y la alarma de seguridad, junto con un dispositivo de detección de gas. La alarma de seguridad por sí sola no se considerará como una medida apropiada cuando los ocupantes estén restringidos en su movimiento.

NOTA 1 Para sistemas instalados y operados dentro de las restricciones del apartado 1 se ha minimizado el riesgo de liberación rápida de refrigerante a través de una fuga importante. Por lo tanto, el cálculo de la tasa de ventilación en este anexo se basa en una tasa máxima de fugas de 10 kg/h.

NOTA 2 QLMV se basa en una altura de la sala de 2,2 m una abertura de 0,0032 m^2 (calculada a partir de una puerta de 0,8 m de ancho y una separación de 4 mm típica de las habitaciones diseñadas sin ventilación).

NOTA 3 QLAV se basa en una concentración de oxígeno de 18,5% en volumen, suponiendo una mezcla homogénea.

NOTA 4 En el apéndice 5 se pueden ver ejemplos del cálculo.

Tabla A. Carga de refrigerantes admisibles

Refrige-rante	Concentración admisible (kg/m³) RCI	QLMV (kg/m³)	QLAV (kg/m³)
R-22	0,21	0,28	0,50a
R-134a	0,21	0,28	0,58a
R-407C	0,27	0,44	0,49a
R-410A	0,39	0,42	0,42ª
R-744	0,072	0,074	0,18b
R-32	0,061	0,063	0,15c
R-1234yf	0,058	0,060	0,14c
R-1234ze	0,061	0,063	0,15c

a: Basado en el ODL.

b: Basado en una concentración del 10%.

c: Basado en el 50% del LII.

Para los refrigerantes no enumerados en la tabla A, la QLAV será el menor entre:

Para R-744 una fracción de volumen de 10% (debido al efecto anestésico agudo);

ODL;

50% de LII para refrigerantes de clase 2L.

Para los refrigerantes no enumerados en la tabla A, la fórmula (6) se utilizará para el cálculo de QLMV:

$$QMLV = s \big|_{x=RCL} \times \dot{m}$$

donde:

$s \big|_{x=RCL}$ = es el punto en el tiempo normalizado s, cuando la concentración $x = RCL$, se encuentra resolviendo.

$$\frac{dx}{ds} = \dot{m} - x \times A \times c \times \sqrt{2 \times \left(1 - \frac{\rho_a}{\rho}\right) \times h \times g}$$

x = Es la masa de refrigerante en la habitación (kg/m³).

s = Es el tiempo transcurrido desde que se inició la fuga dividido por el volumen de la habitación (s/m³).

$\dot{m}$ = Es la tasa de fugas del sistema de refrigeración (0,00278 kg/s).

A = Es el área de abertura (m²) necesaria para dar la tasa mínima de ventilación típica de recintos sin diseño para ventilación, 0,004 m × 0,8 m = 0,0032 m².

c = Es el coeficiente de flujo igual a 1.

ρ = Es la densidad de la mezcla de aire y refrigerante (kg/m³), donde

$$\rho = x + \rho_a - x \frac{\rho_a}{\rho_r}$$

ρ_a = Es la densidad del aire (kg/m³) (calculada sobre la base de la masa molar de aire = 29 e ISO 817).

ρ_r = Es la densidad del refrigerante (kg/m³) (calculada sobre la base de la masa molar e ISO 817).

h = Es la altura del techo (m).

El QLMV de los refrigerantes con masa molecular entre 50 gr/mol y 125 gr/mol puede determinarse mediante interpolación lineal de los valores indicados en la tabla B.

Cuando lo anterior da un QLMV indefinido o un QLMV por encima de QLAV, se utilizará QLMV igual a QLAV.

Tabla B. Tabla de interpolación para calcular el QLMV

RCL	Masa molar			
	50	75	100	125
0,05	0,051	0,051	0,051	0,051
0,10	0,106	0,108	0,108	0,109
0,15	0,168	0,173	0,175	0,176
0,20	0,242	0,254	0,260	0,264
0,25	0,336	0,367	0,383	0,394
0,30	0,470	0,564	0,633	0,689
0,35	0,724	—	—	—

2.2. Ocupaciones excepto en la planta sótano del edificio.

Cuando la carga de refrigerante dividida por el volumen de la sala no excede la QLMV, no se requieren medidas adicionales. Cuando el valor sea mayor que el QLMV, pero menor o igual que el valor QLAV, se aplicarán al menos una de las medidas descritas en los apartados 3 y 4 de este apéndice. Cuando el valor exceda a la QLAV, se aplicarán al menos dos de las medidas especificadas.

2.3. Ocupaciones en la planta sótano del edificio.

Cuando la carga de refrigerante dividida por el volumen de la sala es superior al valor de RCL de la tabla A, pero menor o igual que el valor de QLMV, se aplicará al menos una de las medidas descritas en los siguientes apartados: 3 y 4 de este apéndice, colocación de un detector de acuerdo con el apartado 3 de la IF-16. Cuando el valor exceda al QLMV, se aplicarán al menos dos de las medidas especificadas. El valor no excederá el valor de QLAV.

2.4. Efecto del descenso del flujo.

Incluso si no hay un sistema de refrigeración en la planta inferior, en los emplazamientos donde la carga del sistema mayor en el edificio, dividida por el volumen total del piso más bajo, exceda del valor de QLMV, se montará una ventilación mecánica de acuerdo con el apartado 3.3 de este apéndice.

3. Requisitos para las disposiciones alternativas.

3.1. General.

Estas medidas adicionales sólo se aplican a los sistemas descritos en este apéndice.

En el caso de que una unidad interior este ubicada en el interior o la tubería pase a través de un espacio ocupado con un volumen de tal tamaño que la carga total exceda la carga permitida según el apartado 2, o se superen los límites prácticos, las disposiciones alternativas descritas en este apartado 3 pueden ser aplicadas para garantizar la seguridad.

3.2. Espacio ocupado.

Si la unidad interior está situada a una altura inferior a 1,8 m del suelo, se preverá un ventilador de la unidad interior, un recirculador o una ventilación mecánica para evitar el riesgo de que el refrigerante se estanque en caso de fuga, funcionará continuamente o será activado por un detector. Si se prevé, a nivel del suelo, una abertura que permita la dilución del ambiente, tal como un hueco debajo de la puerta, es aceptable colocar el equipo bajo sin mezcla con el aire.

El espacio donde se instala la unidad interior podrá estar clasificado como Categoría A según el artículo 7 del presente

Reglamento. Las unidades interiores no se deben usar en una habitación sellada sin ventilación al exterior de la misma.

El equipo y las tuberías de interior deberán estar montados y protegidos de forma que no pueda producirse una rotura accidental de los mismos, por sucesos tales como movimiento de muebles o actividades de reconstrucción.

3.3. Ventilación.

3.3.1. Generalidades.

Las estimaciones según apartados 2.2 y 2.3 pueden requerir el empleo de ventilación como medida de seguridad.

La ventilación debe hacerse hacia un lugar donde haya suficiente aire para diluir la fuga de refrigerante tal como al aire libre o a un gran espacio ocupado. El lugar de interior utilizado para proporcionar el aire de ventilación debe tener un volumen suficiente, incluyendo el volumen de la habitación en la que esté instalada la unidad interior, para asegurar que no se supera la carga límite mínima ventilación (QLMV). La ventilación interior se realizará en una habitación que tenga el volumen suficiente para satisfacer el valor de QLMV en total con el volumen de espacio ocupado. No se tendrá en cuenta la ventilación natural al aire libre.

Los valores de QLMV se encuentran en este mismo apéndice.

3.3.2. Aberturas de renovación (para diluir la concentración) mediante convección natural.

Las aberturas para renovación de aire se proporcionarán tanto en la parte superior como en la inferior. Para estas aberturas de renovación, la suma de las áreas a nivel superior y la suma de las áreas a nivel inferior deberán ser por lo menos el área determinada de la fórmula (7). Esta área se puede dividir en dos o más aberturas en cada localización alta y baja, que estarán a su vez situadas cerca del techo y del suelo respectivamente. Si el techo está suspendido y la pared no llega al mismo en habitaciones contiguas, entonces la abertura superior no es necesaria.

$$A = \frac{0,0032 \times m}{QLMV \times V} \quad (2)$$

donde:

A = Es el área de abertura necesaria en m^2.

M = Es la carga de refrigerante expresada en kg.

V = Es el volumen de la habitación, expresado en m^3.

$QLMV$: Es la carga límite con mínima ventilación en kg/m^3.

---

[2] Modificación de la fórmula según el Real Decreto 164/2025, de 4 de marzo. <u>Ref. BOE-A-2025-7190</u>.

El borde inferior de la abertura inferior deberá estar a una altura de 0,2 m o menos del suelo. El borde superior de la abertura superior debe ser igual o superior al borde superior de la abertura de la puerta.

Ventilación mecánica.

3.3.2.1. Caudal de aire requerido.

Para Q × RCL/10 < 1, el caudal de aire real, no nominal, de la ventilación mecánica debe ser al menos la cantidad que satisface la fórmula (8). Para Q × RCL / 10 ≥ 1, el caudal de aire se determinará de acuerdo con la fórmula (9)

$$m = -\frac{10 \times V}{Q} \times \ln\left(1 - \frac{Q \times RCL}{10}\right) \tag{8}$$

$$Q = \frac{10}{RCL} \tag{9}$$

donde:

m =Es la carga de refrigerante en kg.

V = Es el volumen de la habitación, expresado en m^3.

10 =Es la tasa máxima de fuga esperada, en kg/h.

Q =Es el caudal de aire de ventilación en m^3/h.

RCL =Es la concentración límite de refrigerante en kg/m^3.

ln = Logaritmo natural.

La ecuación (9) puede también ser empleada en lugar de la (8), sin embargo, como consecuencia de la simplificación, proporciona un valor de flujo de aire más alto.

3.3.2.2. Aberturas de ventilación mecánica.

El borde inferior de la abertura de ventilación mecánica debe ser lo más bajo posible y no más de 0,2 m del suelo.

Las aberturas de extracción deben estar situadas a una distancia suficiente de las aberturas de admisión para evitar la recirculación en el espacio ocupado. Además de las aberturas para la extracción del aire, las aberturas de entrada de aire deberán tener la misma superficie libre que las de extracción.

3.3.2.3. Funcionamiento de la ventilación mecánica.

La ventilación mecánica debe estar funcionando permanentemente o debe ser conectada por un detector según apartado 3 de la IF-16.

3.4. Válvulas de cierre para seguridad.

3.4.1. Generalidades.

Si se emplean válvulas de cierre como seguridad como medida preventiva, de acuerdo con el apartado 2 de este apéndice, se colocarán en una posición apropiada en un circuito de refrigeración. En caso de fuga de refrigerante, las válvulas deberán cerrar de manera que la cantidad de refrigerante fugada al espacio ocupado sea inferior al valor de QLMV.

Se utilizará el valor RCL, que se facilita en la tabla A de este apéndice, en lugar de QLMV para el piso subterráneo más bajo del edificio. Las válvulas aislarán el circuito de refrigeración del espacio ocupado mediante el control de un detector de acuerdo con el apartado 3 de la IF-16. El fabricante o el instalador del equipo proporcionará los datos necesarios para calcular la cantidad de refrigerante que puede penetrar en el espacio ocupado, en caso de fuga. Los datos deben incluir al menos la cantidad de refrigerante que puede fugarse considerando el tiempo de respuesta del sensor y el controlador que activa las válvulas, así como la cantidad residual de refrigerante que quedará en cada sección del sistema de refrigeración después de que las válvulas se hayan cerrado. Estas cantidades se tendrán en cuenta para determinar la cantidad de refrigerante que se fugó al espacio ocupado. Los datos deberán incluir la ubicación de la válvula en el sistema de refrigeración y la posición de los detectores en los recintos que lo requieran. Estos datos se incluirán en la documentación de instalación de acuerdo con apartado 2 de la IF-09.

3.4.2. Ubicación.

Las válvulas de cierre deberán estar ubicadas fuera del espacio ocupado y estarán colocadas para permitir el acceso para el mantenimiento por una empresa autorizada.

3.4.3. Diseño.

Las válvulas se diseñarán para cerrar en el caso de fallo de energía eléctrica, p.e. Válvulas de solenoide de retorno de resorte.

Las válvulas en el circuito de refrigeración deben poder cortar el flujo de refrigerante en caso de una fuga del mismo sin afectar indebidamente la circulación de refrigerante en funcionamiento normal.

4. Alarmas de seguridad.

4.1. General.

Si se emplean alarmas para avisar de una fuga en la sala de máquinas o en el espacio ocupado, la alarma avisará de una fuga de refrigerante de acuerdo con el apartado 4.3. La alarma será activada por la señal del detector de acuerdo con el apartado 3 de IF-16. La alarma también alertará a una persona autorizada para que tome las medidas apropiadas.

4.2. Potencia del sistema de alarma.

En los casos en que se instale un sistema de alarma, la fuente de alimentación del sistema de alarma deberá ser independiente de la ventilación mecánica u otros sistemas de refrigeración que el sistema de alarma esté protegiendo.

Un sistema de reserva que utilice baterías puede ser usado para el sistema de alarma.

4.3. Advertencia del sistema de alarma.

El sistema de alarma avisará de forma audible y visible, como un zumbador fuerte (15 dB (A) por encima del nivel de fondo) y una luz intermitente.

Para una sala de máquinas, el sistema de alarma debe advertir tanto dentro como fuera de la sala de máquinas. La alarma fuera de la sala de máquinas puede instalarse en un lugar supervisado.

Para un espacio ocupado, el sistema de alarma debe advertir al menos dentro del espacio ocupado.

En locales de Categoría A según art. 7 del presente Reglamento, el sistema de alarma también avisará en un lugar supervisado, como la ubicación del portero nocturno, así como en el espacio ocupado.

Apéndice 5

APLICACIÓN PRÁCTICA TABLAS A Y B DEL APÉNDICE 1 DE ESTA INSTRUCCIÓN

Ejemplo 1. Acondicionador de aire con R-410A.

Destinado a un dormitorio de una residencia privada, con una superficie de 16 m² y una altura de 2,7 m. Estudio clasificación:

a) Categoría de toxicidad del refrigerante A.

b) Categoría de inflamabilidad 1.

c) Clasificación del local: categoría A.

d) Tipo de emplazamiento: tipo 2, con compresor y condensador en exterior.

Los requisitos de seguridad corresponden a la casilla clase de seguridad A1 de la tabla A de la IF-04. El límite práctico, de acuerdo con la tabla A del apéndice 1 de la IF-02, es de 0,44 kg/m³, por lo que la carga admisible de refrigerante será de:

Carga máxima = 0,44 × 16 × 2,7 = 19 kg

Ejemplo 2. Sistema con R-290 para refrigeración de vitrinas situadas en un colmado.

Dimensiones del local 55 m² de superficie y 3,5 m de altura.

Estudio clasificación:

a) Categoría de toxicidad del refrigerante A.

b) Categoría de inflamabilidad 3.

c) Clasificación del local: categoría B.

d) Tipo de emplazamiento: tipo 1, con evaporador y compresor situados en el interior y condensador al exterior.

Los requisitos de seguridad corresponden a la casilla clase de seguridad B1 de la tabla B categoría de encendido 3. El límite práctico, de acuerdo con la tabla A del apéndice 1 de la IF-02, es de 0,008 kg/m³, por lo que la carga admisible de refrigerante será de:

Carga máxima = 0,008 x 55 x 3,5 = 1,54 kg

No obstante, de acuerdo con la citada casilla clase de seguridad B1, el sistema debe ser herméticamente sellado y la carga máxima admisible es de 1,5 kg.

Ejemplo 3. Sistema con R-717 destinado a una fábrica de pizzas congeladas.

Compresores y recipientes estarán ubicados en sala de máquinas especial, condensadores al aire libre. Estudio clasificación:

a) Categoría de toxicidad del refrigerante B.

b) Categoría de inflamabilidad 2L.

c) Clasificación del local: categoría C.

d) Tipo de emplazamiento: tipo 2, con evaporador interior, compresor y condensador en sala de máquinas especial.

Los requisitos de seguridad corresponden a la casilla C2 de la tabla de refrigerante A del apéndice 1 por lo que se refiere a toxicidad y a C2 de la tabla B para la inflamabilidad.

Si la densidad de personal es inferior a 1 persona/10 m^2 no hay límite de carga en ninguno de los dos casos. Si es mayor, entonces:

Por toxicidad no se deben superar los 25 kg.

Por inflamabilidad no se debe superar los $0,116 \times 20/100 = 0,0232$ kg/m^3.

Ejemplo 4. Unidad de climatización por conductos con una carga de R-32 de 8,5 kg.

Destinado a un restaurante con una superficie de 75 m^2 y una altura de 2,5 m.

Estudio clasificación:

a) Categoría de toxicidad del refrigerante A.

b) Categoría de inflamabilidad 2L.

c) Clasificación del local: categoría A.

Tipo de emplazamiento: tipo 2, con compresor y condensador en exterior.

El límite de carga máxima basado en la toxicidad es el correspondiente a la casilla A2 de la tabla A de la IF-04. El límite de toxicidad (ATEL/ODL), de acuerdo con la tabla A del apéndice 1 de la IF-02, es de 0,30 kg/m^3, por lo que la carga admisible de refrigerante, por su toxicidad, será de:

$$\textit{Límite de carga por toxicidad} = 0,30 \times 75 \times 2,5 = 56,25 \text{ kg.}$$

A continuación, se debe calcular el límite de carga máxima basado en la inflamabilidad, según criterios de la casilla A2, confort humano, de la tabla B de la IF-04. En este caso, corresponde aplicar el apéndice 3 por tratarse de una bomba de calor para confort humano. Cuando la carga de un refrigerante con inflamabilidad categoría 2L supera el valor $m_1 \times 1,5$, la máxima carga de refrigerante admisible en el local se calculará con la formula (1), por lo que primeramente debemos calcular m_1

$$m1 \times 1,5 = 4 \times LII \times 1,5 < 8,5 \ kg$$

En este caso, $m_1 \times 1,5$ es inferior a la carga de la unidad, por lo que debemos aplicar la siguiente fórmula:

$$m_{max} = 2,5 \times LII^{5/4} \times h_0 \times A^{1/2}$$

$m_{máx}$= es la carga máxima permitida en el recinto en kg.

A = es el área del recinto en m^2. En este ejemplo, 75 m^2.

LII = es el límite inferior de inflamabilidad en kg/m^3. Para R-32, 0,307 kg/m^3.

h_0 = es la altura de instalación del aparato en m. En este caso, por tratarse de una unidad de techo el valor será 2,2.

$$m_{max} = 2,5 \times 0,307^{5/4} \times 2,2 \times 75^{1/2}$$

Por lo que la carga máxima, debido a la inflamabilidad del refrigerante, la ubicación de la unidad interior y el área mínima a considerar, es 10,85 kg.

En este caso el límite de carga por inflamabilidad es inferior al límite máximo por toxicidad, por lo que el límite máximo de carga de la instalación es 10,85 kg de R-32.

Ejemplo 5. Sistema aire acondicionado.

Para un sistema de aire acondicionado que tiene:

una carga de 300 g de R-290;

LII de R-290 es igual a 0,038 kg / m^3;

La carga es superior a 152 g (4 $m^3 \times$ LII), por lo que el tamaño mínimo de la sala se calculará en función de la ubicación de instalación.

Tabla 5.1. Ubicación de la instalación - Volumen mínimo de la sala

Situación	Altura	Superficie mínima [m^2]	Volumen mínimo para 2,2 m de altura [m^3]
Suelo	0,6	142,1	312,6
Montaje pared	1,8	15,8	34,7
Montaje ventana	1,0	51,2	112,5
Montaje techo	2,2	10,6	23,3

Ejemplo 6. Sistema aire acondicionado.

Para una habitación con una superficie de 30 m^2, la carga máxima permitida de R-290 para un aparato de aire acondicionado montado en una ventana es de 230 g.

Ejemplo 7. Sistema con R-134a con medidas adicionales.

Un sistema con 90 kg de R-134a se instala en un espacio de 300 m^3.

90 kg en 300 m^3 es igual a 0,3 kg / m^3.

0,3 kg / m^3 supera el QLMV de 0,28 kg / m^3.

0,3 kg / m^3 está por debajo del QLAV de 0,58 kg / m^3.

La instalación del sistema está permitida siempre que se prevea al menos una de las medidas de seguridad descritas en los apartados 3 y 4 del apéndice 4.

Ejemplo 8. Sistema R-410A con medidas adicionales.

Un sistema con refrigerante R-410A se instala en volúmenes de sala como se especifica en la Tabla 5.2. El sistema es un sistema directo con tipo de emplazamiento 2.

Tabla 5.2. Estimación de la carga máxima

Ejemplo	Volumen local	Carga máxima según Apéndice 4, apartado 1	Carga máxima según QLMV (Volumen x QLMV)	Carga máxima según QLAV (Volumen x QLAV)	Conclusión
1	1 000 m^3	150 kg	420 kg	420 kg	La carga máxima es 150 kg
2	100 m^3	150 kg	42 kg	42 kg	La carga máxima es: Opción 1: 42 kg Opción 2: 150 kg si se adoptan dos medidas adicionales (apartado 2 del apéndice 4)

INSTRUCCIÓN IF-05

DISEÑO, CONSTRUCCIÓN, MATERIALES Y AISLAMIENTO EMPLEADOS EN LOS COMPONENTES FRIGORÍFICOS

Índice

1. NORMAS DE DISEÑO Y CONSTRUCCIÓN

Los sistemas de refrigeración y sus componentes se deberán diseñar y construir evitando los posibles riesgos para las personas, los bienes y el medio ambiente.

Se utilizarán parcialmente o totalmente, según se indique en este RSIF, las nomas referenciadas en sus artículos y en las Instrucciones Técnicas Complementarias y recogidas en la ITC IF-21.

Se prestará especial atención al cumplimiento de lo dispuesto en el artículo 20 del presente Reglamento.

2. MATERIALES EMPLEADOS EN LA CONSTRUCCIÓN DE EQUIPOS FRIGORÍFICOS.

Los materiales de construcción y de soldadura deberán ser los apropiados para soportar las tensiones mecánicas, térmicas y químicas previsibles. Deberán ser resistentes a los refrigerantes utilizados, a las mezclas de aceite y refrigerante con posibles impurezas y contaminantes, así como a los fluidos secundarios.

2.1. Requisitos generales.

Todos los materiales que estén en contacto con el refrigerante deberán tener garantizada su compatibilidad mediante pruebas prácticas o por una larga experiencia con el mismo.

De acuerdo con el Real Decreto 709/2015, de 24 de julio, los materiales utilizados en estos equipos deberán ser alguno de los siguientes:

   a) Materiales que cumplan con normas armonizadas.

   b) Materiales respaldados por un organismo europeo certificador de materiales.

   c) Materiales que posean una calificación específica.

2.2. Materiales férricos.

2.2.1. Fundición gris y fundición esferoidal.

El hierro fundido (fundición gris) y el hierro maleable (fundición esferoidal) sólo se deberá utilizar cuando haya sido probada su aptitud para una aplicación particular.

Puesto que algunas calidades de hierro fundido (fundición gris) son frágiles, su aplicación dependerá de la temperatura, presión y diseño.

Deberá tenerse presente que el hierro maleable (fundición esferoidal) tiene dos clasificaciones generales con distintas calidades en cada una. Estas pueden tener propiedades mecánicas muy diferentes.

2.2.2. Acero común, acero fundido y aceros de baja aleación.

El acero común, acero fundido y aceros de baja aleación serán utilizables en todas las piezas por las que circula refrigerante o también fluidos secundarios. En casos donde concurran bajas temperaturas y altas presiones o existan riesgos de corrosión o tensiones térmicas deberán ser utilizados aceros que, considerando el espesor, la temperatura mínima de diseño y el procedimiento de soldadura, tengan suficiente resistencia al impacto (resiliencia).

2.2.3. Acero de alta aleación.

Se requerirán aceros con altas aleaciones en los casos que concurran bajas temperaturas con altas presiones o existan riesgos de corrosión o tensiones térmicas. En cada caso particular deberá seleccionarse un acero con la suficiente resistencia al impacto y adecuado para ser soldado si fuera necesario.

2.2.4. Acero inoxidable.

Cuando se utilice acero inoxidable se tendrá precaución de que la calidad del mismo sea compatible con los fluidos del proceso y con los posibles contaminantes atmosféricos, como por ejemplo cloruro de sodio (NaCI), ácido sulfúrico (H_2SO_4).

2.3. Materiales no férricos y sus aleaciones (fundición, forjados, laminados y estirados).

2.3.1. Cobre y sus aleaciones.

El cobre en contacto con refrigerantes deberá estar exento de oxígeno o será desoxidado.

El cobre y las aleaciones con un alto porcentaje del mismo no se deberán utilizar para elementos que contengan amoníaco a no ser que su compatibilidad haya sido previamente probada.

2.3.2. Aluminio y sus aleaciones.

El aluminio empleado para juntas que se utilicen con amoníaco tendrá una pureza mínima del 99,5 %.

El aluminio y sus aleaciones se podrán utilizar en cualquier parte del circuito de refrigeración siempre y cuando su resistencia sea adecuada y compatible con los refrigerantes y lubricantes utilizados.

2.3.3. Magnesio y sus aleaciones.

El magnesio y sus aleaciones no se deberán utilizar a no ser que haya sido previamente probada su compatibilidad con el refrigerante utilizado.

2.3.4. Zinc y sus aleaciones.

El zinc no se deberá emplear en contacto con los refrigerantes amoníaco y cloruro de metilo (CH_3Cl). Está permitido el galvanizado exterior y el electrozincado de componentes de refrigeración.

2.3.5. Aleaciones para soldadura blanda.

Las aleaciones para soldadura blanda no se deberán emplear excepto en aplicaciones internas.

2.3.6. Aleaciones para soldadura dura.

Las aleaciones para soldadura dura no se deberán emplear a no ser que haya sido previamente probada su compatibilidad con los refrigerantes y lubricantes.

2.3.7. Plomo, estaño y aleaciones de plomo-estaño.

El estaño y las aleaciones de plomo-estaño pueden corroerse en contacto con refrigerantes halogenados por lo que no se deberán utilizar a no ser que haya sido previamente probada su compatibilidad.

Para asientos de válvulas, podrán emplearse plomo-antimonio, exento de cobre, o aleaciones de plomo-estaño. El plomo podrá utilizarse para juntas.

2.4. Materiales no metálicos.

2.4.1. Materiales para juntas y empaquetaduras.

Los materiales para juntas en uniones y para empaquetaduras de válvulas, etc. deberán ser compatibles con los refrigerantes, aceites y lubricantes utilizados, además deberán ser apropiados para las presiones y temperaturas de trabajo previstas.

2.4.2. Vidrio.

El vidrio podrá utilizarse en circuitos de refrigeración y en aislantes eléctricos, indicadores de nivel, visores mirillas, etc., debiendo en cualquier caso soportar las presiones, temperaturas y ataques químicos previsibles.

2.4.3. Amianto.

Está prohibida la utilización de amianto, de acuerdo con lo establecido en la Orden de Presidencia de Gobierno de 7 de diciembre de 2001 por la que se modifica el anexo I del Real Decreto 1406/1989, de 10 de noviembre, por el que se imponen limitaciones a la comercialización y al uso de ciertas sustancias y preparados peligrosos.

2.4.4. Plásticos.

Cuando se utilicen plásticos, estos deberán ser adecuados para resistir las tensiones mecánicas, eléctricas, térmicas, químicas y de fluencia a largo plazo, además no provocarán riesgo de incendio.

3. EL AISLAMIENTO TÉRMICO DE LOS COMPONENTES DEL CIRCUITO FRIGORÍFICO.

3.1. Generalidades.

El aislamiento térmico de los circuitos de baja temperatura en una instalación frigorífica juega un papel muy importante en cuanto al rendimiento (consumo energético), hermeticidad, funcionamiento y conservación del sistema. A tal efecto los recipientes, intercambiadores o tuberías y accesorios que trabajen a temperaturas relativamente bajas (t < 15 °C) deberán estar protegidos mediante aislamiento térmico de la absorción de calor y de las condensaciones superficiales no esporádicas.

La calidad del aislamiento vendrá dada principalmente por su coeficiente de conductividad térmica, su baja permeabilidad al vapor de agua, y su resistencia al envejecimiento y la eficacia de la barrera de vapor.

3.2. Selección y dimensionado.

La selección del aislamiento se hará en función de las características del sistema de refrigeración: eficiencia requerida, utilización de la instalación, temperatura de funcionamiento, etc.

El espesor del aislante se determinará teniendo en cuenta:

a) La temperatura y humedad relativa (punto de rocío) del aire ambiente en el lugar de emplazamiento.

b) La diferencia de temperatura entre la superficie fría a aislar y la normal del aire ambiente.

c) La conductividad térmica del material aislante seleccionado.

d) La forma y características del componente a aislar (pared plana o diámetro de la tubería).

El aislamiento deberá estar protegido mediante una barrera de vapor, aplicada en la cara exterior (caliente) del aislante, excepto cuando la permeabilidad del aislante sea suficientemente baja como para garantizar una protección equivalente.

Con cualquiera de las soluciones adoptadas se garantizará una resistencia a la difusión del vapor eficaz y continua que impida las condensaciones intersticiales.

En ningún caso el espesor del aislante será inferior al necesario para evitar condensaciones superficiales no esporádicas.

3.3. Requisitos generales.

Los materiales aislantes deberán cumplir los requisitos siguientes:

a) Tener un coeficiente de conductividad térmica bajo.

b) Tener unos factores de resistencia a la absorción y difusión del vapor de agua altos.

c) Tener buena resistencia a la inflamabilidad, a la descomposición y al envejecimiento.

d) Tener buena resistencia mecánica, especialmente en los puntos de suportación de tuberías.

e) No emitir olores ni ser agresivo con los elementos del entorno.

f) Mantener sus propiedades a temperaturas establecida para el diseño del aislamiento con una reserva mínima de -10 °C en la temperatura mínima y una temperatura máxima de $+120$ °C.

g) En caso de combustión, no producir gases tóxicos durante la misma.

h) Cuando el aislamiento vaya instalado a la intemperie, tendrá una buena resistencia a la misma o estará debidamente protegido.

3.4. Ejecución y mantenimiento.

Se deberá tener presente que tan importante o más que la selección y dimensionado del aislamiento es una correcta instalación del mismo.

Como regla general se deberán seguir escrupulosamente las instrucciones de montaje y aplicación del fabricante.

3.4.1. Requisitos generales

Antes de colocar el aislamiento, cuando los componentes sean de hierro o acero se deberá aplicar un tratamiento adecuado para prevenir la corrosión. Las zonas o elementos que no deban ir aislados por exigencia del funcionamiento deberán estar especialmente protegidas para evitar los efectos de la corrosión debido a la condensación, por ejemplo, con venda grasa (cinta anticorrosiva) o construirse en acero inoxidable.

Será necesario aplicar el aislamiento procurando la mejor distribución y sellado de las juntas, cuando las haya.

Se deberá prestar la máxima atención a la aplicación de la barrera antivapor; especialmente en los puntos conflictivos (soportes, terminales, etc.) donde el sellado es fundamental. En el diseño y construcción de los soportes de las tuberías se prestará especial atención a la contracción y dilatación de las mismas para que estos movimientos no generen daños en la barrera de vapor.

Se deberá tener presente que una barrera de vapor deficiente será, más tarde o temprano, la causa de un deterioro progresivo del aislamiento y si el tratamiento anticorrosión no existiera o fuera insuficiente el elemento aislado sufriría graves daños de corrosión, lo que afectaría a la seguridad de la instalación.

El aislamiento deberá llevar un recubrimiento (protección exterior) bien plástico o metálico, si bien los materiales que incorporen la barrera de vapor con permeancia inferior a 10^{-10} kg/(m^2 × s × Pa) pueden prescindir de esta protección. La colocación de este recubrimiento, sobre todo si se utilizan elementos de fijación punzantes, no deberá ocasionar daños en la barrera de vapor.

Si se realizan trabajos en las proximidades de componentes aislantes (tuberías, equipos, etc.) se tendrá el máximo cuidado para no dañar el aislamiento, pisándolo o golpeándolo.

Siempre que sea necesario acceder a algunos puntos de mantenimiento de la instalación frigorífica o de otras instalaciones a través de la red de tuberías aisladas se deberá prever las suficientes zonas de paso para evitar el deterioro del aislamiento. Dichos pasos se montarán a medida que se vaya ejecutando el aislamiento.

En relación con el mantenimiento del aislamiento del circuito frigorífico, véase apartado 1.2.6 de la IF-14.

INSTRUCCIÓN IF-06

COMPONENTES DE LAS INSTALACIONES

Índice

1. REQUISITOS RELATIVOS A LA PRESIÓN.

1.1. Requisitos generales.

Todas las partes del circuito del refrigerante se deberán diseñar y construir para mantener la estanqueidad y soportar la presión que pueda producirse durante el funcionamiento, reposo y transporte teniendo en cuenta las tensiones térmicas, físicas y químicas que puedan preverse.

1.2. Presión máxima admisible (PS).

La presión máxima admisible se deberá determinar teniendo en cuenta factores tales como:

a) Temperatura ambiente.

b) Sistema de condensación (por aire, agua, etc.).

c) Insolación o radiación solar con el sistema parado (en el caso de instalaciones situadas total o parcialmente en el exterior, por ejemplo, pistas de hielo).

d) Método de desescarche.

e) Tipo de aplicación (refrigeración o bomba de calor).

f) Márgenes de operación, entre la presión normal de trabajo y los dispositivos de protección (controles eléctricos, válvulas de seguridad, etc.).

Estos márgenes deberán tener en cuenta los posibles incrementos de presión debidos a:

i. Ensuciamiento de los intercambiadores de calor.

ii. Acumulación de gases no condensables.

iii. Condiciones locales muy extremas.

Sin embargo el valor mínimo para la presión máxima admisible se determinará de acuerdo con la presión de saturación del refrigerante para las temperaturas mínimas de diseño especificadas en la tabla 1.

Si las condiciones de funcionamiento máximas pueden superar los valores obtenidos mediante la aplicación de la tabla 1, se deberá asegurar un margen de seguridad suficiente para evitar el accionamiento del limitador de presión y/o válvula de seguridad.

Tabla 1. Temperaturas de referencia para el diseño

Condiciones ambientales	t ≤ 32 °C	32°C<t≤ 38°C	38°C<t ≤ 43 °C	43°C<t ≤ 55 °C
Sector de alta presión con condensador enfriado por aire.	55 °C	59 °C	63 °C	67 °C
Sector de alta presión con condensador refrigerado por líquido.	Máxima temperatura de salida del líquido +8 K, pero no inferior a la temperatura de diseño en el sector de baja presión.			
Sector alta presión con condensador evaporativo.	43 °C	43 °C	43 °C	55 °C
Sector de baja presión con intercambiador expuesto a temperatura ambiente.	32 °C	38° C	43 °C	55 °C
Sector de baja presión con intercambiador expuesto a temperatura interior.	27 °C	33 °C	38 °C	38 °C

A los refrigerantes cubiertos por el apartado 5.2.2. de la IF-04, no se les aplicarán los criterios de esta tabla 1.

Cuando los evaporadores puedan estar sometidos a altas presiones, como por ejemplo: durante el desescarche por gas u operación en ciclo inverso, se deberá utilizar la temperatura de saturación especificada para el sector de alta presión para el dimensionado de todos los componentes del sector de baja que puedan estar sometidos a la presión del gas caliente, tales como ramales de tubería de líquido, aspiración y vaciado, válvulas y demás componentes. El resto de tuberías y accesorios del sector de baja, inclusive separador de aspiración podrán diseñarse a la PS permitida para el sector de baja presión.

Para determinar la temperatura de diseño se tendrán en cuenta las zonas climáticas definidas en el apéndice 1 de esta instrucción, mapa de zonas climáticas. La adscripción de una localidad a una determinada zona de temperatura se entiende como temperatura mínima de diseño recomendable para dicha localidad, debiendo tenerse en especial consideración los registros de temperatura locales (si los hubiere) y la posible presencia de microclimas, en función de la altitud, presencia de ríos y vientos dominantes. Cuando en función de los registros disponibles o del conocimiento de la zona, se estime que la temperatura puede ser superior a la general de la zona C, se tomarán los valores que figuran en la cuarta columna de la tabla 1 (43< t ≤55 °C). En cualquier caso, el diseñador deberá justificar la elección de la temperatura de diseño de la cuál será único responsable.

Para el sector de alta presión, la temperatura especificada se considerará como la máxima que exista durante el funcionamiento. Esta temperatura será mayor que la temperatura con el compresor parado (período de parada). Para los sectores de baja presión y presión intermedia, será suficiente basar los cálculos de la presión máxima en la temperatura máxima prevista durante el período en que el compresor esté parado. Estas temperaturas serán las temperaturas mínimas y además determinarán que el sistema no se diseñe para presiones máximas admisibles inferiores a las presiones de saturación correspondientes a estas temperaturas mínimas.

La utilización de las temperaturas especificadas no siempre coincidirá con la presión de saturación del refrigerante dentro del sistema, por ejemplo: un sistema con carga limitada o un sistema trabajando a la temperatura crítica o por encima de ella.

El sistema podrá dividirse en varias partes (por ejemplo: sectores de alta y baja presión), y para cada una de ellas existirá una presión máxima admisible diferente.

La presión a la que el sistema (o parte del sistema) trabaje normalmente será menor que la presión máxima admisible. Se deberá prever que las pulsaciones de gas pueden producir sobrepresiones.

Para mezclas zeotrópicas la presión de diseño será la presión correspondiente al punto de burbuja.

1.3. Presión de diseño de componentes.

La presión de diseño de cada componente no será inferior a la presión máxima admisible "PS" del sistema o de la parte del mismo donde vaya instalado.

Este punto no será de aplicación a los compresores que cumplan con la norma UNE-EN-60335-2-34 o con la UNE-EN-12693.

Cuando los compresores tengan una presión máxima de servicio inferior a la presión de saturación del refrigerante a las temperaturas de diseño de la tabla, podrán formar parte del sistema con la presión de diseño especificada, siempre que:

a) Los compresores semi-herméticos y abiertos usados en los equipos de aire acondicionado y refrigeración, puedan estar sujetos a la exclusión del artículo 1.2 j) de la Directiva 2014/68/UE, de 15 de mayo de 2014, mediante referencia a las Guías de Aplicación de los Equipos a Presión nº A/11, A/12 y B/34.

b) Estén provistos de una válvula de seguridad interna que les proteja.

c) La diferencia entre su presión de servicio máxima y la de diseño sea inferior al 10 %.

d) Dispongan de un presostato de seguridad tarado como máximo a la presión admisible del compresor.

e) Disponga de válvula de retención en la descarga.

De no ser así se deberá aplicar un refrigerante o un sistema de condensación que no requieran presiones tan elevadas.

1.4. Relaciones entre las diferentes presiones con la presión máxima admisible.

1.4.1. Requisitos generales.

Los sistemas y componentes se deberán diseñar para responder a la relación de presiones dada en la tabla 2.

Tabla 2. Relaciones entre las diversas presiones y la máxima admisible (PS)

Presión de diseño	$\geq 1,0 \times PS$
Presión de prueba de resistencia	Para los componentes prueba hidráulica con $Pp = 1,43 \times PS$ o pruebas admitidas por UNE-EN-378-2. Para los conjuntos según las categorías de tubería (véase 1.3 de MI-IF 09).
Presión de prueba de estanquidad	$0,9 \times PS$ a $1,0 \times PS$
Ajuste del dispositivo limitador de presión (instalación o sistema con dispositivo de alivio)	$\leq 0,9 \times PS$
Ajuste del dispositivo limitador de presión (instalación o sistema sin dispositivo de alivio)	$\leq 1,0 \times PS$
Ajuste del dispositivo de alivio de presión	$\leq 1,0 \times PS$
Presión máxima de descarga para la capacidad nominal de la válvula de seguridad	$\leq 1,1 \times PS$

1.4.2. Sistemas compactos y sistemas semicompactos.

En los sistemas compactos y semicompactos que no contengan más de 2,5 kg de carga de refrigerante del grupo L1, no más de 1,5 kg de refrigerante del grupo L2 o no más de 1,0 kg de refrigerante del grupo L3, y en aquellos donde el sector de baja presión no pueda ser independizado del sector de alta, la presión de prueba de resistencia de todo el sistema podrá ser la máxima admisible del sector de baja, siempre que los componentes del sector de alta hayan sido previamente probados (véase el apartado 1.3. de la IF-09 y la norma UNE-EN 12263).

2. EQUIPOS A PRESIÓN.

Este apartado no es aplicable a los sistemas compactos y semicompactos que funcionan con cargas de refrigerante de hasta:

— 10,0 kg de refrigerante del grupo L1,

— 2,5 kg de refrigerante del grupo L2 y

— 1,0 kg de refrigerante del grupo L3.

2.1. Requisitos generales.

Los equipos a presión nuevos deberán cumplir, en cuanto a diseño, con el Real Decreto 709/2015, de 24 de julio.

2.2. Soportes.

Los soportes y apoyos para equipos a presión deberán diseñarse y situarse para soportar las cargas estáticas y dinámicas que se produzcan.

Tales cargas podrán ser consecuencia de la masa de los equipos, masa del contenido y equipamientos, acumulación de nieve, acción del viento, masa de los tirantes, brazos y tuberías de interconexión y variaciones dimensionales de origen térmico de la tubería y componentes.

Deberá tenerse en cuenta la masa de líquido durante una posible prueba hidrostática in situ.

3. TUBERÍAS Y CONEXIONES.

Este apartado no es aplicable a los sistemas compactos y semicompactos que funcionan con cargas de refrigerante de hasta:

— 10,0 kg de refrigerante del grupo L1,

— 2,5 kg de refrigerante del grupo L2, y

— 1,0 kg de refrigerante del grupo L3.

3.1. Requisitos generales.

3.1.1. Circuito del refrigerante.

Todas las tuberías del circuito del refrigerante deberán cumplir con las normas aplicables especificadas en la solicitud de evaluación de conformidad cuando sea preceptivo y se diseñarán, construirán e instalarán para mantener la estanquidad y resistir las presiones y temperaturas que puedan producirse durante el funcionamiento, las paradas y el transporte, teniendo en cuenta los esfuerzos térmicos, físicos y químicos que se prevean.

Los materiales, espesor de la pared, resistencia a la tracción, ductilidad, resistencia a la corrosión, procedimientos de conformado y pruebas serán adecuados para el refrigerante utilizado y resistirán las presiones y esfuerzos que puedan producirse.

3.1.2. Golpe de ariete en los sistemas.

Las tuberías en los sistemas de refrigeración se deberán diseñar e instalar de tal forma que el golpe de ariete (choque hidráulico) no pueda dañar al sistema.

3.1.3. Dispositivo de protección, tuberías y accesorios.

Los dispositivos de protección, tuberías y accesorios se deberán proteger lo máximo posible contra los efectos adversos medioambientales. Se considerarán efectos adversos medioambientales, por ejemplo, el peligro de acumulación de agua y la congelación de las tuberías de descarga o la acumulación de suciedad o sedimentos.

3.1.4. Trazados de tubería largos.

Se deberá prever la dilatación y contracción de tuberías en trazados largos.

3.1.5. Accesorios flexibles para tuberías.

Los accesorios flexibles para tuberías deberán cumplir con la norma UNE-EN 1736. Estarán protegidos contra daños mecánicos, torsión y otros esfuerzos y deberán comprobarse regularmente, de acuerdo con las especificaciones del fabricante.

3.1.6. Uso inadecuado.

Se deberá evitar el uso inadecuado de las tuberías, por ejemplo: encaramarse, almacenar mercancías sobre ellas, etc.

3.2. Uniones de tuberías.

3.2.1. Requisitos generales.

Las uniones deberán diseñarse de forma que no sean dañadas por la congelación de agua en su exterior. Serán las adecuadas para la tubería, su material, presión, temperatura y fluido.

Las tuberías con diferentes diámetros sólo se conectarán utilizando accesorios de reducción de diámetro normalizados.

Los acoplamientos de cierre rápido se utilizarán solamente para la interconexión de las partes en sistemas semicompactos.

Si no hay razones técnicas que lo justifiquen, las uniones deberán ser soldadas.

Si fuera preciso evitar la soldadura, serán preferibles uniones embridadas a uniones abocardadas, roscadas o de compresión, especialmente cuando se puedan producir vibraciones.

Se evitarán los acoplamientos de cierre rápido.

En las tuberías aisladas la posición de las uniones desmontables estará permanentemente marcada.

3.2.2. Uniones no desmontables.

3.2.2.1. Requisitos generales.

En uniones no desmontables se deberán utilizar soldaduras fuertes o blandas.

Durante la ejecución de cualquier soldadura fuerte o blanda se evitarán las impurezas causadas por la formación de óxido, por ejemplo, utilizando gas inerte o eliminándolas.

Podrán usarse otras uniones no desmontables, siempre que su idoneidad haya sido probada.

3.2.2.2. Soldadura.

La soldadura deberá cumplir con la norma europea correspondiente. Cuando se seleccione el procedimiento de soldadura se considerarán las temperaturas de operación del sistema, materiales a unir y composición del material de aporte.

Los accesorios, para soldadura a tope, serán compatibles con el material de la tubería.

Las tuberías revestidas (por ejemplo: galvanizadas) no se soldarán hasta que todo el recubrimiento haya sido eliminado completamente del área de unión. Las uniones soldadas deberán estar convenientemente protegidas.

Los soldadores estarán acreditados para la realización del trabajo, dependiendo del material a soldar, de acuerdo con las normas UNE-EN ISO 9606-1 o UNE-EN ISO 9606-3.

3.2.2.3. Soldadura blanda.

La soldadura blanda no será utilizada en las uniones de tuberías, en su ensamblaje o donde se incorporen accesorios a las mismas. Para estos casos será preferible la soldadura fuerte.

3.2.2.4. Soldadura fuerte.

La compatibilidad de todos los materiales, incluidos el material de aporte y el fundente, con el refrigerante será determinada minuciosamente mediante ensayo. Deberá tenerse en cuenta la posibilidad de corrosión.

No se utilizará la soldadura fuerte en el caso de tuberías de amoníaco, a menos que haya sido probado que el material es compatible.

La soldadura fuerte sólo se efectuará por soldador acreditado en este campo.

3.2.3. Uniones desmontables.

Para refrigerantes de los grupos A2, A3, B2 y B3, no se permitirá el uso de uniones desmontables en espacios ocupados, excepto en la unión con la unidad interior.

3.2.3.1. Uniones embridadas.

Las uniones embridadas se deberán disponer de tal forma que las partes conectadas puedan desmontarse con una mínima deformación de la tubería.

Se utilizarán bridas normalizadas para las tuberías de acero y bridas locas normalizadas con cuello prolongado para soldar en el caso de tuberías de cobre.

Las uniones deberán ser sólidas y suficientemente resistentes para evitar cualquier daño a la junta que se inserte. Serán preferibles las bridas acanaladas (diente / ranura) o las bridas con cajeado (macho / hembra). El desmontaje deberá ser posible sin forzar a los componentes unidos. Se deberá tomar la precaución de no sobretensar los tornillos que trabajan en frío, cuando se aplique un par de apriete predefinido.

3.2.3.2. Uniones abocardadas.

Se evitarán las uniones abocardadas en las válvulas de expansión, siempre que sea posible, utilizando válvulas provistas de conexiones o adaptador para soldar.

Se deberá limitar el uso de uniones abocardadas a tuberías recocidas cuyo diámetro exterior sea inferior o igual a 19 mm y no se utilizará con tuberías de cobre y aluminio de diámetro exterior menor de 9 mm.

Cuando se realicen uniones abocardadas, deberán tomarse precauciones para asegurar que el abocardado es del tamaño correcto y que el par utilizado para apretar la tuerca no es excesivo. Es importante que las superficies roscadas y de deslizamiento sean lubricadas antes de su unión con aceite compatible con el refrigerante. No deberán ser abocardadas las tuberías cuyo material haya sido endurecido por manipulación en frío.

Las uniones a compresión roscadas serán una alternativa preferible a las uniones abocardadas.

3.2.3.3. Uniones cónicas roscadas.

Las uniones cónicas roscadas sólo se deberán utilizar para conectar dispositivos de medida y control. Las uniones cónicas roscadas serán de construcción sólida y suficientemente probada.

No deberán utilizarse materiales de relleno y sellos en las roscas que no estén debidamente probados.

3.2.3.4. Uniones por compresión roscadas y juntas de anillo (bicono).

Se deberá restringir el uso de estas uniones a:

a) líneas de líquido de diámetro interior máximo: 32 mm.

b) líneas de vapor de diámetro interior máximo: 40 mm.

Las uniones por compresión roscadas con un anillo metálico deformable (bicono) se podrán utilizar en tuberías de hasta 88 mm de diámetro exterior.

3.3. Trazado de tuberías.

3.3.1. Requisitos generales.

El trazado y soporte de las tuberías tienen un importante efecto en la fiabilidad del funcionamiento y mantenimiento del sistema de refrigeración, por consiguiente, deberá tenerse en cuenta la disposición física, en particular la posición de cada tubería, las condiciones de flujo (flujo en dos fases, retorno de aceite funcionando a carga parcial), condensaciones, dilatación térmica, vibraciones y buena accesibilidad.

Las tuberías se soportarán adecuadamente de acuerdo con su tamaño y peso en servicio. La separación máxima entre soportes de las tuberías se muestra en las tablas 3 y 4.

Tabla 3. Separación máxima entre soportes para tuberías de cobre

Diámetro exterior mm (nota)	Separación (m)
15 a 22 recocido	2
22 a < 54 semiendurecido	3
54 a 67 semiendurecido	4

Nota: los términos recocido, semiendurecido y duro se definen de acuerdo con las normas UNE- EN 12735-1 y UNE- EN 12735-2.

Tabla 4. Separación máxima entre soportes para tubería de acero

Diámetro nominal (DN)	Separación (m)
15 a 25	2
32 a 50	3
65 a 80	4,5
100 a 175	5
200 a 350	6
400 a 450	7

Se deberán tomar precauciones para evitar pulsaciones o vibraciones excesivas. Se pondrá especial atención en prevenir la transmisión directa de ruidos y vibraciones a través de la estructura soporte.

3.3.2. Golpe de ariete en sistemas.

Las tuberías de los sistemas de refrigeración se deberán diseñar e instalar de tal forma que el sistema no sufra daños si se produce un golpe de ariete (choque hidráulico).

Los golpes de ariete originados por una repentina desaceleración del líquido refrigerante en la tubería con la consiguiente onda de choque se pueden prevenir, por ejemplo, mediante:

a) Montaje de la válvula solenoide tan próxima como sea posible a la válvula de expansión.

b) Montaje de la válvula solenoide en la línea de vapor recalentado (gas caliente) para desescarche, tan próxima como sea posible al evaporador.

c) Presurización o despresurización de la tubería entre electroválvula y válvula de expansión mediante una línea de derivación (by-pass) sobre la válvula solenoide principal de la línea de líquido y/o vaciado previo del evaporador después del desescarche con una línea de derivación (by-pass) sobre la válvula solenoide principal de la línea de aspiración.

d) Instalación de una válvula motorizada de acción lenta o electroválvula de dos etapas.

3.3.3. Localización.

El espacio libre alrededor de la tubería deberá ser suficiente para permitir los trabajos rutinarios de mantenimiento de los componentes, verificación de uniones de las tuberías y reparación de fugas.

Las tuberías situadas en el exterior de cerramientos o salas de máquinas específicas deberán estar protegidas de posibles daños accidentales.

3.3.4. Protección contra corrosión.

Una vez realizadas las pruebas de presión, las tuberías y componentes de acero se protegerán adecuadamente contra la corrosión con un recubrimiento resistente a la misma. Dicha protección se aplicará antes de colocar el aislamiento.

3.4. Recorrido de las tuberías.

3.4.1. Requisitos generales.

Atendiendo a criterios de seguridad y protección medioambiental, se deberán tener en cuenta las siguientes consideraciones:

a) No representarán un peligro para las personas, es decir, no se obstruirán los pasos libres de las vías de acceso y salidas de emergencia donde se utilicen refrigerantes del grupo L2 o L3.

b) Las uniones y válvulas no deberán estar en lugares accesibles para el personal no autorizado.

c) Las tuberías se protegerán contra calentamientos externos mediante una separación adecuada respecto de las tuberías calientes o fuentes de calor.

d)   Los recorridos de las tuberías se diseñarán de tal forma que se minimice la carga de refrigerante y las pérdidas de presión.

3.4.2. Galerías o canalizaciones para paso de tuberías.

Donde las tuberías de refrigerante compartan una canalización con otros servicios, se deberán adoptar medidas para evitar daños debidos a la interacción entre ellas.

No habrá tuberías de refrigerante en galerías de ventilación o de aire acondicionado cuando estos se utilicen, también, como salidas de emergencia.

Las tuberías no estarán localizadas en huecos de ascensores, montacargas u otros huecos que contengan objetos en movimiento.

Las galerías o falsos techos deberán ser desmontables o tener una altura mínima de 1 m, en el punto de paso de tubos, y una amplitud suficiente para permitir el montaje, verificación o reparación de los tubos con las debidas condiciones de eficacia y seguridad.

3.4.3. Ubicación.

Las tuberías con uniones desmontables no deberán situarse en vestíbulos, pasillos, escaleras, rellanos, entradas, salidas o en cualquier conducto o hueco que tengan aperturas no protegidas a estos locales.

Una excepción serán las tuberías que no tengan uniones desmontables, sin válvulas o controles y que estén protegidas contra daños accidentales. Estas tuberías, en vestíbulos, escaleras o pasillos, se instalarán a no menos de 2,2 m por encima del suelo.

Como regla general, las tuberías se deberán instalar de forma que estén protegidas contra daños derivados de cualquier actividad.

3.4.4. Refrigerantes inflamables o tóxicos.

Las galerías que contengan tuberías para refrigerantes inflamables o tóxicos se deberán ventilar hacia un lugar seguro para prevenir, en caso de fuga, concentraciones peligrosas de gases.

3.4.5. Acceso a las uniones desmontables.

Todas las uniones desmontables deberán ser fácilmente accesibles para su comprobación.

En el caso de uniones desmontables bajo aislamiento, se deberá indicar su presencia mediante identificación adecuada.

3.4.6. Propagación de fuego.

Las tuberías que pasen a través de paredes y techos resistentes al fuego se deberán sellar conforme con la clasificación de los paramentos correspondientes en la normativa contra incendios.

3.5. Tuberías especiales.

3.5.1. Tuberías para la conexión de dispositivos de medida, control y válvulas de seguridad.

Las tuberías, incluidas tuberías flexibles (véase también la norma UNE-EN 1736), para la conexión de dispositivos de medida, control y seguridad deberán ser suficientemente resistentes a la presión máxima admisible e instalarse de forma que se minimicen las vibraciones y corrosiones.

Para evitar obstrucciones por suciedad en tubos de conexión con diámetros pequeños la unión de la tubería principal deberá realizarse, en lo posible, por la parte superior y no por la zona inferior, más expuesta a la suciedad.

No se utilizarán tubos rígidos de cobre para conectar dispositivos de medida, control y seguridad.

Para las válvulas de seguridad, el cálculo de las pérdidas de presión en las líneas de entrada y descarga, incluidos todos sus accesorios, se realizará según la norma UNE-EN 13136.

3.5.2. Drenajes y líneas de drenaje.

3.5.2.1. Requisitos generales.

Los dispositivos de cierre en drenajes y líneas de drenaje que no deban manipularse en funcionamiento normal del sistema, se deberán proteger contra su manipulación por personas no autorizadas.

3.5.2.2. Requisitos especiales.

Este apartado no es aplicable a los sistemas "ejecutados in situ" con carga de refrigerante de hasta:

— 2,5 kg de refrigerante del grupo L1,

— 1,5 kg de refrigerante del grupo L2, y

— 1,0 kg de refrigerante del grupo L3.

3.5.2.2.1. Líneas de drenaje de aceite.

En las líneas de drenaje de aceite se instalará una válvula de cierre con el vástago en posición horizontal por delante de la válvula de cierre rápido o una válvula combinando ambas funciones.

3.5.2.2.2. Trasvase de aceite y refrigerante.

Los sistemas de refrigeración tendrán necesariamente un dispositivo de cierre o accesorios de conexión que permitan, con el compresor del sistema o con dispositivos externos de evacuación, trasvasar refrigerante y aceite desde el sistema a recipientes de líquido internos o externos.

Se dispondrán válvulas de vaciado para trasvasar fácilmente el refrigerante desde el sistema sin emisión del mismo a la atmósfera.

3.5.2.2.3. Instalación de líneas de descarga.

Las líneas de descarga a la atmósfera de los dispositivos de alivio de presión, válvulas de seguridad y tapones fusibles, se deberán instalar de forma que las personas y bienes no sean dañadas por el refrigerante descargado (véase también el apartado 3.4.1).

El refrigerante podrá difundirse en el aire ambiente por medios adecuados, pero alejado de cualquier entrada de aire a un edificio (mínimo 6 m), o conducido y diluido en una cantidad suficiente de sustancia absorbente apropiada (por ejemplo,. NH_3 en agua).

Si la carga de refrigerante del grupo L1 es menor que los límites expuestos en el apéndice 1, tabla A de la IF-02, para locales de categoría A, B y C, ésta se podrá difundir dentro del recinto evitando que las personas sean dañadas por el refrigerante líquido.

Se aconseja prever líneas de descarga separadas para las válvulas seguridad de los sectores de alta y baja presión. Si se utiliza una línea de descarga común para ambos sectores, la pérdida de carga admisible se deberá calcular considerando la presión de tarado del sector de baja y la simultaneidad de descarga de todos los dispositivos conectados a dicha línea.

Las tuberías de descarga de válvulas de seguridad deberán diseñarse siguiendo los mismos criterios que las líneas de refrigerante, considerando la selección de materiales de acuerdo con lo indicado en la Directiva de equipos a presión (DEP).

La presión de diseño mínima a considerar para esta línea, será la siguiente:

$$PSvs = 0.1 \times C \times (1,1 \times Pset + Patm), \text{ con un valor mínimo de 6 bar}$$

donde:

PSvs = Presión de diseño de la línea de descarga de las válvulas de seguridad.

C = Coeficiente de seguridad (C=1,5).

Pset = Presión de tarado de las válvulas de seguridad de la línea. En caso de existir diferentes presiones de tarado, se considerará la de valor mayor.

Patm = Presión atmosférica.

Para las tuberías de salida de las válvulas de seguridad con descarga a la zona de baja:

$$PSvs = 0.2 \times C \times (1,1 \times Pseta) + Psetb$$

donde:

PSvs = Presión de diseño de la línea de descarga de las válvulas de seguridad.

C = Coeficiente de seguridad (C = 1,5).

Pseta = Presión de tarado de las válvulas de seguridad de alta.

Psetb = Presión de tarado de las válvulas de seguridad en el sector de baja presión.

3.5.2.2.4. Bridas ciegas.

En los extremos de las tuberías que no se utilicen durante el funcionamiento normal se deberán montar bridas ciegas.

3.6. Categoría de las tuberías de conexión.

Los tubos como elementos individuales, no son equipos a presión. Sin embargo, una vez incluidos por soldadura, embridado, etc. en un sistema a presión, pueden pasar a clasificarse como "tuberías" en el sentido del Artículo 4, punto 1.3 del Real Decreto 709/2015, de 24 de julio. En este caso estarán sujetas a este real decreto y se convertirán en "equipos a presión" dentro de las condiciones y límites establecidos en el anexo II de dicho real decreto. Es decir, en función de:

a) si el medio es gas o líquido,

b) del grupo de gases, y

c) de los valores PS × DN.

El conjunto de estos valores determina la categoría de la tubería.

	FLUIDO GRUPO 1			FLUIDO GRUPO 2		
REFRIGERANTE	DN ≤ 25		Art. 4.3	DN ≤ 32		Art. 4.3
	25 < DN ≤ 100	PS ≤ 10	Cat. I	30 < DN ≤ 100	PS × DN ≤ 1000	Art. 4.3
		PS × DN ≤ 1000	Cat. I		Ps × DN > 1000	Cat. I
		PS × DN > 1000	Cat. II	100 < DN ≤ 250	PS × DN ≤ 1000	Art. 4.3
	100 < DN ≤ 350	PS ≤ 10	Cat. II		1000 < PS × DN ≤ 3500	Cat. I
		PS × DN ≤ 3500	Cat. II		3500 < PS × DN ≤ 5000	Cat. II
		PS × DN > 3500	Cat. III	DN > 250	PS × DN ≤ 1000	Art. 4.3
	DN > 350		Cat. III		1000 < PS × DN ≤ 3500	Cat. I
					3500 < PS × DN ≤ 5000	Cat. II
					PS > 5000	Cat. III
FLUIDO SECUNDARIO	DN ≤ 25		Art. 4.3	DN ≤ 200		Art. 4.3
	25 < DN ≤ 200	PS × DN ≤ 2000	Art. 4.3	200 < DN ≤ 500	PS × DN ≤ 5000 (PS ≤ 500)	Cat. I
		PS × DN > 2000 (PS ≤ 500)	Cat. III	DN < 500	PS ≤ 10	Art. 4.3
	200 < DN	PS × DN ≤ 2000	Art. 4.3		10 < PS ≤ 500	Cat. I
		PS × DN > 2000 (PS ≤ 10)	Cat. I	DN > 200	PS > 500	Cat. II
		PS × DN > 2000 (10 < PS ≤ 500)	Cat. II			
	25 < DN	PS > 500	Cat. III			

Nota. Para PS ≤ 0,5 bar, no aplica la Directiva.

Fluidos Grupo1 y Grupo 2 según la Directiva de Equipos a Presión 2014/68/UE, de 15 de mayo de 2014.

A continuación, se muestra el procedimiento de categorización para dos refrigerantes distintos:

1) Amoniaco (Fluido del grupo 1).

   a) Ubicación Tarragona.

   b) Temperatura de trabajo -10 °C.

   c) Todo el recorrido tiene lugar en el interior del recinto.

   d) Diámetro DN80.

De acuerdo con el mapa de zonas climáticas del apéndice 1 de esta ITC, las temperaturas de la zona quedan establecidas como comprendidas entre +32 y +38 ºC. Al tener una temperatura de trabajo de -10 ºC, las tuberías pertenecen al sector de baja y al estar emplazadas en el interior, la temperatura de saturación para fijar la presión de diseño del sistema ha de ser de +33 ºC.

La presión mínima de diseño será pues de 11,75 bar. No obstante, hay que remarcar que el presente Reglamento exige que, bajo ninguna circunstancia de funcionamiento o paro, la presión pueda superar el valor de diseño, para lo cual si el proyectista lo estima conveniente habrá de adoptar presiones superiores.

En estas condiciones: PS × DN = 11,75 × 80 = 940 < 1.000 y tendremos Categoría I.

2) R-410 (Fluido Grupo 2).

    a) Ubicación Tarragona.

    b) Sector de alta condensando por aire.

    c) Diámetro DN80.

PS ha de ser en éste caso la de saturación del refrigerante a +59 ºC, con lo que tendremos como mínimo un valor de 36,1 bar.

Tendremos pues aquí: PS × DN = 36,1 × 80 = 2.888 y la tubería será de Categoría I.

Una vez identificada la categoría de la tubería se trata de elegir el módulo de evaluación que corresponda, de acuerdo con los procedimientos que se establecen en el anexo III del Real Decreto 709/2015, de 24 de julio, considerando que tiene que aplicarse el módulo adecuado a la categoría de cada tramo.

El objetivo final es la consecución del certificado de conformidad del sistema de tuberías de acuerdo con el Real Decreto 709/2015, de 24 de julio.

Es importante tener en cuenta que no debe servir como justificación de la resistencia a presión de un sistema de tuberías, las indicaciones de catálogos y/o documentos técnicos de fabricantes, siendo necesario el cálculo y justificación mediante la utilización de normas armonizadas (p.e: UNE-EN 13480-3; UNE-EN 14276-2;...), o códigos aceptados internacionalmente.

En cuanto a la metodología a seguir, se aplicará el siguiente criterio, sin perder de vista que hay que satisfacer los requisitos de seguridad emanados del mencionado Real Decreto 709/2015, de 24 de julio.

a) Las tuberías pertenecientes al artículo 4, apartado 3 del Real Decreto 709/2015, de 24 de julio, deben ejecutarse de acuerdo con las "buenas prácticas de ingeniería", ello supone que:

i. Los cálculos deben llevarse a cabo atendiendo a los riesgos enumerados en el Real Decreto 709/2015, de 24 de julio, y con los procedimientos allí relacionados.

ii. Las presiones de diseño se determinarán siguiendo las indicaciones del presente real decreto y los soldadores deben estar acreditados.

iii. Los materiales deben disponer de un certificado, en el cual figurará la carga de rotura correspondiente al material en cuestión, la cual deberá ser utilizada cuando se realice el cálculo de los espesores necesarios.

La responsabilidad recae única y exclusivamente en los fabricantes.

b) Para las tuberías pertenecientes a la categoría I, se requiere:

i. Cálculos y verificación de acuerdo con el Real Decreto 709/2015, de 24 de julio.

ii. Disponer del certificado de materiales armonizados o con una aprobación europea específica o bien que se hayan aceptado mediante una evaluación específica. Los certificados deben responder a la norma UNE- EN10204 y como mínimo a su tipo 2.2.

iii. Que las presiones de diseño se determinen siguiendo las indicaciones del presente real decreto.

iv. Que los soldadores estén debidamente acreditados.

v. Realizar el certificado de conformidad CE del sistema de tuberías, que comporta adicionalmente tener las declaraciones de conformidad de todos los equipos a presión.

vi. El marcado CE lo efectúa el fabricante bajo su responsabilidad.

c) Para las tuberías de las categorías II y III se precisa:

i. Acogerse a un sistema de evaluación determinado, de acuerdo con el cual se llevará a cabo el control de calidad por parte de un Organismo de Control Notificado.

ii. Efectuar los cálculos y verificación de acuerdo con el Real Decreto 709/2015, de 24 de julio. Se deberá llegar a un acuerdo respecto al método de cálculo con el Organismo de Control Notificado.

iii. Disponer del certificado de materiales armonizados o con una aprobación europea específica o bien que se hayan aceptado mediante una evaluación específica. Los certificados deben responder a la norma UNE-EN-10204 tipo 3.1 o superior.

iv. Que las presiones de diseño se determinen siguiendo las indicaciones en el presente real decreto.

v. Que los soldadores estén acreditados y los procedimientos de soldadura certificados.

vi. Que, en caso de efectuar una prueba de presión neumática, se realicen los ensayos no destructivos que resulten de aplicación según la tabla que figura en el apartado 1.3 de la IF-09.

vii. Efectuar la trazabilidad de materiales, cuyo objeto es garantizar que se utiliza solo el material adecuado en cada punto de trabajo. Para ello, si se corta un tubo, la marca que lo identifica debe trasladarse al tramo restante.

viii. Llevar a cabo el certificado de conformidad CE del sistema de tuberías, que comporta adicionalmente disponer de las declaraciones de conformidad CE de todos los equipos a presión.

En este caso el Organismo de Control Notificado debe supervisar el proceso productivo de acuerdo con procedimiento de evaluación de la conformidad al que el fabricante haya sometido al equipo a presión, en este caso tuberías.

4. VÁLVULAS Y DISPOSITIVOS DE SEGURIDAD.

4.1. Requisitos generales.

Las válvulas utilizadas en los sistemas de refrigeración deberán cumplir los requisitos de la norma UNE- EN 12284 o bien haber sido declaradas conformes con las directivas correspondientes mediante el uso de un método alternativo. Cuando las normas empleadas no estén armonizadas con las disposiciones de la CE en relación con la presión o si no se cubren los requisitos esenciales de dichas disposiciones y los requisitos pertinentes de la presión, deben ser confirmadas por la evaluación de riesgos.

4.1.1. Válvulas de corte.

Los sistemas de refrigeración se deberán equipar con suficientes válvulas de corte a fin de minimizar riesgos y pérdidas de refrigerante, particularmente durante la reparación y/o mantenimiento.

4.1.2. Válvulas de accionamiento manual.

Las válvulas manuales que deban accionarse frecuentemente durante condiciones normales de funcionamiento deberán estar provistas de un volante o palanca de maniobra.

Las válvulas de aislamiento de los equipos a presión y automatismos deberán ser accesibles en todo momento.

Todos los recipientes que contengan, en funcionamiento normal, refrigerante en estado líquido, deberán disponer de válvulas de cierre en todas las conexiones que partan o lleguen a los mismos, de forma que puedan independizarse del resto del sistema.

En las instalaciones con refrigerantes halogenados o con CO_2 se utilizarán siempre válvulas con caperuza, salvo operación manual frecuente.

En instalaciones con amoniaco, poner volante o caperuza será decisión opcional del instalador.

4.1.3. Accionamiento por personas no autorizadas.

Las válvulas que no deban manipularse mientras el sistema se encuentre funcionando deberán diseñarse de forma que se evite su accionamiento por personas no autorizadas; esto podrá conseguirse, por ejemplo, mediante caperuzas, manguitos, cerraduras, que puedan manipularse por personas autorizadas y solo con las herramientas apropiadas. En el caso de válvulas de emergencia, la herramienta se encontrará situada cerca y protegida contra usos indebidos

4.1.4. Bloqueo de partes de la válvula.

Las válvulas se construirán de acuerdo con los requisitos para bloqueo según se especifica en la norma UNE-EN-12284.

4.1.5. Cambio del prensaestopas o junta de estanqueidad.

Si no es posible apretar o cambiar la(s) empaquetadura(s) o junta(s) mientras la válvula está sometida a presión, deberá ser factible independizar la válvula del sistema.

4.1.6. Corte del flujo.

Las válvulas que se utilizan para el corte deberán evitar, cuando se cierren, la circulación de fluido en cualquier dirección.

4.1.7. Válvulas con caperuza.

Las válvulas con caperuza se deberán diseñar de forma tal que cualquier presión de refrigerante que pudiera estar presente bajo la caperuza sea ventilada rápidamente tan pronto se comience a desmontar ésta.

4.1.8. Válvulas automáticas de cierre rápido.

Las válvulas automáticas de cierre rápido se deberán instalar donde quiera que exista riesgo de escape de refrigerante como, por ejemplo, en los puntos de drenaje del aceite y niveles de líquido con cristal.

4.2. Emplazamiento de los dispositivos de corte.

Los dispositivos de corte no deberán montarse en lugares angostos. En los sistemas que utilizan refrigerantes del grupo L2 y L3, únicamente se podrán montar en galerías para tuberías (patinillos), y estas tienen que tener más de una salida de emergencia.

Las válvulas de protección (seguridad y alivio) se tratan en la IF-08.

4.3. Sistemas de detección de fugas de refrigerantes fluorados.

Las instalaciones que empleen refrigerantes fluorados deberán contar con sistemas de detección de fugas en cada sistema frigorífico que contenga fluorados de efecto invernadero en cantidades de 500 toneladas equivalentes de CO_2 o más que deberán alertar al titular de la instalación y, en su caso, a la empresa mantenedora en el momento que se detecte una fuga. Dichas alarmas y la acción adoptada deberán consignarse en el cuadro de controles periódicos de fugas del libro de registro de la instalación frigorífica.

5. INSTRUMENTOS DE INDICACIÓN Y MEDIDA.

Este capítulo no es aplicable a los sistemas compactos y semicompactos que funcionan con cargas de refrigerante de hasta:

- – 10,0 kg de refrigerante del grupo L1,
- – 2,5 kg de refrigerante del grupo L2, y
- – 1,0 kg de refrigerante del grupo L3.

5.1. Requisitos generales.

Los sistemas de refrigeración deberán estar equipados con los instrumentos de indicación y medida necesarios para los ensayos, funcionamiento y mantenimiento.

5.2. Indicadores de presión para refrigerante.

5.2.1. Calibración y marcado.

Las especificaciones en este apartado afectan sólo a instrumentos instalados de forma permanente en los equipos. Los indicadores de presión en el sector de alta deberán estar calibrados, como mínimo, hasta la presión máxima admisible. Cuando el indicador tenga doble escala presión / temperatura de saturación, en la esfera del mismo deberá estar indicado el refrigerante correspondiente, para el cual el indicador es compatible. Siempre que sea posible deberá marcarse, con un trazo rojo en la escala del indicador, la presión máxima admisible del componente correspondiente.

El término "indicador", utilizado en este apartado, incluye instrumentos con indicación tanto analógica como digital.

5.2.2. Instalación.

5.2.2.1. Requisitos generales.

Cada sector o etapa de presión de un sistema de refrigeración deberá estar provisto de indicadores de presión cuando la carga de refrigerante supere:

— 100 kg para los refrigerantes del grupo L1,

— 25 kg para los refrigerantes del grupo L2 y

— 2,5 kg para los refrigerantes del grupo L3.

Los sistemas cuya carga de refrigerante sea superior a 10,0 kg si es del grupo L1, 2,5 kg si es del grupo L2 o 1,0 kg si es del grupo L3, deberán disponer de conexiones para indicadores de presión (la instalación de indicadores permanentes será opcional).

5.2.2.2. Equipos a presión.

Los equipos a presión con un volumen interior neto de 100 dm3 o más, provistos de válvulas de cierre en entrada y salida y que puedan contener refrigerante líquido, deberán estar provistos de una conexión para un indicador de presión.

5.2.2.3. Desescarche o limpieza de componentes que contengan refrigerante.

Los componentes que contengan refrigerante y puedan ser sometidos a procesos de desescarche o limpieza por medio de calor controlado de forma manual (mediante accionamiento manual de válvulas), deberán estar provistos de uno o más indicadores de presión.

5.2.3. Indicadores de nivel de líquido.

5.2.3.1. Requisitos generales.

Los indicadores de nivel de líquido deberán cumplir con la norma UNE-EN 12178.

5.2.3.2. Recipientes de líquido.

Los recipientes acumuladores de refrigerante en sistemas que contengan más de:

— 100 kg de refrigerante del grupo L1,

— 25 kg de refrigerante del grupo L2 y

— 2,5 kg de refrigerante del grupo L3.

y que puedan ser aislados del sistema deberán estar provistos de un indicador de nivel que, como mínimo, permita verificar el nivel máximo admisible.

5.2.3.3. Tubos de vidrio.

No están permitidos indicadores de nivel de líquido construidos con tubo de vidrio (véase norma UNE- EN 12178).

APÉNDICE 1. MAPA DE ZONAS CLMÁTICAS

Zona Climática **A** Tamb.Diseño $\leq$ 32 ℃

Zona Climática **B** +32 ℃ < Tamb.Diseño $\leq$ 38 ℃

Zona Climática **C** +38 ℃ < Tamb.Diseño $\leq$ 43 ℃9

MAPA BASADO EN LA TEMP. MEDIA DE LAS MÁXIMAS DIARIAS DEL
MES MÁS CALUROSO, CON LOS LÍMITES SUPERIORES
SIGUIENTES:
TM1 < 26.5 ℃   TM2 < 32.5 ℃   TM3 < 37.5 ℃

INSTRUCCIÓN IF-07

SALA DE MÁQUINAS ESPECIALES, DISEÑO Y CONSTRUCCIÓN

Índice

1. REQUISITOS GENERALES.

Esta instrucción no es aplicable a los sistemas compactos y semicompactos que contengan una carga de hasta:

- 10,0 kg de refrigerante del grupo L1,
- 2,5 kg de refrigerante del grupo L2 y
- 1,0 kg de refrigerante del grupo L3.

y a los sistemas ejecutados "in situ" que contengan una carga de hasta:

- 2,5 kg de refrigerante del grupo L1,
- 1,5 kg de refrigerante del grupo L2 y
- 1,0 kg de refrigerante del grupo L3.

Cuando la combinación de sistemas de refrigeración, clase de refrigerante y categoría de local, definidos según las IF correspondientes, lo exija, deberá preverse una sala de máquinas específica para instalar partes del sistema de refrigeración, especialmente los compresores con sus componentes más directos.

Cabinas estancas al agua y ventiladas podrán servir también como salas de máquinas específicas. Para las salas de máquinas específicas se aplicarán los principios siguientes:

a) Las salas de máquinas específicas deberán servir para alojar exclusivamente los componentes de la instalación frigorífica y demás equipos técnicos auxiliares.

b) Se deberá evitar que las emisiones de gas refrigerante procedentes de estas salas de máquinas puedan penetrar en los recintos próximos, escaleras, patios, pasillos o canalizaciones de desagüe del edificio, debiendo ser evacuado el gas sin ningún riesgo.

c) En caso de peligro deberá ser posible abandonar la sala de máquinas específica de forma inmediata, por lo que los pasillos estarán despejados de cualquier elemento (botellas y contenedores de refrigerantes) que impidan o dificulten la libre circulación del personal.

d) El suministro de aire para motores de combustión, quemadores o compresores de aire deberá provenir de un lugar donde no haya vapores del refrigerante. Tales equipos deberán estar instalados únicamente en una sala de máquinas específica. Cuando el sistema frigorífico trabaje con refrigerantes del grupo L1, el aire necesario deberá provenir del exterior de dicha sala.

e) No habrá ningún equipo productor de llama libre permanentemente instalado y en funcionamiento. Los materiales inflamables, exceptuando los refrigerantes, no deberán ser almacenados en las salas de máquinas específicas.

f) Fuera de la sala de máquinas específica (cerca de su puerta de entrada) y en el interior en emplazamiento adecuado, se deberá instalar un interruptor de emergencia que permita parar el sistema de refrigeración. Ambos dispositivos satisfarán la UNE-EN ISO 13850 y la UNE-EN 60204-1.

g) Se deberá proveer de un sistema de ventilación natural o forzada. En el caso de ventilación forzada se deberá instalar un control de emergencia independiente, localizado en el exterior y cerca de la puerta de la sala de máquinas específica.

h) No se emplazarán aberturas al exterior por debajo de las escaleras de emergencia.

i) Toda red de tuberías y conductos que pasen a través de paredes, techos y suelos de salas de máquinas específicas deberá estar herméticamente sellada.

j) Cada sala de máquinas específica deberá disponer, como mínimo, de dos extintores portátiles de polvo polivalentes (ABC), uno de ellos situado junto a la puerta de salida y el otro en el otro extremo de la sala. Para aquellos sistemas que utilicen refrigerantes inflamables, se deberán colocar extintores portátiles en la proximidad de las entradas de las cámaras frigoríficas y locales de trabajo que contengan componentes frigoríficos. En cualquier caso, se deberán satisfacer las prescripciones emanadas de la normativa vigente sobre protección contra incendios.

2. SEÑAL DE ADVERTENCIA.

En las entradas a las salas de máquinas específicas deberá colocarse un cartel que las identifique como tales y donde se advierta de la prohibición de entrar a las personas no autorizadas, así como la prohibición de fumar y utilizar elementos con llama o de incandescencia.

Además, se deberán colocar carteles prohibiendo la manipulación del sistema a personas no autorizadas.

3. DIMENSIONES Y ACCESIBILIDAD.

Las dimensiones, de acuerdo con los criterios específicos, de las salas de máquinas deberán permitir la instalación de los componentes en condiciones favorables, para asegurar el servicio, mantenimiento, funcionamiento y desmontaje de los mismos. Si se utiliza una cabina como sala de máquinas específica, el libre acceso para servicio y mantenimiento se podrá lograr desmontando una parte de dicha cabina o mediante puertas especiales.

En caso necesario deberán preverse pasarelas y escaleras especiales para el montaje, funcionamiento, mantenimiento y revisión del sistema, de forma que se evite andar sobre las tuberías, conexiones, soportes, estructuras de sujeción y otros componentes.

Deberá existir una altura libre, de al menos 2,3 m, bajo los componentes situados sobre accesos y lugares de trabajo permanentes.

4. PUERTAS Y PAREDES.

4.1. Puertas y aberturas.

Las salas de máquinas específicas deberán tener puertas que se abran hacia afuera, en un número suficiente para asegurar, en caso de emergencia, una evacuación rápida del personal.

Las puertas se deberán fabricar de tal manera que se puedan abrir desde dentro (sistema antipánico). Las puertas se deberán cerrar solas, de forma automática, si proporcionan acceso directo al edificio.

No existirán aberturas que permitan el paso accidental de refrigerante, vapores, olores y de cualquier otro gas que se escape hacia otras partes del edificio.

4.2. Cerramientos.

Las salas de máquinas específicas deberán realizarse con cerramientos (incluidas las puertas) cuyas características relativas a materiales, espesores y ejecución cumplan con el Reglamento de Seguridad contra incendios en establecimientos industriales, aprobado por Real Decreto 2267/2004, de 3 de diciembre, el Código Técnico de la Edificación, aprobado por Real Decreto 314/2006, de 17 de marzo y la correspondiente ordenanza municipal relativa a la amortiguación del nivel sonoro, según corresponda.

5. VENTILACIÓN.

5.1. Requisitos generales.

Las salas de máquinas en las que sea preciso colocar un detector de fugas a causa de haberse superado el límite práctico, se airearán mediante ventilación forzada hacia el exterior del edificio de forma que no causen daños o supongan peligro a las personas o bienes. Dicha ventilación será suficiente tanto para condiciones de funcionamiento normales como en casos de emergencias. Su capacidad se determinará según el apartado 5.2.

Se adoptarán las suficientes previsiones para garantizar el suministro de aire de renovación exterior, así como la buena distribución de éste en la sala de máquinas específica, de forma que no existan zonas muertas. Las aberturas de entrada para este aire exterior se deberán situar de forma que se eviten cortocircuitos.

Se instalarán conductos para la ventilación en aquellos casos que sean necesarios para garantizar los citados requisitos de suministro y distribución de aire.

Los fluidos refrigerantes pueden ser más pesados o más ligeros que el aire. Para aquellos más pesados, al menos el 50% del volumen de aire que se está renovando, se tomará de los puntos más bajos de la sala de máquinas específica y la entrada de aire exterior estará situada en el punto más alto. Para aquellos más ligeros que el aire, el volumen que se renueva saldrá de los puntos más altos de la sala de máquinas, por lo que la entrada de aire exterior se situará cerca del punto más bajo de la misma.

En las salas de máquinas con construcción total o parcialmente subterránea se hará funcionar un sistema de ventilación forzada siempre que haya personal presente. El sistema deberá proporcionar un caudal mínimo de 6 renovaciones de aire por hora. Cuando no haya personal presente, la ventilación de emergencia se deberá controlar automáticamente mediante un detector de refrigerante.

5.2. Ventilación forzada.

La ventilación forzada deberá garantizar mediante ventiladores capaces de evacuar de la sala de máquinas al menos:

$$V = 14 \times m^{2/3}$$

donde:

V, es el caudal en litros por segundo;

M, es la carga de refrigerante, en kilogramos, existente en el sistema de refrigeración que cuente con mayor carga; cualquiera que sea la parte del mismo que esté en la sala de máquinas específica;

14, es un factor de conversión constante.

Independientemente del valor que determine la fórmula anterior el caudal de aire máximo no necesitará ser superior a las 15 renovaciones por hora, ni podrá ser inferior a 6 renovaciones por hora.

Deberá ser posible conectar y desconectar los ventiladores mediante un interruptor tanto desde dentro como desde fuera de la sala de máquinas específica. En el caso de que estas salas de máquinas específicas sean total o parcialmente subterráneas, el interruptor deberá colocarse en la planta baja (por encima del nivel del terreno).

Los motores de aquellos ventiladores que con toda probabilidad deban funcionar en espacios con mezclas inflamables de gas/aire deberán estar emplazados fuera del flujo de aire o bien cumplir con los requisitos para zonas con riesgos de explosión. La construcción y materiales de los ventiladores no contribuirán en ningún caso a originar fuego o a la formación de chispas.

6. SALAS DE MÁQUINAS ESPECIALES PARA REFRIGERANTES DEL GRUPO L2.

6.1. Salidas de emergencia.

Al menos una salida de emergencia deberá comunicar directamente con el exterior o, de lo contrario, conducir a un pasillo de salida de emergencia.

Las puertas que den a este pasillo de emergencia deberán poder abrirse manualmente desde el interior de la sala de máquinas (sistema antipánico).

6.2. Absorción de amoníaco.

6.2.1. Suministro de agua.

Debido a la alta capacidad del agua para absorber los vapores de amoniaco, en cada sala de máquinas específica se deberá prever una toma de suministro de agua para que, de acuerdo con las circunstancias, sea posible la utilización de la misma sobre la zona afectada, debidamente pulverizada. Solamente se podrá pulverizar el agua sobre vapores de amoniaco, nunca sobre amoniaco líquido (fuerte reacción exotérmica) o recipientes que contengan amónico líquido (aumenta la vaporización).

La conexión de este suministro de agua se hará de tal modo que el agua contaminada no retorne a la red (dispositivo de retención o similar).

6.2.2. Agua contaminada.

Se deberán adoptar medidas para asegurarse que el agua contaminada se recupera en recipientes adecuados y se elimina de forma segura.

6.3. Sala de máquinas de instalaciones con carga total superior a 2.000 kg de NH_3.

Las salas de máquinas para instalaciones con más de 2.000 kg de NH_3 se ejecutarán como salas de recogida de líquidos, con materiales o revestimientos estancos al NH_3 líquido, con zócalo periférico de al menos 8 cm en todo su alrededor incluidas las puertas, para evitar la salida, a través de las mismas del líquido hacia otras dependencias y con pendiente para canalizar por gravedad los eventuales derrames de NH_3 líquido hacia un depósito preferiblemente en el exterior, comunicado con la atmósfera, en el que se pueda neutralizar el fluido fugado para su posterior bombeo y/o recogida. La capacidad del depósito de bombeo, será un 20% superior al volumen máximo de NH_3 líquido para el cual se ha diseñado el mayor de los recipientes (p.e. hasta la alarma por máximo nivel) que ante una eventual fuga pueda verter en dicha sala.

Cualquier fuga de amoniaco impedirá el funcionamiento de la bomba automática de achique del depósito de bombeo. También será aceptable cualquier sistema automático que impida enviar, incluso sin tensión eléctrica, líquidos contaminantes a la red de saneamiento.

Las salas que contengan únicamente recipientes también serán diseñadas como salas de recogida y cumplirán los mismos requisitos de seguridad que las salas de máquinas (salas de compresores).

En las instalaciones existentes con anterioridad al 8 de septiembre de 2011, si durante el transcurso de una ampliación se supera la carga de 2000 kg de R-717 pero no aumenta el volumen de NH_3 líquido en sala de máquinas, no será necesario transformarla.

Si se amplía un sistema frigorífico existente antes del 8 de septiembre de 2011, de forma que se superen los 2000 kg, pero los nuevos equipos y recipientes se sitúan en una nueva sala independiente de la existente, la nueva sala deberá construirse como sala de recogida, pero la anterior ya que no se afecta a su contenido de refrigerante no será preciso transformarla.

7. SALAS DE MÁQUINAS ESPECIALES PARA REFRIGERANTES INFLAMABLES.

7.1. Salas de máquinas para refrigerantes de las clases de seguridad A2L, A2,A3, B2L, B2 y B3.

Las salas de máquinas específicas para los sistemas de refrigeración que utilizan refrigerante de los grupos L2 y L3 deberán satisfacer, al menos, los requisitos incluidos en el apartado 6.1.

Las salas de máquinas con refrigerantes de las clases de seguridad A2L, A2, A3, B2L, B2 y B3 serán evaluadas con respecto a su inflamabilidad y clasificadas de acuerdo a los requisitos de la norma UNE-EN 60079-10-1 para la zona peligrosa. La evaluación, atendiendo al Límite inferior de inflamabilidad del fluido y al tipo de liberación del mismo, puede concluir que el área peligrosa no entraña riesgo.

Este punto no es aplicable al amoniaco, que pertenece a la clase de seguridad B2L, puesto que para el mismo hay previstas las disposiciones indicadas en el apartado 3.4 de la IF-12.

7.2. Dispositivos de descompresión (antiexplosión).

Si existe la posibilidad de que la concentración de refrigerante alcance el límite inferior de inflamabilidad (punto de ignición) el recinto deberá tener un elemento o disposición constructiva de baja resistencia mecánica, en comunicación directa con una zona exterior, con una superficie mínima que, en metros cuadrados, sea la centésima parte del volumen del local expresado en metros cúbicos, con un mínimo de un metro cuadrado.

INSTRUCCIÓN IF-08

PROTECCIÓN DE INSTALACIONES CONTRA SOBREPRESIONES

Índice

1. REQUISITOS GENERALES.

Todas las instalaciones frigoríficas estarán protegidas contra sobrepresión mediante los dispositivos requeridos en esta Instrucción.

Durante el funcionamiento normal, parada y transporte ningún componente de los sistemas de refrigeración deberá sobrepasar la presión máxima admisible. Las presiones internas excesivas debido a causas previsibles se evitarán o aliviarán con el mínimo riesgo posible para personas, bienes y medio ambiente. En el caso de que un dispositivo de alivio de presión esté descargando, la presión en cualquier componente no deberá sobrepasar en más del 10 % la presión máxima admisible.

En el apéndice 1 de esta instrucción técnica complementaria se recoge el diagrama de flujo de protección de los sistemas de refrigeración contra presiones excesivas.

2. DISPOSITIVOS DE PROTECCIÓN.

2.1. Dispositivos de alivio de presión.

2.1.1. Válvulas de seguridad.

2.1.1.1. Requisitos generales.

Las válvulas de seguridad se deberán diseñar de forma que su cierre sea estanco después de la prueba y de la eventual descarga.

2.1.1.2. Dispositivo indicador.

Se deberá instalar un dispositivo indicador para comprobar si la válvula de seguridad ha descargado a la atmósfera. Ver detalles en el apartado 3.3.4.2 de esta IF.

2.1.1.3. Precintado.

El tarado de la válvula deberá ser precintado una vez haya sido ajustada y probada (véase apartado 3.6.).

2.1.1.4. Marcado de identificación.

El precinto deberá llevar la marca de identificación del fabricante de la válvula o, en su caso, la organización o entidad registrada que haya efectuado el tarado (véase apartado 3.6.).

2.1.1.5. Marcado.

En una chapa de identificación o en el cuerpo de la válvula deberán ir grabadas la presión de tarado y la capacidad nominal de descarga, o bien la presión de tarado, el coeficiente de descarga y la sección de paso.

2.1.2. Disco de rotura.

2.1.2.1. Requisitos generales.

El disco deberá estar adecuadamente sujeto en su alojamiento. La sección transversal interna del alojamiento deberá servir como sección libre de paso del disco. El diámetro interior en todo el cuerpo del dispositivo no deberá ser menor que la sección transversal libre de apertura.

Sólo se podrá colocar antes de una válvula de seguridad y tendrá un diámetro mínimo igual al de dicha válvula, debiendo disponer además de un sensor para detectar su rotura.

2.1.2.2. Marcado.

Cada disco o lámina deberá llevar grabado el nombre del fabricante y la presión nominal de rotura de tal forma que su función no se vea afectada por dicha grabación.

2.2. Tapones fusibles.

La temperatura de fusión del material fusible deberá estar estampada en la porción no fundible del tapón. No podrán ser empleados con refrigerantes inflamables, pertenecientes a los grupos L2 y L3.

2.3. Dispositivo de seguridad limitador de presión.

Los interruptores mecánicos deben estar de acuerdo con la norma UNE-EN 12263. Si se utilizan para proteger al sistema de refrigeración contra una presión excesiva no se deberán emplear con fines de control y regulación.

Los controles electrónicos no deben utilizarse como interruptores de seguridad para limitar la presión, salvo que exista una norma armonizada europea para los mismos que prevea esta función.

3. APLICACIÓN DE LOS DISPOSITIVOS DE SEGURIDAD.

3.1. Requisitos generales.

Cuando se utilicen dispositivos de seguridad contra presiones excesivas, como medida adicional durante el funcionamiento normal de la instalación deberá preverse, siempre que sea factible, un limitador que pare el generador de presión antes de que actúe alguno de los dispositivos de seguridad con descarga a la atmósfera (válvula, disco).

Para aliviar la presión de componentes en el sector de alta serán preferibles dispositivos con descarga al sector de baja frente aquellos que descarguen a la atmósfera (véase el apartado 3.4.1.4.). Serán preferibles las válvulas de seguridad a los tapones fusibles.

Si se utilizan dispositivos limitadores de temperatura, deberán instalarse de manera que la temperatura detectada esté vinculada con la seguridad.

3.2. Protección del sistema de refrigeración.

3.2.1. Requisitos generales.

Cada sistema de refrigeración deberá estar protegido al menos con un dispositivo de alivio, tapón fusible u otro medio diseñado para aliviar la presión excesiva o bien estar protegido contra sobrepresiones de acuerdo con los apartados 3.2.2. o 3.2.4. a) o b) (véase también el apartado 3.4.1.4.). Se exceptúan los sistemas compactos unitarios, con hasta 1 kg de refrigerante del grupo L3, los cuales no precisarán estar equipados con dispositivo de alivio de presión.

3.2.2. Dispositivos de seguridad para limitación de presión o de temperatura (presostatos, transductores y termostatos).

Siempre que se cumplan los apartados 1 y 3.3.4.1., los sistemas que no tengan un dispositivo de alivio de presión deberán estar protegidos mediante dispositivos limitadores de presión o de temperatura al menos de la forma siguiente (véase también el apartado 3.2.3.):

a) Para toda cantidad de cualquier refrigerante y para compresores de cualquier tamaño son suficientes un dispositivo limitador de presión y un segundo limitador de presión de seguridad, conectados eléctricamente en serie, conjuntamente con un dispositivo de alivio para el compresor (véase el apartado 3.3.2.).

b) Si la carga de refrigerante del grupo L1 es menor de 100 kg y el volumen desplazado por el compresor es menor de 25 l / s, se requerirá únicamente un dispositivo limitador de presión.

c) En un sistema de absorción con un consumo de energía térmica de hasta 5 kW se requerirá un dispositivo limitador de temperatura o de presión.

d) En un sistema de absorción con un consumo de energía térmica superior a 5 kW será suficiente instalar un presostato de seguridad y un limitador de presión (presostato) o de temperatura (termostato) conectado eléctricamente en serie con el primero.

3.2.3. Presión de saturación del refrigerante.

Si un sistema se protege de acuerdo con el apartado 3.2.2., todos los componentes del circuito del refrigerante deberán resistir la presión de saturación del mismo a las temperaturas de diseño especificadas en el apartado 1.2. de IF-06.

3.2.4. Dispositivos limitadores de alta presión o temperatura.

Todos los sistemas en los que el generador de presión pueda producir presiones superiores a la máxima admisible de los mismos deberán estar provistos con al menos un dispositivo de seguridad limitador de presión o temperatura, excepto en los casos siguientes:

a) Sistemas con las siguientes cargas máximas:

- 2,5 kg de refrigerante del grupo L1,
- 1,5 kg de refrigerante del grupo L2,
- 1,0 kg de refrigerante del grupo L3,

y que, además, antes de alcanzar la presión máxima admisible, sin descargar refrigerante del circuito de refrigeración a la atmósfera, cumplan alguna de las siguientes condiciones:

i. El motocompresor funciona sin interrupción hasta alcanzar el régimen estable de presión.

ii. El motocompresor para debido a sobrecarga.

iii. La energía suministrada al compresor se interrumpe mediante un dispositivo de seguridad por sobrecarga.

iv. Un componente del circuito de refrigeración se avería, por ejemplo: el plato de válvulas o la junta de la culata del cilindro en un motocompresor hermético.

b) Sistemas con las siguientes cargas máximas:

- 2,5 kg de refrigerante del grupo L1,
- 1,5 kg de refrigerante del grupo L2,
- 1.0 kg de refrigerante del grupo L3,

y que además sean sistemas de absorción en los cuales:

i. La presión generada por el generador no puede producir una tensión que sobrepase un tercio de la presión de rotura del sistema.

ii. Un dispositivo de sobrecarga desconecta el generador antes de que la presión generada produzca una tensión que sobrepase un tercio de la resistencia límite del sistema.

iii. Parte del sistema de seguridad alivia la presión con un riesgo prácticamente mínimo.

3.2.5. Limitador de baja presión.

Todas las instalaciones en las que exista el riesgo de temperaturas bajas deberán estar provistas de un limitador de presión baja según la norma UNE-EN 12263, por ejemplo: para evitar congelaciones en los enfriadores de líquidos y la disminución de la resistencia al impacto (resiliencia de los materiales utilizados).

3.3. Protección de los componentes del sistema.

Los apartados 3.3.1. y 3.3.3. no son aplicables a los sistemas compactos y semicompactos que funcionan con cargas de hasta:

- 10,0 kg de refrigerante del grupo L1,

- 2,5 kg de refrigerante del grupo L2, y

- 1,0 kg de refrigerante del grupo L3.º

3.3.1. Requisitos generales.

Puede preverse un dispositivo de alivio de la presión común para varios componentes, siempre que:

a) Dichos componentes no puedan independizarse unos de otros.

b) La capacidad de evacuación del dispositivo de alivio sea tal que proteja a todos los componentes contra una sobrepresión simultánea en los mismos.

3.3.2. Protección de los compresores.

Los compresores de desplazamiento positivo con un caudal volumétrico de más de 25 l / s deberán estar protegidos con un dispositivo de alivio de presión montado entre la descarga y la aspiración según las normas UNE- EN 12693 o UNE-EN 60335-2-34. El dispositivo de alivio puede ser una válvula de seguridad convencional o, p.e. un dispositivo de sobrepresión accionado por válvula de seguridad piloto. En cualquier caso, será del tipo independiente de la contrapresión.

En caso de que no se monte una válvula de corte en la descarga será suficiente con instalar un dispositivo de alivio de presión en el sector de alta, para lo cual se deberá cumplir:

a) La capacidad de descarga de la válvula de seguridad debe ser como mínimo la suma de las necesidades del compresor y demás depósitos cubiertos.

b) La presión de tarado será igual o inferior a la presión PS de alta.

c) La descarga del dispositivo de alivio o válvula de seguridad, debe canalizarse a la aspiración del compresor o a un depósito en el sector de baja. El funcionamiento de la válvula debe ser independiente de la contrapresión.

d) La válvula de seguridad puede ser sencilla o doble, a elección del diseñador, debiendo tomarse las medidas se deberán prever los medios adecuados para que, con una pérdida mínima de refrigerante, y sin que los equipos a presión queden desprotegidos, el dispositivo pueda ser derivado y aislado para su revisión y desmontaje.

Compresores de desplazamiento no positivo (dinámicos) no precisarán de dispositivos de alivio, siempre que esté garantizado que no se sobrepasa la presión máxima admisible.

Cuando se alivie la presión de impulsión descargando en la aspiración se deberá evitar el recalentamiento excesivo del compresor y que la presión de aspiración ascienda a valores superiores a la máxima admisible del compresor, de acuerdo con las prescripciones dadas por el fabricante.

El dispositivo de alivio de presión (válvula de seguridad o dispositivo de sobrepresión) del compresor no deberá servir para proteger al sistema u otros componentes del mismo, a no ser que el dispositivo esté ajustado a la presión máxima admisible.

El dimensionado de la válvula se llevará a cabo de acuerdo con el apartado 6.3 de la norma UNE-EN 13136 la cual establece la siguiente ecuación para hallar el caudal másico necesario para dimensionar la válvula de seguridad:

$$Q_{md} = 60 \times V \times n \times \rho_{10} \times \eta_v$$

siendo:

Q_{md} = Caudal másico a descargar en kg/h.

V = Desplazamiento teórico del compresor en m^3.

n = Frecuencia de rotación en min^{-1}.

ρ_{10} = Densidad del vapor a la presión de saturación correspondiente a la temperatura de + 10 °C.

η_v = Rendimiento volumétrico resultante a la presión de aspiración nominal y con la presión de descarga correspondiente a la del tarado del dispositivo de alivio.

Nota. Si el tamaño del motor de accionamiento del compresor no permite su trabajo a la temperatura saturada de +10 °C con el 100% de la carga, se empleará la densidad que corresponda a la temperatura de funcionamiento máxima que lo permita o, si el compresor puede limitar la capacidad y/o velocidad en función del consumo del motor, se tomará el caudal másico mayor de entre los dos procedimientos.

Los compresores de desplazamiento positivo si tienen válvula de corte en la descarga o desplazan un caudal mayor de 25 l / s deberán de estar protegidos contra sobrepresiones mediante un dispositivo de seguridad limitador de presión de categoría IV de acuerdo con el Real Decreto 709/2015, de 24 de julio.

3.3.3. Protección de bombas de refrigerantes líquidos.

Las bombas de desplazamiento positivo en cualquier circuito de un sistema de refrigeración deberán estar protegidas con un dispositivo de alivio de presión o válvula de seguridad, situado en el lado de impulsión, descargando en el sector de baja del sistema.

3.3.4. Protección de recipientes a presión.

3.3.4.1. Dispositivos de alivio de presión.

Los recipientes que puedan contener refrigerante líquido en condiciones normales de funcionamiento y puedan ser independizados de otras partes del sistema de refrigeración deberán estar protegidos mediante un dispositivo de alivio (por ejemplo, válvula de seguridad) de acuerdo con los puntos siguientes:

a) Los equipos a presión con un volumen bruto igual o mayor que 100 dm^3 deberán estar provistos de dos dispositivos de alivio montados sobre una válvula conmutadora de 3 vías o provistos de válvulas de cierre selladas en posición abierta, se tomarán disposiciones para evitar el disparo simultáneo de ambas válvulas (véase diagrama 1d del apartado 3.3.4.2), las cuales solo podrán ser manipuladas por personal cualificado; cada dispositivo deberá garantizar la capacidad de alivio requerida. Si se cumplen las condiciones expuestas en el apartado 3.4.1.4. podrá utilizarse un solo dispositivo que descargue en el sector de baja del sistema.

b) Cuando se utilice un sólo dispositivo de alivio, descargando en el sector de baja, se deberán prever los medios adecuados para que, con una pérdida mínima de refrigerante, y sin que los equipos a presión queden desprotegidos, el dispositivo pueda ser derivado y aislado para su revisión y desmontaje (véase el apartado 3.4.1).

c) Los equipos a presión con un volumen interior bruto inferior a 100 dm^3 deberán tener, como mínimo, un dispositivo de alivio, bien descargando al sector de baja (véase el apartado 3.4.1.4.), o a un recipiente receptor independiente o a la atmósfera.

3.3.4.2. Colocación de los dispositivos de alivio de presión en los sistemas de refrigeración.

Seguidamente se facilitan a título ilustrativo distintas opciones para la colocación de las válvulas de seguridad, con el fin de conseguir la estanqueidad y monitorización de las mismas.

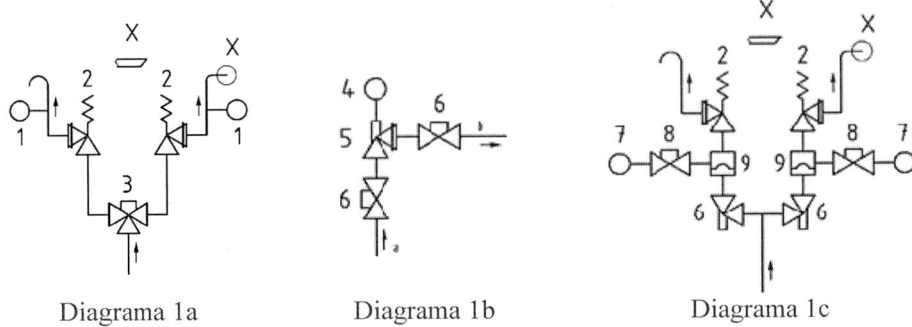

Diagrama 1a   Diagrama 1b   Diagrama 1c

1. detección de la concentración de refrigerante.
2. válvula de alivio de presión descargando a la atmósfera.
3. dispositivo inversor asegurado con una tapa.
4. dispositivo de monitorización inferior, por ejemplo: PS+, PS-, QS+.
5. válvula de alivio de presión en forma de válvula de rebose de compensación de contrapresión con un respiradero de descargando del lado de baja presión.
6. válvula precintada y bloqueada.
7. limitador de presión (ajustado a 0,5 bar (0,05 MPa)).
8. válvula de bloqueo con respiradero y tapa.
9. disco de rotura con dispositivo de monitorización.
[a] del recipiente del lado de alta presión o de la sección de tubería.
[b] al lado de baja presión del sistema.

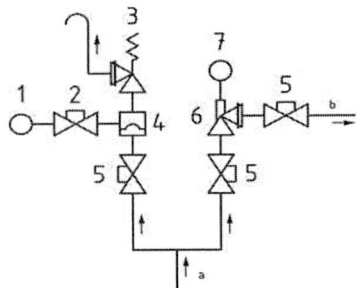

Diagrama 1d

1. limitador de presión (ajustado a 0,5 bar (0,05 MPa) inferior a la PS).
2. Válvula de bloqueo con ventilación y tapa (recomendado).
3. válvula de alivio de presión descargando a la atmósfera.
4. Disco de rotura con dispositivo de monitorización.
5. Válvula precintada y bloqueada.
6. válvula de alivio de presión en forma de una válvula de rebose de compensación de contra-presión con respiradero de fuelle aliviando al lado de baja presión.
7. monitor de fuelle, por ejemplo: PS+, PS-, QS+.
[a] tubería común del recipiente a presión.
[b] al lado de baja presión del sistema.

Las válvulas precintadas deben ser válvulas de caperuza, estar en posición de abierta y disponer de un precinto que haga imposible su manipulación sin la rotura del mismo. El precinto deberá estar marcado claramente con la identificación de una empresa frigorista habilitada y solo podrá ser roto por una empresa frigorista habilitada, la cual después de la sustitución del componente averiado procederá a precintarla nuevamente. Si ello es posible se proveerá un dispositivo de bloqueo con llave.

3.3.4.3. Capacidad mínima de descarga requerida en caso de fuentes de calor externas.

La capacidad mínima de descarga del dispositivo de alivio requerida por un depósito a presión deberá ser determinada por la ecuación:

$$Q_m = \frac{\varphi \times A_{surf}}{h_{vap}} \times 3600$$

donde:

Q_m, capacidad mínima de descarga requerida del dispositivo de alivio en kilogramos de refrigerante por hora.

φ, densidad de flujo térmico establecido en 10 kW/m².

A_{surf}, superficie exterior del recipiente en metros cuadrados.

h_{vap}, calor latente específico de evaporación del refrigerante, en kilojulios por kilogramo, calculado a una presión de 1,1 veces la presión de tarado del dispositivo.

Nota. Este método de cálculo podrá no ser aplicable si la presión crítica de tarado del dispositivo está muy próxima a la crítica del refrigerante.

3.3.5. Dilatación térmica del líquido.

Los componentes del sistema que queden completamente inundados por refrigerante líquido y puedan ser independizados del resto de la instalación deberán estar protegidos contra posible rotura por dilatación térmica del líquido. El cálculo del dispositivo de alivio se llevará a cabo de acuerdo con el apartado 6.4 de la UNE-EN 13.136 o según el procedimiento del anexo B de la misma.

En determinados casos bastará con mantener una válvula de cierre en posición normalmente abierta, precintada y sólo manipulable por instalador frigorista.

3.3.6. Dimensionado de válvulas de seguridad en intercambiadores de tubos aleteados, lisos o de placas.

Para el cálculo de la capacidad de descarga necesaria de las válvulas de seguridad en los intercambiadores de calor fabricados con tubos lisos o aleteados (condensadores evaporativos o aerocondensadores y similares) o en los intercambiadores de placas, que se hayan considerado "Equipos a Presión" según el Real Decreto 709/2015, de 24 de julio, se aplicarán la fórmula que figura en el apartado 3.3.4.2, de esta misma IF, dónde la superficie será la resultante de la suma de las áreas de las caras de todos los lados, es decir, considerando las áreas de las caras del prisma. En el caso de intercambiadores de placas se tendrá en consideración el prisma formado por el bloque de las placas y para los intercambiadores del tipo envolvente y placa, la suma de superficie de la envolvente y la sección de las tapas laterales.

Para determinar si se deben de poner válvulas de seguridad sencilla o doble, se tendrá en cuenta el volumen interno bruto de la batería o serpentín. Si es inferior a 100 litros será sencilla, si el volumen es igual o superior deberá ser doble.

3.4. Disposición de los elementos de seguridad.

3.4.1. Disposición de los elementos de alivio de presión.

3.4.1.1. Requisitos generales.

Los elementos o dispositivos de alivio de presión deberán estar conectados directamente sobre los recipientes a presión o componentes que protejan o lo más cerca posible de éstos. Deberán ser fácilmente accesibles y, salvo cuando protejan contra sobrepresiones por dilatación térmica del líquido, deberán estar conectados en la parte más alta posible, siempre por encima del nivel de líquido. La pérdida de presión entre el componente a proteger y la válvula (dispositivo) de alivio no deberá ser superior al valor límite indicado por el fabricante del mismo, o el resultado de los cálculos establecidos en la norma UNE-EN 13136.

3.4.1.2. Tapones fusibles.

Si para proteger equipos u otros componentes a presión del sistema de refrigeración se utilizan tapones fusibles, éstos deberán estar colocados por encima del nivel máximo de refrigerante líquido. Cuando un equipo o componente esté protegido sólo por un tapón fusible, su resistencia a la rotura deberá soportar la presión de saturación de al menos tres veces la correspondiente a la temperatura estampada en el tapón fusible.

Los tapones fusibles no deberán estar cubiertos por aislamiento térmico. En componentes de un sistema de refrigeración que contengan refrigerante no se deberán utilizar tapones fusibles como único dispositivo de alivio de presión con descarga a la atmósfera, cuando la carga de refrigerante del sistema sea mayor que:

–   2,5 kg con refrigerante del grupo L1,

–   1,5 kg con refrigerante del grupo L2, y

–   1,0 kg con refrigerante del grupo L3.

3.4.1.3. Válvulas de cierre antes o después de las válvulas de seguridad.

Cuando se instale una sola válvula de seguridad para proteger un componente del sistema no pueden instalarse válvulas de cierre en la línea entre el componente protegido y la descarga de la válvula, salvo que las de cierre estén precintadas en posición abierta por un instalador habilitado.

En el caso de válvulas de seguridad que descargan hacia el sector de baja, se podrán instalar válvulas de cierre precintadas por el instalador en las conexiones de entrada y salida, si se satisfacen las prescripciones que se indican en el apartado 3.4.1.4.

Para facilitar el mantenimiento y comprobación de los dispositivos de alivio podrá instalarse una válvula conmutadora de tres vías con dos dispositivos de alivio montados sobre la misma, o bien montar dos válvulas precintadas abiertas a la entrada de dos dispositivos de alivio destinados a la protección del mismo equipo (véase diagrama 1 c).

3.4.1.4. Descarga desde un lado de mayor presión a otro de menor presión.

Cuando un dispositivo de alivio de presión (excluidos los de los compresores) descarga desde un lado de mayor presión a otro de menor presión del sistema deberán cumplirse las condiciones siguientes:

a)   El dispositivo comprenderá válvulas de alivio que actúen prácticamente independientemente de la contrapresión (presión de salida).

b)   El lado de menor presión dispondrá de elementos de alivio.

c)   La capacidad de este dispositivo de alivio (válvula de seguridad) del sector de baja será suficiente para proteger contra una sobrepresión simultánea en todos los recipientes y compresores (si estos también descargan en el recipiente o depósito de baja) que estén conectadas con él. La capacidad mínima de descarga de este dispositivo de alivio o válvula de seguridad será igual o superior a la suma de todos los valores Q_{md} de los dispositivos que descargan hacia el depósito de baja más el Q_{md} del propio depósito. Las bombas de refrigerante no deben de considerarse.

d)   Para comprobar y revisar este dispositivo de alivio se adoptarán las medidas necesarias evitando, en cualquier caso, que los equipos a presión queden desprotegidos. Por ejemplo, mediante dos válvulas de seguridad en paralelo debidamente precintadas por el instalador frigorista.

3.4.1.5. Disco de rotura.

Un disco de rotura no deberá utilizarse como único dispositivo de alivio de presión del sector de alta ya que, en caso de romper, se perdería toda la carga de refrigerante. En condiciones normales de funcionamiento, con el fin de reducir al mínimo la pérdida de refrigerante, se podrá montar un disco de rotura en serie con una válvula de alivio posterior a él.

Para controlar la estanquidad o rotura del disco, en el tramo comprendido entre éste y la válvula de alivio, deberá haber conectado un indicador-detector de presión que active una alarma. El diámetro del disco de rotura montado antes de una válvula de alivio no deberá ser menor que el diámetro de entrada de la propia válvula. El disco deberá estar diseñado y fabricado de forma que, al romper, ningún fragmento del mismo obstruya la válvula o impida el flujo de refrigerante.

3.4.2. Disposición de los elementos de seguridad limitadores de presión.

3.4.2.1. Requisitos generales.

Entre la conexión del dispositivo de seguridad para limitar la presión y el generador de presión no deberá existir válvula de corte salvo que:

a)   Exista un segundo dispositivo de seguridad y ambos estén conectados mediante válvula conmutable de tres vías.

b)   El sistema esté provisto de una válvula de alivio o disco de rotura que descargue del sector de alta al de baja presión.

3.4.2.2. Modificación del ajuste.

Los dispositivos de seguridad limitadores de presión deberán estar diseñados de forma que para modificar su punto de ajuste sea necesario utilizar una herramienta.

3.4.2.3. Fallo de alimentación eléctrica.

Después de una parada por fallo de corriente, deberá impedirse el arranque automático si este resultase peligroso. Si el corte de corriente afectara al dispositivo de seguridad limitador de presión o al microprocesador / ordenador, siempre que éste interviniera en la cadena de seguridad, deberá ser desconectado el compresor.

3.4.2.4. Señal analógica.

Cuando la señal emitida por el limitador de presión sea analógica, el microprocesador/ordenador deberá parar el compresor si el valor de la señal alcanzase cualquiera de los extremos posibles del rango.

Los dispositivos de seguridad limitadores de presión podrán conectarse directamente por medio de un microprocesador / ordenador al circuito de control del motor del compresor.

3.5. Capacidad de descarga de los dispositivos de alivio de presión.

El cálculo para dimensionar los dispositivos de alivio de presión y sus tuberías de conexión se realizará conforme a la norma UNE-EN 13136 "Sistemas de refrigeración y bombas de calor. Dispositivos de alivio de presión y sus tuberías de conexión. Métodos de Cálculo".

Cuando varios dispositivos de descarga estén conectados a un colector común, éste deberá dimensionarse teniendo en cuenta la posibilidad de que todos ellos puedan disparar simultáneamente. La suma de las pérdidas de carga desde el dispositivo más lejano hasta la salida al exterior deberá ser inferior al 10 % de la presión absoluta de descarga de la válvula, tal como dispone la UNE-EN 13136.

3.6. Presión de tarado de las válvulas de seguridad y precintado.

Las válvulas de seguridad, también denominadas de alivio de presión, destinadas a la protección contra sobrepresiones de cualquier componente en las instalaciones frigoríficas, no podrán tararse a presión superior a la máxima admisible declarada para el componente protegido.

El fabricante, entregará conjuntamente con las válvulas de seguridad el Certificado de Conformidad con el Real Decreto 709/2015, de 24 de julio, el cual deberá formar parte de la documentación que el instalador entregue al usuario.

El fabricante suministrará estas válvulas taradas, precintadas y con el correspondiente certificado de tarado. En caso de pérdida el distribuidor podrá facilitar copias del certificado emitido por el fabricante.

En las revisiones periódicas establecidas en la IF-14, el frigorista deberá proceder a la verificación del correcto funcionamiento de las válvulas de seguridad para las que haya transcurrido un tiempo de cinco años o más desde su tarado o retarado comprobando su cierre hermético después de su actuación. Si la válvula no cierra de nuevo herméticamente, deberá ser sustituida por otra que funcione correctamente y la defectuosa podrá ser sometida a un procedimiento de retarado por empresa autorizada por una entidad notificada. Dicha empresa deberá sustituir el precinto original por el suyo propio y entregar el correspondiente certificado. Las válvulas así recuperadas sólo podrán utilizarse en instalaciones existentes.

4. FUENTES DE CALOR Y ALTAS TEMPERATURAS.

Este apartado no es aplicable para los sistemas compactos, semicompactos y ejecutados in situ que funcionan con carga de hasta:

- – 2,5 kg de refrigerante del grupo L1,
- – 1,5 kg de refrigerante del grupo L2, y
- – 1,0 kg de refrigerante del grupo L3.

Si los evaporadores o enfriadores de aire se instalan en la proximidad de fuentes de calor se deberán tomar medidas efectivas para evitar que aquellos sean expuestos a excesivo calor, lo que provocaría presiones elevadas en su interior.

Los condensadores y los recipientes de líquido no se colocarán nunca en la proximidad de focos de calor.

Si una parte del circuito de refrigeración puede alcanzar una temperatura que estuviera por encima de la temperatura correspondiente a la presión máxima admisible (por ejemplo, en un sistema de desescarche eléctrico, desescarche por agua caliente, o limpieza mediante agua caliente o vapor), el líquido contenido en él deberá poder ser trasvasado a cualquier otra parte del sistema donde no exista alta temperatura. Si fuese necesario el sistema estará equipado con un recipiente permanentemente conectado con la parte en cuestión.

APÉNDICE 1. PROTECCIÓN DEL SISTEMA DE REFRIGERACIÓN CONTRA PRESIONES EXCESIVAS

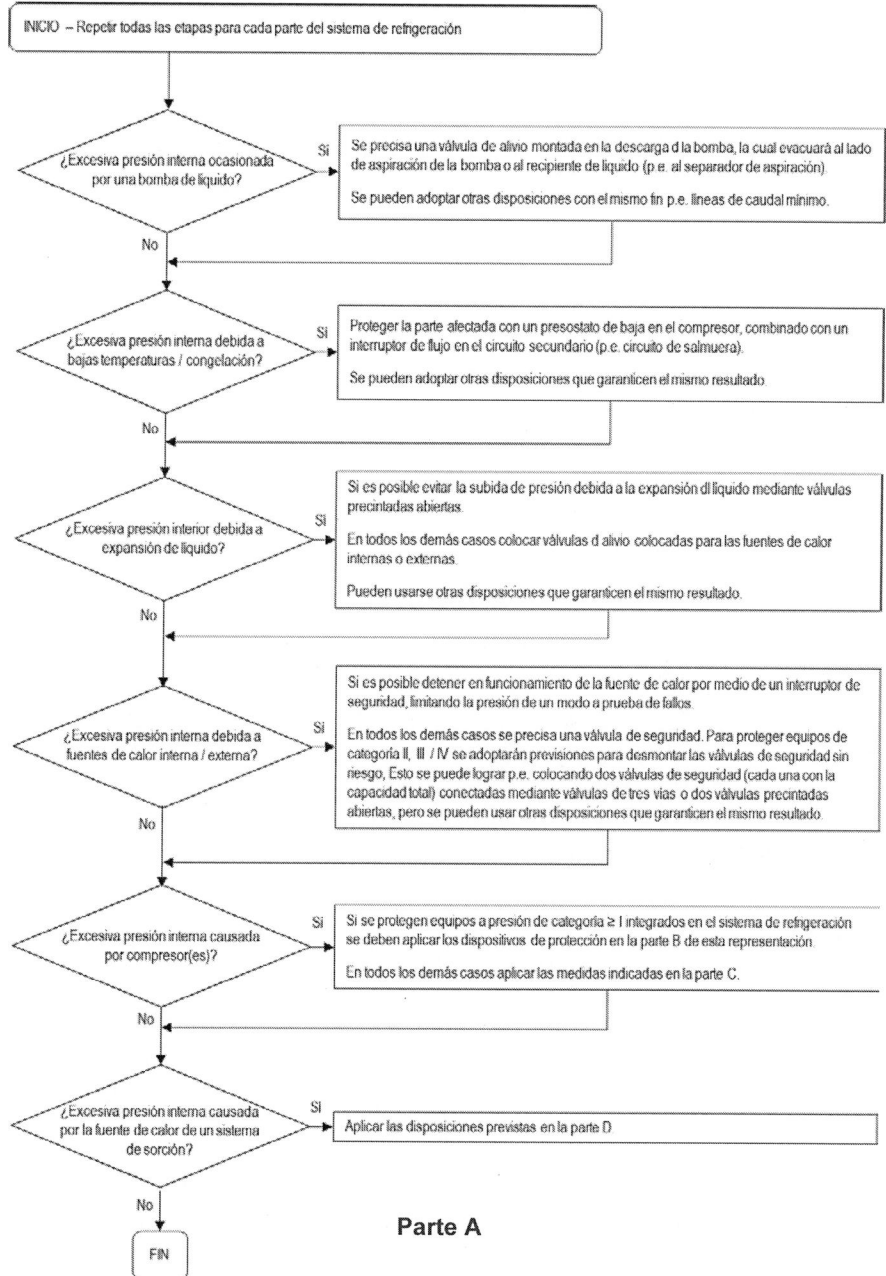

INICIO – Repetir todas las etapas para cada parte del sistema de refrigeración

¿Excesiva presión interna ocasionada por una bomba de líquido? — **Si** →
Se precisa una válvula de alivio montada en la descarga d la bomba, la cual evacuará al lado de aspiración de la bomba o al recipiente de líquido (p e. al separador de aspiración).

Se pueden adoptar otras disposiciones con el mismo fin p.e. líneas de caudal mínimo.

No

¿Excesiva presión interna debida a bajas temperaturas / congelación? — **Si** →
Proteger la parte afectada con un presostato de baja en el compresor, combinado con un interruptor de flujo en el circuito secundario (p.e. circuito de salmuera).

Se pueden adoptar otras disposiciones que garanticen el mismo resultado.

No

¿Excesiva presión interior debida a expansión de líquido? — **Si** →
Si es posible evitar la subida de presión debida a la expansión dl líquido mediante válvulas precintadas abiertas.

En todos los demás casos colocar válvulas d alivio colocadas para las fuentes de calor internas o externas.

Pueden usarse otras disposiciones que garanticen el mismo resultado.

No

¿Excesiva presión interna debida a fuentes de calor interna / externa? — **Si** →
Si es posible detener en funcionamiento de la fuente de calor por medio de un interruptor de seguridad, limitando la presión de un modo a prueba de fallos.

En todos los demás casos se precisa una válvula de seguridad. Para proteger equipos de categoría II, III / IV se adoptarán previsiones para desmontar las válvulas de seguridad sin riesgo. Esto se puede lograr p.e. colocando dos válvulas de seguridad (cada una con la capacidad total) conectadas mediante válvulas de tres vías o dos válvulas precintadas abiertas, pero se pueden usar otras disposiciones que garanticen el mismo resultado.

No

¿Excesiva presión interna causada por compresor(es)? — **Si** →
Si se protegen equipos a presión de categoría ≥ I integrados en el sistema de refrigeración se deben aplicar los dispositivos de protección en la parte B de esta representación.

En todos los demás casos aplicar las medidas indicadas en la parte C.

No

¿Excesiva presión interna causada por la fuente de calor de un sistema de sorción? — **Si** →
Aplicar las disposiciones previstas en la parte D

No

FIN

Parte A

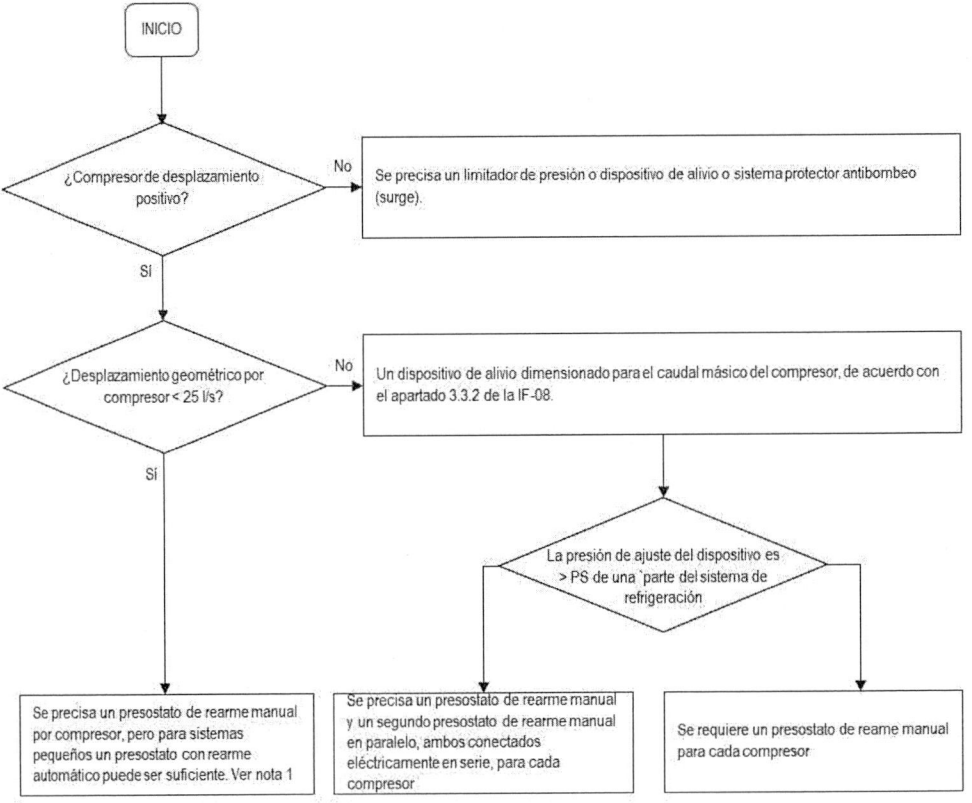

Nota 1: Para sistemas de pequeño tamaño, con carga de refrigerante inferior a 100 kg de la clase A1 o 30 kg para la clase A2L o 5 kg para la clase A2 y A3, se considera que un presostato con rearme automático es suficiente, puesto que su automaticidad no comporta un incremento del riesgo de seguridad.

Parte B

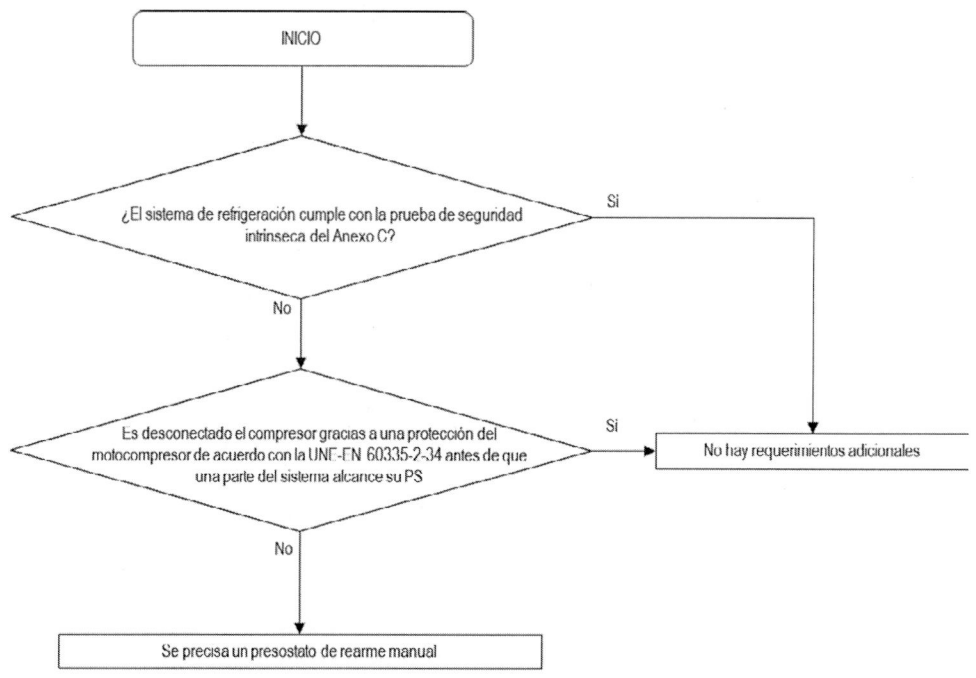

Parte C

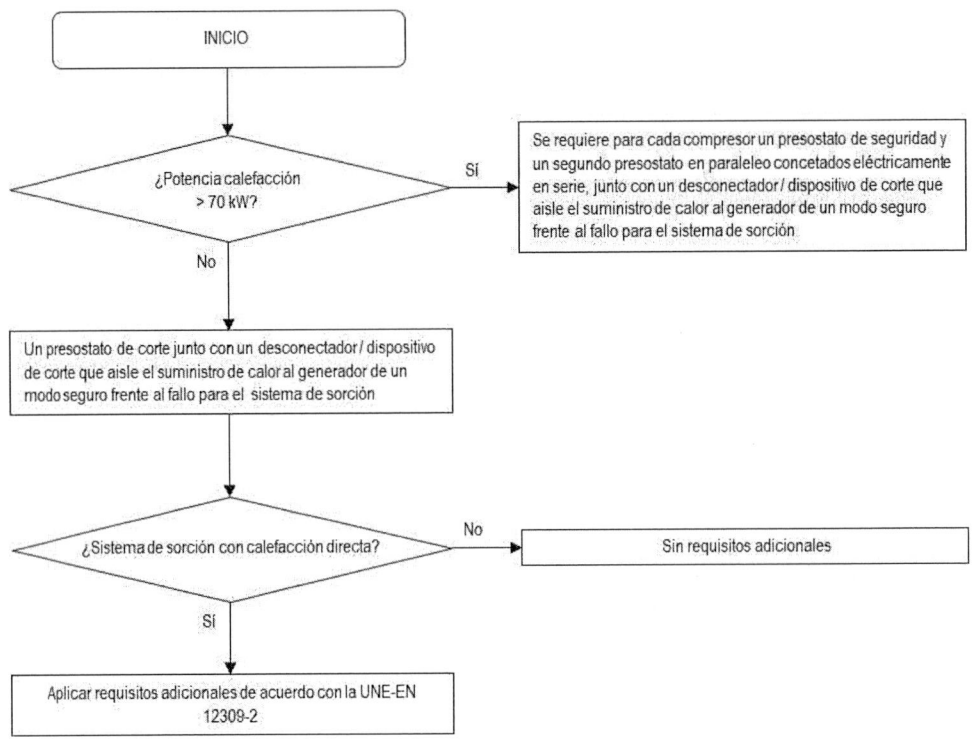

Parte D

INSTRUCCIÓN IF-09

ENSAYOS, PRUEBAS Y REVISIONES PREVIAS A LA PUESTA EN SERVICIO

Índice

1. ENSAYOS Y PUESTA EN SERVICIO.

Los apartados 1.1., 1.2., 1.3., 1.6.2., 1.6.3., 1.6.4., 1.7.1., 1.7.2., 1.7.3. y 1.7.6., no son aplicables a los sistemas compactos y semicompactos que funcionen con cargas de refrigerante de hasta:

- 10,0 kg de refrigerante del grupo L1,
- 2,5 kg de refrigerante del grupo L2 y
- 1,0 kg de refrigerante del grupo L3.

1.1. Requisitos generales.

1.1.1. Ensayos.

Antes de la puesta en servicio de un sistema de refrigeración todos sus componentes o el conjunto de la instalación deberán someterse a los siguientes ensayos:

a) Ensayo de resistencia a la presión.

b) Ensayo de estanquidad.

c) Ensayo funcional de todos los dispositivos de seguridad.

d) Ensayo de conformidad del conjunto de la instalación.

Durante los ensayos, las conexiones y uniones deberán ser accesibles para su comprobación.

Después de las pruebas de presión y estanquidad y antes de la primera puesta en servicio de la instalación deberá procederse a realizar un ensayo funcional de todos los circuitos de seguridad.

1.1.2. Resultados de los ensayos.

Los resultados de estos ensayos deberán ser registrados.

1.2. Ensayo de resistencia a la presión de los componentes.

1.2.1. Requisitos generales.

De acuerdo con los requisitos de la tabla 2 de la IF-06, todos los componentes deberán ser sometidos a una prueba de resistencia, bien antes de salir de fábrica o en su defecto en el lugar de emplazamiento.

Los indicadores de presión y dispositivos de control podrán ser probados a presiones inferiores, pero no por debajo de 1,1 veces la presión máxima admisible.

1.2.2. Fluidos para ensayos de resistencia a la presión.

En los equipos construidos en fábrica y en las tuberías totalmente prefabricadas en taller, el ensayo de resistencia a la presión podrá ser de tipo hidráulico utilizando agua u otro líquido no peligroso adecuado. En los sistemas construidos en fábrica y en los ejecutados en obra es imperativo garantizar una ausencia total de humedad, por lo que, en este caso podrá utilizarse para el ensayo un gas que no sea peligroso y sea compatible con el refrigerante y los materiales del sistema. No se permite el empleo de refrigerantes fluorados en este tipo de ensayos.

1.2.3. Criterios de aceptación.

Como resultado de estas pruebas no deberán generarse deformaciones permanentes, excepto que la deformación por presión sea necesaria para la fabricación de los componentes, por ejemplo, durante la expansión y soldadura de un evaporador multitubular.

En este caso se considerará necesario que el componente esté calculado para resistir, sin rotura, una presión como mínimo tres veces la de diseño del mismo.

1.3. Ensayo de presión en las tuberías y sus accesorios de los sistemas de refrigeración.

Las tuberías de interconexión de los sistemas frigoríficos serán sometidas a una prueba neumática a 1,1 por la presión máxima admisible (PS). Previamente se deberán llevar a cabo los ensayos no destructivos detallados en la tabla siguiente:

Tipo de soldadura	Extensión END
Todas las uniones	Examen visual (VT) al 100 %
Soldaduras circunferenciales[a] Derivaciones y tubuladuras soldadas DN ≥ 100	10 %[b] RT o UT
Derivaciones y tubuladuras soldadas DN < 100 y uniones de enchufe (SW)	10 % PT
Soldaduras longitudinales, si no han estado ya sujetas a END o pruebas de presión en la factoría del fabricante	100 % RT o UT

[a] Para soldaduras y dimensiones de las uniones donde los ultrasonidos (UT) o radiografías (RT) no permitan una clara evaluación, se efectuará una comprobación con líquidos penetrantes (PT).
[b] Hasta DN ≤ 600, se controlará al 100% el 10% de las soldaduras, para DN > 600 se controlará el 10% de la longitud total de las soldaduras.
END = Ensayos No Destructivos.

Todos estos ensayos no destructivos deberán realizarse por persona certificada por entidad acreditada para la certificación de personas para la realización de ensayos no destructivos, por organismo de control habilitado en el ámbito del presente Reglamento, por organismo de control habilitado en el ámbito del Real Decreto 709/2015, de 24 de julio, por entidad independiente que cumpla lo establecido en el citado Real Decreto 709/2015, de 24 de julio.

1.3.1. Preparación para la prueba.

Las juntas sometidas a la prueba deberán estar perfectamente visibles y accesibles, así como libres de óxido, suciedad, aceite, u otros materiales extraños. Las juntas solamente podrán ser pintadas y aisladas o cubiertas una vez probadas de acuerdo con el apartado 1.2.1.

El sistema deberá ser inspeccionado visualmente antes de aplicar la presión para comprobar que todos los elementos están conectados entre sí de forma estanca. Todos los componentes no sujetos a la prueba de presión deberán ser desconectados o aislados mediante válvulas, bridas ciegas, tapones o cualquier otro medio adecuado.

Deberá realizarse una prueba previa a una presión de 1,5 bar antes de otras pruebas con objeto de localizar y corregir fugas importantes.

La temperatura de las tuberías durante la prueba deberá mantenerse por encima de la temperatura de transición dúctil-frágil.

Se tomarán todas las precauciones adecuadas para proteger al personal contra el riesgo de rotura de los componentes del sistema durante la prueba neumática.

Los medios utilizados para suministrar la presión de prueba deberán disponer o bien de un dispositivo limitador de presión o de un dispositivo de reducción de presión y de un dispositivo de alivio de presión y un manómetro en la salida. El dispositivo de alivio de presión deberá ser ajustado a una presión superior a la presión de prueba, pero lo suficientemente baja para prevenir deformaciones permanentes en los componentes del sistema.

La presión en el sistema deberá ser incrementada gradualmente hasta un 50% de la presión de prueba, y posteriormente por escalones de aproximadamente un décimo de la presión de prueba hasta alcanzar el 100% de ésta. La presión de prueba deberá mantenerse en el valor requerido durante al menos 30 minutos. Después deberá reducirse hasta la presión de prueba de estanqueidad.

Las juntas mecánicas en las que se hayan insertado bridas ciegas o tapones para cerrar el sistema o para facilitar el desmontaje de componentes durante la prueba no precisarán ser probadas a presión después de desmontar la brida ciega o tapón, a condición de que posteriormente pasen una prueba de estanqueidad.

La prueba podrá realizarse por partes aislables del sistema a medida que su montaje se vaya terminando.

La prueba de presión de resistencia y estanqueidad seguirá los mismos criterios a los indicados para las líneas de refrigerante o fluido secundario, dependiendo del sistema a que protejan, asegurando en todo momento que la unión entre el sistema y la válvula de seguridad sea estanca.

1.3.2. Pruebas de presión para circuitos de fluidos secundarios.

Los sistemas de tuberías de los fluidos secundarios deberán ser sometidos a una prueba (hidráulica o neumática) con una presión de 1,3 veces la máxima de servicio, debiendo mantenerse estable durante cuatro horas. Si se ha llevado a cabo con agua, el sistema se vaciará completamente antes de introducir la solución incongelable. Durante la prueba, la presión en el punto más bajo no deberá superar el 90% del límite elástico ni 1,7 veces la tensión admisible para materiales frágiles.

Si se utiliza un fluido con cambio de fase líquido/gas como fluido secundario, el sistema de tuberías deberá probarse como el de un sistema frigorífico.

1.3.3. Manómetros.

La precisión de los manómetros deberá ser comprobada antes de su utilización en la prueba por comparación con un manómetro patrón debidamente calibrado.

1.3.4. Reparación de uniones.

Todas las uniones que presenten fugas deberán ser reparadas.

Las uniones por soldadura fuerte que presenten fugas deberán ser rehechas, y no se podrán reparar utilizando soldadura blanda.

Las uniones por soldadura blanda podrán ser reparadas limpiando la zona defectuosa y volviendo a preparar la superficie y soldar.

Los sectores de las uniones soldadas que se hayan detectado como defectuosos durante la realización de los ensayos no destructivos, deberán sanearse y soldarse de nuevo.

Las uniones reparadas se deberán probar nuevamente.

1.4. Prueba de estanquidad.

1.4.1. Requisitos generales.

El sistema de refrigeración deberá ser sometido a una prueba de estanquidad bien como conjunto o por sectores. La presión de la prueba será la indicada en la tabla 2 de la IF-06 y podrá realizarse antes de salir el equipo de fábrica, si el montaje se realiza en ésta, o bien in situ, si el montaje o la carga de refrigerante se hace en el lugar de emplazamiento.

Para los sistemas compactos y de absorción herméticos, esta prueba de estanqueidad se efectuará en fábrica[1].

Para la prueba de estanquidad se utilizarán varias técnicas dependiendo de las condiciones de producción, por ejemplo, gas inerte a presión, vacío, gases trazadores, etc. El método utilizado será supervisado por el instalador frigorista.

1.4.2. Sustancias trazadoras.

Cuando se añaden sustancias trazadoras al gas inerte, éstas no deberán ser ni peligrosas ni perjudiciales para el medio ambiente. En ningún caso podrán ser empleadas sustancias organohalogenadas.

---

[1] Modificación de este párrafo por el Real Decreto 164/2025, de 4 de marzo. Ref. BOE-A-2025-7190.

1.5. Certificados.

Las pruebas de presión que se realicen en obra, así como las pruebas de estanqueidad realizadas, tanto en los equipos construidos en fábrica como en las instalaciones frigoríficas realizadas "in situ", se llevarán a cabo por empresa frigorista y cuando se trate de tuberías pertenecientes a las categorías I, II y III, establecidas según el artículo 3 del Real Decreto 709/2015, de 24 de julio, se emitirá el preceptivo certificado de conformidad del equipo.

Todas estas pruebas se realizarán bajo la responsabilidad de la empresa frigorista y, en su caso, del técnico competente director de la obra de la instalación frigorífica, quienes, una vez realizadas satisfactoriamente, extenderán el correspondiente certificado.

1.6. Procedimiento de vacío.

1.6.1. Requisitos generales.

Las operaciones de extracción de la humedad mediante vacío no podrán utilizarse para comprobar la estanqueidad del circuito frigorífico.

Queda prohibido el empleo de refrigerantes fluorados en fase gaseosa para extraer la humedad. Para tal fin el fluido utilizado será el nitrógeno seco exento de oxígeno.

1.6.2. Sistemas con carga de más de 20 kg.

Si se utiliza un procedimiento de vacío en el caso de sistemas que utilicen halocarbonos, hidrocarburos o CO_2 con una carga superior a 20 kg, el sistema se deberá secar y evacuar a menos de 270 Pa absolutos. Este vacío se mantendrá como mínimo 30 minutos y después se romperá mediante nitrógeno seco. El sistema se evacuará otra vez a menos de 270 Pa absolutos. Este vacío se mantendrá como mínimo 6 horas comprobando que en este tiempo no ha subido más de 2 Pa y después se romperá utilizando el refrigerante del sistema.

1.6.3. Sistemas con halocarbonos, hidrocarburos o CO_2 con carga inferior a 20 kg.

La presión de vacío de los sistemas con halocarbonos, hidrocarburos o CO_2 antes de recargar el refrigerante será inferior a 270 Pa absolutos. El plazo de tiempo para mantener el vacío dependerá del tamaño y la complejidad del sistema, con un mínimo de 3 h comprobando que en este tiempo no ha subido más de 2 Pa.

1.6.4. Sistemas con amoníaco.

En sistemas con amoníaco, la presión de vacío antes de cargar el refrigerante deberá ser inferior a 675 Pa absolutos. El tiempo durante el cual deberá mantenerse el vacío dependerá del tamaño y la complejidad del sistema, siendo el mínimo de 6 horas comprobando que en este tiempo no ha subido más de 2 Pa.

Los sistemas de amoníaco que utilicen lubricantes miscibles necesitarán un tratamiento especial que podrá requerir la instalación de filtros deshidratadores.

1.7. Control del conjunto de la instalación antes de su puesta en marcha.

1.7.1. Requisitos generales.

Antes de poner en funcionamiento un sistema de refrigeración se deberá comprobar el mismo en su totalidad. Se verificará que la instalación está de acuerdo con los planos constructivos, los diagramas de flujo, tuberías e instrumentación, control y esquemas eléctricos.

1.7.2. Control de los sistemas de refrigeración.

1.7.2.1. Revisión por empresa frigorista.

El control de los sistemas de refrigeración por empresa frigorista deberá incluir los siguientes puntos:

a) Comprobación de la documentación de los equipos a presión.

b) Comprobación del equipo de seguridad.

c) Comprobación de los detectores de fugas.

d) Comprobación de que las soldaduras de las tuberías son conformes con los procedimientos aprobados.

e) Comprobación de las tuberías.

f) Verificación del acta de la prueba de estanqueidad del sistema de refrigeración.

g) Verificación visual del sistema de refrigeración.

1.7.3. Documentación

Ningún sistema de refrigeración deberá ser puesto en funcionamiento si no está debidamente documentado.

1.7.3.1. Comprobación de la documentación de los equipos a presión.

La documentación deberá comprobarse con el fin de asegurar que los equipos a presión del sistema de refrigeración cumplen con los requisitos, códigos de diseño y otras normativas reguladoras apropiadas de la legislación existente.

1.7.4. Comprobación de los dispositivos de seguridad.

1.7.4.1. Comprobación de su instalación.

Se comprobará que los dispositivos de seguridad requeridos para el sistema de refrigeración están instalados y se encuentran en condiciones de funcionamiento, y que se ha elegido la presión de tarado adecuada para garantizar la seguridad del sistema.

1.7.4.2. Conformidad con la normativa correspondiente.

Se deberá comprobar que los dispositivos de seguridad cumplen con las normas correspondientes y que han sido probados y certificados por el fabricante.

Esto no implicará que cada dispositivo deba tener un certificado propio, pueden ser genéricos.

1.7.4.3. Dispositivos de seguridad para limitar la presión.

Se deberá comprobar, donde corresponda, que los dispositivos de seguridad para limitar la presión funcionan y están montados correctamente.

1.7.4.4. Válvulas de seguridad exteriores.

Las válvulas de seguridad con descarga al exterior se deberán comprobar para asegurar que se ha marcado la presión de tarado correcta en su cuerpo o la que se especifica en la placa de características.

1.7.4.5. Discos de rotura.

Deberá comprobarse el correcto marcado de la presión nominal de rotura de los discos (excluidos los discos internos).

1.7.4.6. Tapones fusibles.

Deberá comprobarse el marcado correcto de la temperatura de fusión de los tapones fusibles.

1.7.5. Comprobación de la tubería de refrigeración.

Deberá comprobarse que la tubería del sistema de refrigeración ha sido instalada de acuerdo con los planos, especificaciones y normas que sean de aplicación.

1.7.6. Verificación visual de la instalación completa.

Se deberá llevar a cabo una comprobación visual de la instalación completa de acuerdo con los anexos informativo G de la norma UNE-EN 378-2.

1.8. Carga del refrigerante.

La carga del refrigerante se realizará de la siguiente forma:

- Para equipos de compresión de más de 3 kg de carga de refrigerante y refrigerantes azeotrópicos, el fluido deberá ser introducido en el circuito a través del sector de baja presión en fase vapor.

- Para refrigerantes zeotrópicos, la carga se realizará en fase líquida y deberá efectuarse de modo que el fluido se expansione en el dispositivo que incorporan los evaporadores, de esta forma se evitará que pueda llegar líquido a los compresores. Para ello se dispondrá de una toma de carga con válvula y una válvula de cierre aguas arriba de la tubería de alimentación de líquido, que permita independizar el punto de carga del sector de alta.

Ninguna botella de refrigerante líquido deberá ser conectada o dejarse permanentemente conectada a la instalación fuera de las operaciones de carga y descarga del refrigerante.

INSTRUCCIÓN IF-10

MARCADO Y DOCUMENTACIÓN

Índice

1. MARCADO.

1.1. Requisitos generales.

1.1.1. Los sistemas de refrigeración y sus componentes principales deberán ser identificados mediante marcado (placa de identificación, etiquetas codificadas, marcado CE cuando proceda etc.) tal y como se establece en esta instrucción. Este marcado deberá estar siempre visible. En los sistemas de refrigeración cerrados, terminados en fábrica y con una carga de refrigerante limitada, no es necesario que el condensador y evaporador estén marcados, salvo en el caso que contengan refrigerantes fluorados, en el que será de aplicación lo referido en el apartado 1.2.4.

El marcado CE de los componentes o de los conjuntos terminados en fábrica tiene por objeto garantizar al usuario que los sistemas que forman parte de la instalación permiten una utilización segura. Sin embargo para instalaciones montadas en obra, la DEP permite que un usuario proceda a la adquisición de los componentes, subcontratando el montaje de los mismos, siempre que exista una reglamentación nacional aplicable al tipo de instalación, como es el caso de las instalaciones frigoríficas. Aunque estas solo pueden ser llevadas a cabo por una empresa frigorista habilitada, la cual deberá firmar el LR como instaladora. En este caso las instalaciones no requerirán el marcado CE del conjunto aunque la empresa que lleve a cabo el montaje de la tubería deberá facilitar la declaración de conformidad de la misma, siempre que se trate al menos de tubería de Categoría I.

1.1.2. Los dispositivos de corte y los principales dispositivos de mando y control deberán estar claramente etiquetados si no resulta obvia su función.

1.1.3. Los apartados 1.1.2., 1.3., 1.5. y 1.6. no son aplicables a los sistemas compactos y semicompactos que funcionan con cargas de hasta:

   10,0 kg de refrigerante del grupo L1,

   2,5 kg de refrigerante del grupo L2 y

   1,0 kg de refrigerante del grupo L3.

1.2. Sistemas de refrigeración.

1.2.1. Se deberá colocar una placa de identificación bien legible cerca de o en el sistema de refrigeración.

1.2.2. La placa de identificación deberá contener al menos los siguientes datos:

a) Nombre y dirección de la empresa frigorista que haya realizado la instalación.

b) Modelo y número de serie, o número de fabricación, o número de registro, según corresponda.

c) Año de construcción.

d) Fecha (año y mes) de la próxima revisión e inspección periódica.

e) Denominación simbólica alfanumérica del refrigerante de acuerdo con la IF-02.

f) Carga aproximada del refrigerante en kg.

g) Presión máxima admisible, en los sectores de alta y de baja presión, en bar.

h) Marcado CE cuando proceda.

En los sistemas compactos y semicompactos que funcionan con carga de hasta:

10,0 kg de refrigerante del grupo L1,

2,5 kg de refrigerante del grupo L2, y

1,0 kg de refrigerante del grupo L3.

el año de construcción puede formar parte del número de serie, y toda la información podrá incluirse en la placa de identificación del equipo y codificarse.

1.2.3. La placa de identificación también deberá contener, en su caso, detalles de los datos eléctricos tales como los requeridos en el Reglamento Electrotécnico de Baja Tensión, aprobado por el Real Decreto 842/2002, de 2 de agosto.

1.2.4. En los casos en los que el refrigerante sea un gas fluorado de efecto invernadero se deberá identificar la denominación química de dicho fluido mediante la etiqueta establecida a nivel europeo, utilizándose la nomenclatura industrial aceptada. Dicha etiqueta indicará claramente que el sistema contiene un gas fluorado de efecto invernadero de los regulados por el Protocolo de Kyoto de la Convención Marco de las Naciones Unidas sobre el Cambio Climático, así como su cantidad y el valor de PCA y ton CO_2 equivalente según el Reglamento (UE) 517/2014 indicación que figurará de manera clara e indeleble sobre el sistema, junto a los puntos de servicio para recarga o recuperación de los refrigerantes fluorados de efecto invernadero, o en la parte del sistema que contenga el gas fluorado de efecto invernadero. Los sistemas sellados herméticamente se etiquetarán como tales.

1.2.5. En el caso de instalaciones con refrigerantes de los grupos A2L, A2, A3, B2L, B2 y B3 se incluirá el símbolo de inflamabilidad según UNE-EN ISO 7010, con un tamaño mínimo de 30 mm.

1.3. Compresores de refrigeración.

Los compresores de refrigeración se deberán marcar de acuerdo con lo establecido en el Real Decreto 1644/2008, de 10 de octubre, por el que se establecen las normas para la comercialización y puesta en servicio de las maquinas.

1.4. Bombas de refrigerante líquido.

Las bombas de refrigerante líquido deberán estar provistas como mínimo de la siguiente información sobre soporte fijo y con escritura indeleble:

a) Fabricante.

b) Designación de tipo.

c) Número de serie.

d) Año de fabricación.

e) Presión de diseño o presión máxima admisible.

1.5. Tubería y válvulas.

1.5.1. Las tuberías de los diferentes fluidos montadas e instaladas in situ deberán ser identificadas mediante marcado con etiquetas codificadas conforme con la IF-18.

Las tuberías y demás componentes de línea como accesorios de tuberías, válvulas, etc. que no vayan aisladas se limpiarán y protegerán con una capa de imprimación a base de zinc y con dos capas de pintura tipo epoxilico, o cualquier combinación que garantice una protección adecuada para las condiciones ambientales y de trabajo. La coloración puede ser gris máquina, no precisándose ningún color identificativo del contenido al estar este identificado según la IF-18.

1.5.2. Cuando la seguridad de personas o bienes pueda verse afectada por el escape del contenido de las tuberías, se pondrán etiquetas que identifiquen este contenido cerca de las válvulas de corte del sector y allí donde las tuberías atraviesen paredes.

1.5.3. Los principales dispositivos de corte, mando y control del circuito del refrigerante y fluidos auxiliares (gas, aire, agua, electricidad) se deberán marcar claramente de acuerdo con su función.

Se podrán utilizar símbolos para identificar estos dispositivos, siempre que se sitúe una clave de símbolos cerca de los mismos.

Se marcarán, de forma indeleble (mediante etiquetas, marcas metálicas, adhesivos, etc.) los dispositivos que únicamente deban ser manipulados por personas acreditadas.

1.6. Equipos a presión.

Los equipos a presión se deberán marcar de acuerdo con el Real Decreto 709/2015, de 24 de julio, por el que se establecen los requisitos esenciales de seguridad para la comercialización de los equipos a presión.

2. DOCUMENTACIÓN.

Este capítulo no es aplicable a los sistemas instalados in situ con carga de hasta:

2,5 kg de refrigerante del grupo L1,

1,5 kg de refrigerante del grupo L2 y

1,0 kg de refrigerante del grupo L3.

2.1. Certificados.

2.1.1. Se deberán registrar en soporte papel o informático los resultados de los ensayos y pruebas.

2.1.2. El fabricante de los componentes entregará con la mercancía los certificados del material de los productos adquiridos por la empresa frigorista, de manera que esta última pueda comprobar que los materiales empleados cumplen con las especificaciones requeridas por el Reglamento aplicable en cada caso, y su trazabilidad en todo el proceso productivo.

Normalmente se proporcionarán certificados del material, por ejemplo, tipo 3.1. según la norma UNE-EN 10204. No se aceptará ningún material sin el certificado correspondiente.

2.1.3. Cualquier certificado que se requiera, se deberá preparar y suscribir por la persona competente que llevó a cabo la inspección, ensayo o comprobación.

2.1.4. La empresa frigorista deberá proporcionar al titular el certificado de la instalación (modelo incluido en el libro de registro de la instalación) confirmando que el sistema ha sido instalado de acuerdo con los requisitos de diseño e indicando el valor de ajuste de los dispositivos de seguridad y control establecidos en la puesta en marcha.

2.2. Manual de instrucciones.

2.2.1. Las instrucciones de manejo deberán proporcionarse por la empresa frigorista, facilitando las indicaciones de funcionamiento del sistema de refrigeración e incluyendo las precauciones a adoptar en caso de avería o de fugas. Estas instrucciones e indicaciones se redactarán en todo caso en español y podrán estar repetidas en otros idiomas acordados entre la empresa frigorista y el titular de la instalación.

2.2.2. El manual de instrucciones incluirá, como mínimo y si procede, la siguiente información:

a) Finalidad del sistema.

b) Descripción general de la instalación, de las máquinas y equipos, indicando el nombre de la empresa frigorista responsable de la instalación, dirección y teléfono, así como el año de su puesta en marcha.

c) Descripción y detalles de funcionamiento del sistema completo (incluyendo componentes), con un diagrama esquemático del sistema de refrigeración y un esquema del circuito eléctrico.

d) Instrucciones concernientes a la puesta en marcha, parada y situación de reposo del sistema y de las partes que lo componen.

e) Programa de mantenimiento y revisión, así como control de fugas de refrigerantes que debe realizarse, especificando el personal competente y procedimiento a seguir.

f) Causas de los defectos más comunes y medidas a adoptar y la necesidad de recurrir a técnicos de mantenimiento competentes en el caso de fugas o averías.

g) Indicación sobre la incidencia ambiental del sistema y su consumo energético, así como buenas prácticas para minimizar y controlar dicho consumo, mediante el análisis de los parámetros COP[1], capacidad frigorífica y rendimiento del compresor/compresores.

---

[1] COP (acrónimo de la denominación en inglés:(*coefficiente of performance*) coeficiente de eficiencia. Es un número adimensional que representa el beneficio producido o entregado expresado en términos energéticos por el equipo de compresión (COP de compresión) o por la instalación frigorífica (COP de la instalación frigorífica), en unas condiciones determinadas de funcionamiento por cada unidad de energía consumida para su obtención.

h)   En el caso de los refrigerantes fluorados se incluirá información sobre los mismos incluido su potencial de calentamiento atmosférico, especificándose la obligatoriedad de su recuperación por profesional competente e incluyéndose instrucciones de recuperación y tratamiento ambiental.

i)   Precauciones a adoptar para evitar la congelación del agua en los condensadores, enfriadores, etc. en caso de bajas temperaturas ambientales o como consecuencia de la reducción normal de la presión / temperatura del sistema.

j)   Precauciones a adoptar cuando se trasladen sistemas o partes de los mismos.

k)   Instrucciones detalladas relativas a la eliminación de los fluidos de trabajo y componentes, así como sobre gestión de residuos y desmantelamiento de la instalación al final de su vida útil.

l)   La información expuesta en el cartel de seguridad del sistema (véase el apartado 2.3.), si es necesario, en su totalidad.

m)   Referencia a las medidas de protección, primeros auxilios y procedimientos a seguir en caso de emergencia, por ejemplo, fugas, incendio, explosión.

En el caso de instalaciones con potencia en compresores mayor de 10 kW deberá, además, contener:

n)   Instrucciones de mantenimiento del sistema completo, con el programa adecuado para el mantenimiento preventivo y las revisiones del control de fugas y anomalías a realizar.

o)   Instrucciones relativas a la carga, vaciado y sustitución del refrigerante.

p)   Instrucciones relativas a la manipulación del refrigerante y a los riesgos asociados con dicha operación.

q)   Necesidad de la comprobación periódica del alumbrado de emergencia, incluyendo la iluminación portátil.

r)   Instrucciones relativas a la función y mantenimiento de los equipos de seguridad, protección y primeros auxilios, dispositivos de alarma e indicadores luminosos.

s)   Indicadores para la configuración del libro de registro (véase el apartado 2.5).

t)   Los certificados requeridos.

2.2.3. Las partes interesadas deberán describir los procedimientos de emergencia a seguir en caso de perturbaciones y accidentes de cualquier naturaleza.

2.3. Cartel de seguridad.

En la proximidad del lugar de operación del sistema de refrigeración se colocará un cartel bien legible y adecuadamente protegido.

En caso de sistemas partidos o multipartidos, el lugar de operación podrá considerarse aquel donde esté instalada la unidad exterior.

Si en la misma sala de máquinas o planta existen varios sistemas de refrigeración independientes, se colocará un cartel por sistema, o bien un cartel que refleje los datos de cada sistema.

Este cartel contendrá como mínimo la siguiente información:

a) Nombre, dirección y teléfono de la empresa instaladora, el de la empresa de mantenimiento y, en cualquier caso, de la persona responsable del sistema de refrigeración, así como las direcciones y números de teléfono de los bomberos, policía, hospitales y centros de quemados más cercanos y teléfono de emergencias (112).

b) Carga en kg y tipo de refrigerante utilizado en el sistema de refrigeración, con indicación de su fórmula química y su número de designación (véase IF-02).

c) Instrucciones para desconectar el sistema de refrigeración en caso de emergencia.

d) Presiones máximas admisibles.

e) Detalles de inflamabilidad del refrigerante utilizado, cuando éste sea inflamable.

2.4. Planos.

En un sitio visible de la sala de máquinas se colocará un diagrama de las tuberías del sistema de refrigeración, mostrando los símbolos de los dispositivos de corte, mando y control.

2.5. Libro de registro de la instalación frigorífica.

2.5.1. El titular conservará a disposición de la administración competente el libro de registro del sistema de refrigeración que deberá estar debidamente puesto al día por la empresa frigorista responsable del mantenimiento de la instalación.

2.5.2. En el libro de registro de la instalación frigorífica se deberá anotar la siguiente información:

a) Nombre del titular de la instalación, dirección postal y número de teléfono.

b) Ubicación y destino de la instalación.

c) Fecha de la puesta en marcha.

d) Empresa frigorista que ha realizado la instalación, con número de registro y categoría, dirección postal y número de teléfono.

e) Empresa frigorista contratada para efectuar el mantenimiento con su número de registro, dirección postal y número de teléfono.

f)   Modificaciones, sustituciones de componentes y ampliaciones del sistema a partir de la primera puesta en servicio, si procede.

g)   Resultado de las pruebas periódicas de rutina.

h)   Detalles de cualquier trabajo de mantenimiento o reparación especificando la identificación de la empresa o del técnico que llevó a cabo el mantenimiento o la reparación.

i)   Tipo, clase (nuevo, reutilizado o reciclado) y cantidad de refrigerante en kg que ha sido cargado (véase también el apartado 6.6. de la norma UNE-EN 378-4) y cantidades recuperadas durante el mantenimiento, la reparación y la eliminación definitiva, especificando el técnico competente y el destino del refrigerante recuperado.

j)   Lubricante utilizado y contenido en litros.

k)   Períodos prolongados de parada.

l)   Siempre que se produzca un escape o avería sin escape, se detallará el punto exacto donde se ha producido (con pintura roja), especificando su situación sobre el esquema y la causa. Se anotará también el tiempo que se ha tardado en reparar la avería y en caso de haberse producido un escape de gas, se indicará la cantidad perdida y la recarga y en ambos casos se detallarán las medidas adoptadas para que el incidente no se repita.

m)   Resultados de los controles de fugas referidos en la IF-17, especificando fecha, resultados, zona y causa de fuga, si la hubiera, así como la identificación del profesional habilitado que haya realizado la revisión.

2.5.3. El libro contendrá en su parte inicial, junto con las instrucciones que se consideren necesarias, claramente especificado que el control posible de escapes de refrigerante de la instalación deberá ser efectuado a partir de carga superior a 3 kg.

En el libro, cada anotación ocupará una página o páginas completas, señalando con una línea oblicua la parte no utilizada. Al pie de cada página (únicamente una operación por página) figurará la fecha, la firma del titular y el número de la empresa frigorista y la firma del gerente de la misma. También figurarán los nombres de las empresas gestoras de residuos que hayan realizado las operaciones de reciclado, regeneración o destrucción.

APÉNDICE 1. MODELO DE LIBRO DE REGISTRO DE LA INSTALACIÓN FRIGORÍFICA.

Nota: Este libro podrá materializarse y cumplimentarse sobre soporte informático

LIBRO REGISTRO DE LA INSTALACIÓN

En virtud de lo dispuesto en el vigente Reglamento de seguridad para instalaciones frigoríficas y sus instrucciones técnicas complementarias, queda habilitado el presente archivo informático como registro de las instalaciones frigoríficas de la empresa que más abajo se indica. El titular de la instalación deberá mantener una copia en papel permanentemente actualizada. En esta fecha, se hace entrega de una copia del mismo al titular de la instalación, quién deberá conservarlo a disposición del personal del órgano competente de la comunidad autónoma.

Titular		NIF	
Dirección fiscal			
Población		Provincia	
C.P		Teléfono	Mail	

Empresa frigorista que realiza la instalación			
	Nº inscripción registro Empresas Frigoristas (Ref.)		
Dirección			
Población		Provincia	
C.P		Teléfono	Mail	

Empresa frigorista encargada del mantenimiento			
	Nº inscripción registro Empresas Frigoristas (Ref.)		
Dirección			
Población		Provincia	
C.P		Teléfono	Mail	

PRIMERA PUESTA EN MARCHA

Número de inscripción de la instalación:		Fecha :	

Dirección de la instalación			
Población		C.P	
Provincia		Teléfono	

EMPRESA INSTALADORA	EMPRESA MANTENEDORA	TITULAR O REPRESENTANTE
Fecha:	Fecha:	Fecha:
Firma y sello o DNI	Firma y sello o DNI	Firma y sello o DNI

CERTIFICADO DE LA INSTALACIÓN FRIGORÍFICA

(HOJA 1)

(Artículo 21 del RSIF y disposiciones concordantes de la IF-15)

Este documento lo presentará el usuario al órgano competente de la comunidad autónoma en donde esté ubicada la instalación frigorífica, previamente a la primera puesta en servicio de la instalación. (Tres hojas). De conformidad con lo dispuesto en el artículo 21 del Real Decreto _____, por el que se aprueba el Reglamento de Seguridad para Instalaciones Frigoríficas y sus Instrucciones Técnicas Complementarias, y lo indicado en la ITC IF-15 de dicho Real Decreto.

D/Dª		con DNI	
como profesional frgorista habilitado de la empresa			
con NIF			

EXPONE QUE LA INSTALACIÓN FRIGORÍFICA CUYAS CARACTERÍSTICAS SE RELACIONAN A CONTINUACIÓN ESTÁ EN CONDICIONES DE SER RECONOCIDA A PARTIR DEL DÍA _____

Número de inscripción de la instalación:	

TITULAR DE LA INSTALACIÓN

Titular		NIF	
Dirección fiscal			
Población		Provincia	
C.P	Teléfono	Mail	

EMPLAZAMIENTO DE LA INSTALACIÓN

Dirección de la instalación	
Población		C.P	
Provincia		Teléfono	

PROYECTO (si procede)

Autor		DNI	
Título del proyecto			
Colegio Profesional			
Nº colegiado		Mail	

DIRECCIÓN TÉCNICA (si procede)

Técnico		DNI	
Mail			

EMPRESA FRIGORISTA HABILITADA

Nombre	
Nº inscripción registro Empresas Frigoristas (Ref)	
Dirección	
Población		Provincia	
C.P	Teléfono	Mail	

ENTIDAD DE INSPECCIÓN Y CONTROL

Nombre/Razón social		NIF	

(HOJA 2)

DATOS DE LA INSTALACIÓN

Fecha primera puesta en servicio		
Nº de cámaras de conservación de frescos	Volumen total (m³)	
Nº de cámaras de conservación de congelados	Volumen total (m³)	
Capacidad frigorífica total (kW)		
Capacidad de congelación (kg/h)		
Capacidad de producción de hielo (kg/h)		

CLASIFICACIÓN DE LOS EMPLAZAMIENTOS

☐ Tipo 1 ☐ Tipo 2

☐ Tipo 3 ☐ Tipo 4

CLASIFICACIÓN DE LOS LOCALES

☐ Categoría A ☐ Categoría C

☐ Categoría B

RELACIÓN DE DECLARACIONES DE CONFORMIDAD DE LOS EQUIPOS DE PRESIÓN[1]

Número	Equipo	Presión máx. servicio (bar)	Vol (l)	Nº de fabricación	Declaración CE de conformidad

COMPRESORES

Potencia total de accionamiento (kW)	
Potencia máxima absorbida por el compresor (kW)	

SALA DE MÁQUINAS

☐ Específica   ☐ Sin sala de máquinas   ☐ Al aire libre

REFRIGERANTE

	PRIMARIO	SECUNDARIO O CASCADA
Grupo de refrigerante		
Identificación del refrigerante		
Carga total (kg)		

SISTEMA DE REFRIGERACIÓN

☐ Directo

☐ Directo conducido

☐ Directo de pulverización abierta

☐ Directo de pulverización abierta ventilado

☐ Indirecto cerrado

☐ Indirecto ventilado

☐ Indirecto cerrado ve

☐ Doble indirecto

☐ Indirecto de alta pre

CÁMARAS O ESPACIO ACONDICIONADO [2]

	m³	Nº
Temperaturas de 0º C y superiores		
Temperaturas inferiores a 0º C		

FINALIDAD DE LA INSTALACIÓN

☐ Tratamiento de productos perecederos   ☐ Fabricación de hielo

☐ Climatización   ☐ Otros, especificar

☐ Proceso Industrial

ATMÓSFERA

☐ Artificial

☐ No artificial

CATEGORÍA DE LA INSTALACIÓN

☐ Nivel 1 Requiere memoria técnica

☐ Nivel 2 Requiere proyecto y dirección de obra

Los técnicos que suscriben certifican que se ha realizado la instalación frigorífica cuyas características se han relacionado, con cumplimiento de las prescripciones establecidas en el Reglamento de seguridad para instalaciones frigoríficas y en sus ITCs.

Asimismo, declaran que la instalación ha sido sometida a todos los ensayos, pruebas y revisiones que se definen en la Instrucción Técnica Complementaria IF-09 del Real Decreto _____ , y cuenta con el marcado y la documentación recogidos en la Instrucción Técnica Complementaria IF-10 del Real Decreto _____

EMPRESA FRIGORISTA	DIRECTOR TÉCNICO (si procede)
Fecha:	Fecha:
Firma y sello o DNI	Firma y sello o DNI

[1] Si interviene una entidad notificada, se deberá comunicar el número de la declaración de conformidad del sistema

[2] No se rellena en el caso de climatización de bienestar

CERTIFICADO DE DIRECCIÓN TÉCNICA DE LA INSTALACIÓN FRIGORÍFICA

Número de inscripción de la instalación:		

D/Dª		con NIF	
Titulación Universitaria			
Nº de colegiado (si procede)			

CERTIFICA:

Que ha dirigido la ejecución de la instalación frigorífica cuyas características se relacionan en la presente documentación, con cumplimiento de las prescripciones establecidas en el vigente Reglamento de Seguridad para Instalaciones Frigoríficas y sus Instrucciones Técnicas Complementarias, y de acuerdo con el proyecto presentado en el órgano competente de la Comunidad Autónoma.

Asimismo, declaro que la instalación ha sido sometida a todos los ensayos, pruebas y revisiones que se definen en la Instrucción Técnica Complementaria IF-09 del Real Decreto _____, y cuenta con el marcado y la documentación recogidos en la Instrucción Técnica Complementaria IF-10 del Real Decreto _____

En _____, a ___, de _____ de _____.

DIRECTOR TÉCNICO
DNI:
Fecha:
Firma y sello

TITULAR DE LA INSTALACIÓN

Titular		NIF	
Dirección fiscal			
Población		Provincia	
C.P		Teléfono		Mail	

EMPLAZAMIENTO DE LA INSTALACIÓN

Dirección de la instalación	
Población		C.P	
Provincia		Teléfono	

PROYECTO

Autor		DNI	
Título del proyecto			
Colegio Profesional			
Nº colegiado		Mail	

CLASIFICACIÓN DE LOS EMPLAZAMIENTOS

☐ Tipo 1 ☐ Tipo 2
☐ Tipo 3 ☐ Tipo 4

CLASIFICACIÓN DE LOS LOCALES

☐ Categoría A ☐ Categoría C
☐ Categoría B

SALA DE MÁQUINAS

☐ Específica ☐ Sin sala de máquinas ☐ Al aire libre

SISTEMA DE REFRIGERACIÓN

☐ Directo ☐ Doble indirecto abierto
☐ Indirecto cerrado ☐ Indirecto cerrado ventilado
☐ Indirecto abierto ☐ Indirecto abierto ventilado

FINALIDAD DE LA INSTALACIÓN

☐ Tratamiento de productos perecederos ☐ Fabricación de hielo
☐ Climatización ☐ Otros, especificar
☐ Proceso Industrial

CATEGORÍA DE LA INSTALACIÓN

☐ Nivel 1 Requiere memoria técnica
☐ Nivel 2 Requiere proyecto y dirección de obra

CERTIFICADO PRUEBAS DE ESTANQUEIDAD

Número de inscripción de la instalación:	

EMPLAZAMIENTO DE LA INSTALACIÓN

Dirección de la instalación			
Población		C.P	
Provincia		Teléfono	

	PRIMARIO	SECUNDARIO O CASCADA
Refrigerante		

PRESIONES DE PROYECTO

SECTOR DE ALTA PRESIÓN		SECTOR DE BAJA PRESIÓN	
Presión de servicio nominal (bar)		Presión de servicio nominal (bar)	
Presión de servicio máxima (PS) (bar)		Presión de servicio máxima (PS) (bar)	
Presión de tarado válv. seguridad (bar)		Presión de tarado válv. seguridad (bar)	

PRUEBAS REALIZADAS

SECTOR DE ALTA PRESIÓN		SECTOR DE BAJA PRESIÓN	
Presión de prueba de resistencia (bar)		Presión de prueba de resistencia (bar)	
Presión de prueba de estanqueidad (bar)		Presión de prueba de estanqueidad (bar)	
Desconex. del limitador de presión (bar)		Desconex. del limitador de presión (bar)	

En _____, a ____, de _____ de _____.

INSTALADOR FRIGORISTA[1]	**DIRECTOR TÉCNICO** (si procede)
DNI:	DNI:
Fecha:	Fecha:
Firma y sello	Firma y sello

[1] El fabricante en caso de equipos compactos o de absorción herméticos   [2]

---

[2] Modificación de la nota 1 del «Certificado de pruebas de estanqueidad», por el Real Decreto 164/2025, de 4 de marzo. Ref. BOE-A-2025-7190.

SALA DE MÁQUINAS

Número de inscripción de la instalación:	

DATOS GENERALES

Carga de refrigerante en el circuito (kg)	
Volumen sala de máquinas (m³)	
Superficie sala de máquinas (m³)	
Refrigerante	

VENTILACIÓN

VENTILACIÓN MECÁNICA		VENTILACIÓN NATURAL	
Caudal mínimo requerido (m³/h)		Superficie libre (m²)	
Ventilador elegido		Superficie mínima requerida (m²)	
Protección del motor			
Caudal (m³/h)			

DETECTOR DE FUGAS

Modelo	
Contrastar cada (años)	
Nivel de alarma inferior (ppm)	
Nivel de alarma superior (ppm)	

NOTA: Con niveles de alarma inferior y superior se tomarán las acciones que determina el Reglamento de Seguridad para Instalaciones Frigoríficas (RSIF) y sus Instrucciones Técnicas Complementarias.

LÍMITE DE CARGA PARA REFRIGERANTE

Número de inscripción de la instalación:	
Número de sistemas que forman la instalación frigorífica:	

Carga de refrigerante (kg)	Categoría de toxicidad	Categoría del local por accesibilidad	Tipo de ubicación de los sistemas

☐ Cumple la tabla A del apéndice 1 de la IF-04

☐ No cumple la tabla A del apéndice 1 de la IF-4

Carga de refrigerante (kg)	Categoría de inflamabilidad	Categoría del local por accesibilidad	Tipo de ubicación de los sistemas

☐ Cumple la tabla B del apéndice 1 de la IF-04

☐ No cumple la tabla B del apéndice 1 de la IF-4

INSTALADOR HABILITADO	EMPRESA MANTENEDORA	TITULAR O REPRESENTANTE
Firma:	Firma y sello o DNI:	Firma y sello o DNI:
Fecha	Fecha:	Fecha:

CONTROL DE LA CARGA DE REFRIGERANTE

Número de inscripción de la instalación:	

Dirección de la instalación			
Población		C.P	
Provincia		Teléfono	

Titular			NIF	
Dirección fiscal				
Población		Provincia		
C.P		Teléfono	Mail	

En		a		de		de	
El operario(1)					con DNI		

Habilitado por el Real Decreto 115/2017, trabajador y en representación de:

Empresa frigorista encargada mantenimiento		Nº inscripción registro Empresas Frigoristas (Ref)	
Dirección			
Población		Provincia	
C.P		Teléfono	Mail	

DATOS INICIALES		
Carga inicial del refrigerante	Circuito primario (kg)	
	Circuito secundario (kg)	
Marca y tipo de aceite utilizado	Circuito primario	
	Circuito secundario	

REPOSICIONES DE REFRIGERANTE				Fecha	
Circuito	☐ Primario ☐ Secundario	Tipo (R)		Cant. añadida (kg)	
Motivo	☐ Ampliación instalación ☐ Rotura componente	☐ REPARADO		
	☐ Fuga	☐ LOCALIZADA Y REPARADA		
Pérdidas de manipulación por reparación de:				
Procedencia	☐ Nuevo ☐ Reutilizado ☐ Regenerado			
En caso de reutilización, ¿se adjunta análisis?	☐ SÍ ☐ NO			
Suministrador				

EN CASO DE RECARGA SUPERIOR AL 5 % DE LA CARGA TOTAL TENEMOS LA OBLIGACIÓN DE INFORMAR A LA AUTORIDAD COMPETENTE

☐ SE HA TRAMITADO INFORME A LA AUTORIDAD COMPETENTE

RETIRADA DE REFRIGERANTE						Fecha	
Circuito	☐ Primario	☐ Secundario		Tipo (R)		Cant. añadida (kg)	
Motivo							

¿Entregado a Gestor de Residuos?		☐ SÍ ☐ NO	Fecha	
Empresa				
Motivo				
Destino del refrigerante (2)				

INSTALADOR HABILITADO	EMPRESA MANTENEDORA	TITULAR O REPRESENTANTE
Fecha:	Fecha:	Fecha:
Firma:	Firma y sello o DNI	Firma y sello o DNI

(1) Persona física habilitada

(2) Si no entrega a Gestor de Residuos

REVISIÓN DE FUGAS DE REFRIGERANTE

Según instrucción IF-17, apartado 2.5.2 y 2.5.3. Programa de revisión sistemas frigoríficos del RSIF

Número de inscripción de la instalación:		

Titular		NIF	
Domicilio fiscal			
Población		Provincia	
C.P		Teléfono	Mail

En		a	de		de	
El operario [1]				DNI		

Habilitado por el Real Decreto 115/2017, trabajador y en representación de:

Empresa frigorista encargada mantenimiento [2]		
	Nº inscripción registro Empresas Frigoristas (Ref)	
	Nº productor de residuos	
Dirección		
Población		Provincia
C.P	Teléfono	Mail
Realiza los trabajos de		

Motivo de la revisión

☐ PARADA PROLONGADA.VERIFICACIÓN   ☐ REGLAMENTARIO   ☐ 30 DÍAS POSTERIORES A UNA FUGA

Dispositivos usados para la revisión de fugas:

Resultado de la revisión

El resultado de la revisión ha sido: ☐ FAVORABLE. SIN FUGAS   ☐ DESFAVORABLE. CON FUGAS

En el caso DESFAVORABLE

Causa detectada:		
Fecha prevista de la reparación		Fecha de ejecución de la reparación

EN CASO DE RECARGA SUPERIOR AL 5% DE LA CARGA TOTAL, TENEMOS LA OBLIGACIÓN DE INFORMAR A LA AUTORIDAD COMPETENTE

☐ SE HA TRAMITADO INFORME A LA AUTORIDAD COMPETENTE

Próxima revisión a realizar el		de		de	

EL PROFESIONAL HABILITADO [1]	EMPRESA HABILITADA [2]	TITULAR O REPRESENTANTE
Fecha:	Fecha:	Fecha:
Firma	Firma y sello o DNI	Firma y sello o DNI

[1] Persona física habilitada
[2] Empresa frigorista habilitada

REVISIÓN DE CONTROL DE FUGAS

Número de inscripción de la instalación:

SISTEMAS NUEVOS	CONTROL PERIÓDICO	
	CON DETECCIÓN DE FUGAS	SIN DETECCIÓN DE FUGAS
Aparatos que contengan gases fluorados de efecto invernadero en cantidades inferiores a 5 ton. de CO_2 o aparatos, sellados herméticamente, que contengan gases fluorados efecto invernadero en cantidades inferiores a 10 ton. equivalentes de CO_2.	Exentos de control	
Aparatos que contengan cantidades de 5 ton. equivalentes de CO_2 o más.	Cada 24 meses	Cada 12 meses
Aparatos que contengan cantidades de 50 ton. equivalentes de CO_2 o más.	Cada 12 meses	Cada 6 meses
Aparatos que contengan cantidades de 500 ton. equivalentes de CO_2 o más.	Cada 6 meses	Cada 3 meses

La instalación que refiere este libro, ha de realizar las revisiones obligatorias:		
Cada ☐ Años ☐ Meses	**La 1ª inspección se realiza con fecha:**	

EMPRESA INSTALADORA	TITULAR O REPRESENTANTE
Fecha:	Fecha:
Firma y sello o DNI	Firma y sello o DNI

RELACIÓN DE EQUIPOS A PRESIÓN Y SUS CARACTERÍSTICAS

(Recipientes, tuberías, accesorios seguridad, accesorios a presión, conjuntos)

Número de inscripción de la instalación:

Equipo/ Denominación	Fabricante	Nº Fabricación	Decl. de conformidad	Categoría (*) Anexo II	Emplazamiento	Fecha prueba	Sector Alta	Sector Baja	Presión servicio máx.(bar)	Tuberías Diámetro nominal	Válv. Seguridad P. tarado (bar)	Válv. Seguridad Tipo	Presión ajuste
							☐	☐					
							☐	☐					
							☐	☐					
							☐	☐					
							☐	☐					
							☐	☐					
							☐	☐					
							☐	☐					
							☐	☐					
							☐	☐					
							☐	☐					
							☐	☐					
							☐	☐					
							☐	☐					

EMPRESA FRIGORISTA(1)

Nº de identificación:

Fecha:

Firma y sello

NOTAS

(1) El fabricante en caso de equipos compactos, semicompactos de absorción hermética

Rellenar las casillas que procedan

En los accesorios de seguridad (según RD 709/2015): válvulas de seguridad, presostatos, etc, indicar presión de ajuste definitiva

REF.:	
REF.C.M.:	

MEDIDAS DE SEGURIDAD ADICIONALES

Número de inscripción de la instalación:	

GENERALES

Detecto de fugas	☐	Sala de máquinas	
		Emplazamiento locales	
		Circuito secundario	
Guantes y gafas protectoras	☐		
Máscaras antigás	☐	Nº de máscaras	
Equipo autónomo de aire comprimido	☐	Nº de equipos autónomos	
Trajes de protección	☐	Nº de trajes de protección	
Ducha de emergencia	☐		
Depósito recogida agua contaminada	☐		
Número de extintores		Tipo	

CÁMARAS

Resistencia calefactora puertas	☐				
Unidad de alarma	☐	☐ Timbre	☐ Sirena	☐ Teléfono	
Hacha tipo bombero	☐				

ADECUACIÓN DE LA CAPACIDAD DEL ACUMULADOR DE REFRIGERANTE LÍQUIDO

Depósito	☐ Alta	☐ Baja	

Fluctuación prevista (l)		CR > 1,25*FP
Capacidad del recipiente (l)		

Máxima fluctuación de volumen presente = FP (*)   (En litros)

Capacidad del recipiente = CR   (En litros)

(*) La fluctuación de volumen máximo debe tener en consideración tanto las oscilaciones posibles a consecuencia de reparaciones o intervenciones en distintos servicios que puedan requerir el vaciado simultáneo, como las variaciones de volumen producidas en servicio normal para lo cual se deberá tener en cuenta el número total de evaporadores, sistema de desescarche y válvulas automáticas de cierre (sólo líquido o líquido y aspiración).

CAMBIO DE EMPRESA MANTENEDORA

Número de inscripción de la instalación:	

Titular		NIF	
Domicilio fiscal			
Población		Provincia	
C.P		Teléfono		Mail	

La empresa frigorista encargada del mantenimiento hasta la fecha deja de estar al cargo de esta instalación. Tanto el usuario como la empresa frigorista han sido informados.

En		a		de		de	

Empresa frigorista SALIENTE encargada mantenimiento	Nº inscripción registro Empresas Frigoristas (Ref):	
Dirección		
Población		Provincia	
C.P		Teléfono		Mail	

A partir de esta fecha, la empresa encargada del mantenimiento de esta instalación, con consentimiento del usuario.

En		a		de		de	

Empresa frigorista ENTRANTE encargada mantenimiento	Nº inscripción registro Empresas Frigoristas (Ref):	
Dirección		
Población		Provincia	
C.P		Teléfono		Mail	

EMPRESA MANTENEDORA SALIENTE	EMPRESA MANTENDEDORA ENTRANTE	TITULAR O REPRESENTANTE
Fecha:	Fecha:	Fecha:
Firma y sello o DNI	Firma y sello o DNI	Firma y sello o DNI

RESULTADO DE LAS REVISIONES Y DE LAS INSPECCIONES PERIÓDICAS

Número de inscripción de la instalación:	

Titular			NIF	
Domicilio fiscal				
Población		Provincia		
C.P		Teléfono	Mail	

Empresa frigorista encargada mantenimiento	Nº inscripción registro Empresas Frigoristas (Ref)		
Dirección			
Población		Provincia	
C.P	Teléfono	Mail	

Esta instalación ha sido revisada, siguiendo el protocolo marcado en el programa de mantenimiento y revisión de la instalación frigorífica.

Detalle de la revisión realizada (1):

Detalle de los elementos revisados. (1)

Descripción	Apto	Precario	A sustituir

Se ha realizado la revisión periódica y se ha verificado las condiciones de seguridad reglamentarias para su correcto funcionamiento.	Sí ☐ No ☐
Se entrega informe anexo sobre el resultado de la revisión:	Sí ☐ No ☐

RESPONSABLE TÉCNICO	PARA NIVEL 2. ORGANISMO CONTROL		TITULAR O REPRESENTANTE
	Entidad: Sello:		
Fecha:	Fecha:		Fecha:
Firma y sello o DNI	FAVORABLE ☐	DESFAVORABLE ☐	Firma y sello o DNI

[1] En caso de necesidad se puede anexar otro documento.

MODIFICACIONES, SUSTITUCIONES DE COMPONENTES O AMPLIACIONES DEL SISTEMA

Número de inscripción de la instalación:	

Titular		NIF	
Domicilio fiscal			
Población		Provincia	
C.P		Teléfono	Mail	

Empresa frigorista encargada mantenimiento	Nº inscripción registro Empresas Frigoristas (Ref)		
Dirección			
Población		Provincia	
C.P		Teléfono	Mail	

Motivo y detalle de los trabajos realizados (1)		
Fecha inicio:	Fecha finalización:	

Material substituido (1)

Aparato	Marca	Modelo	Nº Fabricación	Procedencia

RESPONSABLE TÉCNICO E.F	TITULAR O REPRESENTANTE
Fecha:	Fecha:
Firma y sello o DNI	Firma y sello o DNI

¹ En caso de necesidad se puede anexar otro documento.

TRABAJOS DE REPARACIÓN Y MANTENIMIENTO

Número de inscripción de la instalación:	

Titular		NIF	
Domicilio fiscal			
Población		Provincia	
C.P	Mail	Teléfono	

Empresa frigorista encargada		
mantenimiento	Nº inscripción registro Empresas Frigoristas (Ref)	
Dirección		
Población		Provincia	
C.P	Mail	Teléfono	

Indicar los trabajos de reparación, mantenimiento y limpiezas realizadas[1]	
Fecha inicio:	Fecha finalización:

RESPONSBLE TÉCNICO E.F.
Fecha:
Firma y sello o DNI

TITULAR O REPRESENTANTE
Fecha:
Firma y sello o DNI

DESGÜACE DE LA INSTALACIÓN

Número de inscripción de la instalación:		

Titular		NIF	
Domicilio fiscal			
Población		Provincia	
C.P	Teléfono	Mail	

En		a		de		de	
El operario			con DNI				

Habilitado por el Real Decreto 115/2017, trabajador y en representación de:

Empresa frigorista encargada de	Nº inscripción registro Empresas Frigoristas (Ref)	
	Nº productor de residuos	
Dirección		
Población		Provincia
C.P	Teléfono	Mail

RETIRADA DE REFRIGERANTE				Fecha	

En la fecha indicada la instalación ha estado recargada con refrigerante por las causas que se indican:

Circuito (1)	☐ Primario	Tipo (R)	Fluorado	☐ Si ☐ No	Cant (kg)
	☐ Secundario	Tipo (R)	Fluorado	☐ Si ☐ No	Cant (kg)

ENTREGADO A GESTOR DE RESIDUOS	☐ Si ☐ No	Fecha	
Empresa		Nº documento	
Motivo			
Destino del refrigerante		Fecha	

RETIRADA DE ACEITE LUBRICANTE			Fecha	

En la fecha indicada la instalación ha estado recargada con refrigerante por las causas que se indican:

Circuito (1)	☐ Primario	Tipo	Cant (l)	TOTAL (l)
	☐ Secundario	Tipo	Cant (l)	

ENTREGADO A GESTOR DE RESIDUOS	☐ Si ☐ No	Fecha	
Empresa		Nº documento	
Motivo			
Destino del aceite		Fecha	

MATERIALES DE LOS QUE SE HACE CARGO LA EMPRESA HABILITADA		
☐ Férricos	Destino	
☐ Plásticos	Destino	
☐ Fibras	Destino	

El resto de materiales no especificados quedan bajo la responsabilidad del TITULAR

PROFESIONAL HABILITADO	EMPRESA INSTALADORA	TITULAR O REPRESENTANTE
Fecha:	Fecha:	Fecha:
Firma	Firma y sello o DNI	Firma y sello o DNI

(1) En caso de necesidad, se puede anexar otro documento

INSTRUCCIÓN IF-11

CÁMARAS FRIGORÍFICAS, CÁMARAS DE ATMÓSFERA ARTIFICIAL Y LOCALES REFRIGERADOS PARA PROCESOS

Índice

1. CÁMARAS FRIGORÍFICAS.

1.1. Prescripciones generales.

Las cámaras frigoríficas deberán ser diseñadas para mantener en condiciones adecuadas el producto que contienen desde el punto de vista sanitario. Asimismo, su diseño deberá preservar a la propia cámara del deterioro que pudiera producirse debido a la diferencia de temperatura entre el interior y el exterior de la misma, garantizar la seguridad de las personas ante desprendimientos bruscos de las paredes, techos y puertas por la influencia de las sobrepresiones y depresiones, de las descargas eléctricas por derivaciones en las instalaciones y componentes eléctricos; así como evitar la formación de suelos resbaladizos como consecuencia del agua procedente de condensaciones superficiales y aparición de hielo en el interior de las cámaras y en zonas de tránsito de las personas y vehículos. El consumo energético para mantener la cámara en las condiciones interiores prefijadas deberá ser lo más bajo posible, dentro de límites razonables.

1.2. Aislamiento.

Las cámaras se aislarán térmicamente con materiales que cumplan con el Reglamento (UE) Nº 305/2011 del Parlamento Europeo y del Consejo, de 9 de marzo del 2011, por el que se establecen condiciones armonizadas para la comercialización de productos de construcción y se deroga la Directiva 89/106/CEE del Consejo. En consecuencia, deberán ostentar el marcado CE y el fabricante deberá emitir la correspondiente declaración de prestaciones.

Para el cálculo, se debe tomar como referencia para temperaturas exteriores, el Documento reconocido del RITE, "Condiciones climáticas exteriores de proyectos".

En particular y para los productos siguientes serán de aplicación las normas:
- UNE-EN 13163 para aislamientos a base de poliestireno expandido (EPS).
- UNE-EN 13164 para aislamientos a base de poliestireno extruido (XPS).
- UNE-EN 13165 para aislamientos a base de espuma rígida de poliuretano (PUR).
- UNE-EN 13166 para aislamientos a base de espumas fenólicas (PF).
- UNE-EN 13167 para aislamientos a base de vidrio celular (CG).
- UNE-EN 13170 para aislamientos a base de corcho expandido (ICB).
- UNE-EN 14509 para paneles sándwich aislantes autoportantes de doble cara metálica.

Las cámaras dispondrán de una barrera antivapor construida sobre la cara caliente del aislante, excepto en el suelo de aquellas cámaras de conservación de productos en estado refrigerado donde no sea requerido aislamiento. La barrera antivapor será dimensionada para impedir la presencia de condensación intersticial. En cualquier caso, el valor de la permeabilidad de la barrera de vapor para las cámaras proyectadas para funcionar a temperaturas negativas deberá ser inferior a 0,002 $g/m^2 \cdot h \cdot mm$ Hg.

En los suelos de las cámaras con temperatura inferior a 0°C se adoptarán las medidas adecuadas para evitar las deformaciones del solado motivadas por la congelación del terreno.

El aislamiento se seleccionará y dimensionará procurando optimizar los costes de inversión y funcionamiento, minimizando el impacto ambiental (PAO del aislante, efecto invernadero directo e indirecto del conjunto de la instalación frigorífica y aislamiento). Para garantizar la minimización del impacto ambiental, la densidad del flujo térmico será inferior a 9 W/m^2 para servicios positivos y de 8 W/m^2 para cámaras con temperatura negativa.

El cálculo de cargas debe realizarse de acuerdo con las condiciones higrotérmicas de diseño, dependientes del uso de la cámara, su ubicación e insolación (radiación solar incidente) de acuerdo con su orientación. Por ello se propone adoptar como temperaturas exteriores de proyecto (T_{exproy}) las "temperaturas de referencia para el diseño" correspondientes a las zonas climáticas definidas en la Instrucción Técnica IF-06, Tabla 1. Es decir, la temperatura media de las máximas diarias del mes más caluroso con los límites superiores que se mencionan (TM1 < 26,5°C, TM2 < 32,5°C, TM3 < 37,5°C y, eventualmente, TM4 < 43°C). En todo caso la dimensión del aislamiento y la ejecución del mismo evitarán la formación de condensaciones superficiales no esporádicas.

En aquellos casos en los que se disponga de datos climáticos locales más precisos y representativos, procedentes de una estación meteorológica oficial próxima, la temperatura exterior del proyecto (T_{exproy}) se podrá establecer de acuerdo con la expresión siguiente:

$$T_{exproy} = 0,4T_{mm} + 0,6T_M$$

siendo

T_{mm} = Temperatura media del mes más cálido, expresada en °C

T_M = Temperatura máxima del mes más cálido, expresada en °C

En ambos supuestos, al valor resultante de la Temperatura exterior de proyecto se añadirá un incremento, en función de la orientación del paramento cuando este sea exterior y en consideración de la insolación (radiación solar incidente), para determinar la temperatura de cálculo (T_c) de acuerdo con la tabla adjunta.

$$T_{corientación} = T_{exproxy} + \Delta \text{ corrección por insolación}$$

Orientación	Δ corrección por insolación	T_c °C
Norte	0	T_{exproy}
Este	5	$T_{exproy}+5$
Sur	5	$T_{exproy}+5$
Oeste	10	$T_{exproy}+10$
Techo	15	$T_{exproy}+15$

La temperatura de cálculo del suelo se determinará:

T_{Csuelo} (sin vacío sanitario) = +15°C

T_{Csuelo} (con vacío sanitario) = $(T_{exproy} + 15)/2$

La temperatura de cálculo en ambientes interiores no climatizados:

$T_{Cinteriores} = T_{exproy} - 4°C$

En el caso de cámaras frigoríficas y locales refrigerados para procesos situados en áreas climatizadas se podrá adoptar la temperatura y humedad relativa de cálculo establecida para la climatización, si el acondicionamiento de estos locales climatizados está en servicio al menos durante todas las horas diurnas en las cuales las cámaras y locales refrigerados estén funcionando. De lo contrario se tomarán para el cálculo las mismas temperaturas que para los espacios interiores no climatizados. Una vez seleccionado el espesor óptimo, este espesor deberá comprobarse que es adecuado para que alcance los valores de flujos térmicos establecidos en base a la temperatura media de las temperaturas medias anuales de cada provincia o en su caso a las temperaturas de diseño en locales atemperados.

1.3. Resistencia mecánica frente a sobrecargas fijas y de uso.

En la construcción de las cámaras frigoríficas la estructura de soporte del aislamiento y los elementos que constituyen el propio aislamiento, deberán dimensionarse para resistir como mínimo depresiones o sobrepresiones de 300 Pa sin que se produzcan deformaciones permanentes. En techos autoportantes no deberá instalarse ningún sobrepeso sin una justificación técnica de la idoneidad de la estructura de soporte.

1.4. Puertas isotermas.

Todas las puertas isotermas llevarán dispositivos que permitan su apertura manual desde dentro sin necesidad de llave, aunque desde el exterior se puedan cerrar con llave.

En el interior de toda cámara frigorífica, y en los túneles convencionales discontinuos, que puedan funcionar a temperatura bajo cero o con atmósfera controlada (véase el apartado 2.1.) se dispondrá, junto a cada una de las puertas, un hacha tipo bombero con mango de tipo sanitario y longitud mínima de 800 mm.

Cuando la temperatura interna sea inferior a –5 °C las puertas incorporarán dispositivos de calentamiento, los cuales se pondrán en marcha siempre que funcione la cámara correspondiente por debajo de dicha temperatura, sin interponer interruptores que puedan impedirlo. El dispositivo de calentamiento estará protegido mediante un diferencial sensible al contacto de las personas

El aislamiento de la puerta se seleccionará en coherencia con el aislamiento de las paredes. Su resistencia térmica será al menos el 70% del valor de la resistencia térmica de la pared salvo si la diferencia entre el interior de la cámara y el exterior de la puerta es igual o inferior a 10 K, en cuyo caso será del 50%.

1.5. Recuperación de los gases espumantes.

Se recuperarán y destruirán los CFC de las espumas empleadas en aislamiento, al final de su vida útil. En los casos que se hayan empleado otros compuestos fluorados de elevado PAO o PCA, se recuperarán asimismo si esto fuera viable.

1.6. Sistema equilibrador de presión.

En todas las cámaras con volumen superior a los 20 m3 se dispondrá un sistema con una o varias válvulas equilibradoras de presión, cuya selección se deberá justificar.

El sistema equilibrador de presión instalado tendrá una capacidad total de intercambio (extracción o introducción, generalmente de aire o de fluido gaseoso, este último en el caso de cámaras de atmósfera artificial), tal que impida una sobrepresión o depresión interna superior a 300 Pa (30 mm. c.d.a.), debida a las variaciones de temperatura del aire interior de la cámara (producidas por los desescarches, entradas de género a temperatura diferente de la del aire de la cámara, apertura de puertas, puesta en régimen de frío, etc.). La capacidad mínima de intercambio del sistema de equilibrado de presión interna instalado se determinará mediante la fórmula:

$$Q_{fg} = k \times \frac{V_i}{Ti_i^2} \times T_e \times \frac{dT_i}{dt}$$

donde

Q_{fg} = Caudal de fluido gaseoso intercambiado (usualmente aire), en metros cúbicos por segundo.

k = Factor de corrección en función del volumen interior (V_i) de la cámara, siendo:

    k = 1 en el caso de cámaras con volumen interior (V_i) en vacío (sin producto) inferior a 1000 m^3.

    k = 0,75 en el caso de cámaras con volumen interior (V_i) comprendido entre 1000 y 5000 m^3.

    k = 0,50 en el caso de cámaras con volumen interior (V_i) superior a 5000 m^3.

V_i = Volumen interior de la cámara en vacío (sin producto), en metros cúbicos.

T_i = Temperatura absoluta interior de la cámara (la mínima posible), en grado Kelvin.

T_e = Temperatura absoluta en el exterior del sistema equilibrador, en grado Kelvin.

dTi/dt = Variación máxima de la temperatura del aire interior en función del tiempo en grado Kelvin por segundo (velocidad máxima de descenso o aumento de la temperatura).

Para estimar la velocidad de descenso de la temperatura de la cámara, se deberá considerar como caso más desfavorable, el mayor descenso que puede tener lugar con la cámara vacía de producto durante el proceso de enfriamiento hasta que se alcanza la temperatura de régimen. Deberá también preverse que, en el momento de alcanzarse la temperatura de régimen, si arrancan los motores de accionamiento de los ventiladores de los evaporadores con la puerta cerrada, podría alcanzarse la máxima depresión.

Para el cálculo de la potencia frigorífica nominal del evaporador o evaporadores se deberá deducir el calor disipado por los motores de los ventiladores y las pérdidas por transmisión previstas (ya que estas últimas son el único factor que podría contribuir, en el caso más desfavorable, al arranque de los evaporadores). La potencia frigorífica restante será la que ocasionará la disminución de temperatura en la cámara; dividiendo dicha potencia por el volumen del recinto, la densidad interior del aire y su calor específico, se estimará el descenso de temperatura en grados Kelvin por hora.

A falta de indicaciones contractuales sobre el particular, se podrán considerar velocidades máximas de enfriamiento del aire que oscilen entre:

- 1 K cada 15 minutos (0,0011 K/s), cuando se trate de velocidades máximas muy reducidas,

- y de hasta 6 K/min (0,10 K/s) cuando se trate de velocidades máximas de enfriamiento del aire interior muy elevadas.

Es necesario resaltar que el cálculo efectuado de esta forma tendrá sólo carácter orientativo. Habrá que tener, además, en consideración los efectos producidos por diferencias hidrostáticas de presiones, presión del aire impulsado por los ventiladores, duración de la apertura de puertas, influencias debidas al género introducido, secuencia de desescarches, hermeticidad de la cámara en cuestión, etc.

Además, habrá que determinar la secuencia de puesta en servicio de evaporadores, ventiladores y tiempos de reposo después de desescarches, puesto que esto reviste la mayor importancia para asegurar, aún con un número adecuado de válvulas equilibradoras, un funcionamiento exento de problemas.

Partiendo de una sobrepresión o depresión de 300 Pa (30 mm. c.d.a.), el caudal estimado deberá compararse con el caudal nominal de la válvula para esta diferencia de presión de 300 Pa.

El sistema de equilibrado deberá comenzar a actuar cuando la diferencia de presión entre el interior y el exterior supere los 100 Pa como máximo.

Cuando este sistema funcione a base de válvulas hidráulicas de nivel de agua, ésta llevará anticongelante. Si el sistema de equilibrado mecánico se monta en un recinto de baja temperatura, incorporará un dispositivo de calentamiento que evite su obstrucción o bloqueo por hielo.

Se verificará periódicamente el buen estado y el buen funcionamiento del sistema de equilibrado así como la ausencia de hielo o de escarcha en el mismo.

Para evitar las sobrepresiones al finalizar los desescarches, el único medio eficaz será proceder a realizar la nueva puesta en servicio de los evaporadores cuidadosamente estudiada y probada.

Cuando se seleccionen válvulas que únicamente puedan evacuar en un solo sentido, el sistema de equilibrado deberá comprender dos juegos opuestos de válvulas para asegurar la protección del recinto contra sobrepresiones y depresiones.

1.7. Situación de los dispositivos de regulación y control.

Los dispositivos de regulación y control, así como la valvulería, se situarán, si es posible (y siempre en el caso de las cámaras de atmósfera controlada) en el exterior de las cámaras, o bien se dispondrán accesos de carácter permanente que permitan llevar a cabo las operaciones de mantenimiento y sustitución de forma segura.

1.8. Cámaras de baja temperatura.

En las cámaras de baja temperatura, el descenso de temperatura deberá efectuarse con la puerta entreabierta, trabándola con el fin de impedir su cierre, hasta haber alcanzado la temperatura normal de régimen, a fin de evitar la depresión provocada en esta operación de enfriamiento. La duración del descenso dependerá de la masa total de la construcción debiendo oscilar entre tres y diez días.

Dispondrán en su interior de las medidas de seguridad prescritas en la IF-12.

Se deberá evitar la entrada de aire caliente y húmedo exterior a través de las puertas durante su apertura. Para cámaras con volumen interno superior a 500 m3 se preverá una antecámara climatizada o sistema equivalente. El objetivo de las mismas es reducir las entradas de vapor de agua y la consecuente formación de hielo en suelo, techos, superficie de los productos, etc. La temperatura de trabajo puede diferir según el procedimiento aplicado (cortina de aire, grupo de frío, sistema deshumidificación, existencia muelle de carga, etc.) y la diferencia de temperaturas entre los dos recintos adyacentes.

2. CÁMARAS DE ATMÓSFERA ARTIFICIAL.

2.1. Prescripciones generales.

Será de aplicación todo lo expuesto para el caso de cámaras frigoríficas en el apartado 1 de esta instrucción.

En todas las cámaras se dispondrá un rótulo en la puerta de las mismas, con la indicación "Peligro, atmósfera artificial", prohibiéndose la entrada en ella hasta la previa ventilación y recuperación de las condiciones normales. En caso necesario se entrará provisto de equipo de respiración autónomo.

Si existen en la cámara lámparas de rayos ultravioletas, éstas deberán apagarse automáticamente al abrirse la puerta de acceso a la misma.

También será de obligado cumplimiento lo dispuesto para estas cámaras en la Instrucción IF-12 (Instalaciones eléctricas).

2.2. Prescripciones específicas.

Se prohíbe el uso industrial de atmósferas sobreoxigenadas para maduración acelerada o desverdización, así como de cualquier gas estimulante que sea combustible, inflamable o que puede formar con el aire mezclas explosivas. A este respecto, se prohíbe el empleo de etileno no mezclado con nitrógeno, acetileno, carburo de calcio, petróleo y combustibles derivados del mismo como medios para conseguir la aceleración de la maduración y de la desverdización.

Las cámaras de atmósfera artificial, exceptuando las de maduración acelerada y desverdización, deberán ser estancas, efectuándose una prueba de estanqueidad de las mismas antes de su puesta en marcha.

Esta prueba se llevará a cabo de común acuerdo entre el usuario y el instalador. A falta de un valor definido por ambas partes, se someterá a las cámaras a una sobrepresión de 200 Pa (20 mm. c.d.a.), considerándose la estanqueidad suficiente si al cabo de 30 minutos la presión se ha reducido en un 50 % como máximo.

Una vez realizada la prueba satisfactoriamente, se extenderá el correspondiente certificado suscrito por el técnico competente director de la instalación, que se unirá al certificado de la instalación establecido en el capítulo IV, artículos 19 y 20 del presente Reglamento y en la Instrucción IF-15.

Antes de entrar en las cámaras se comprobará mediante analizadores adecuados que la atmósfera es respirable y que se han eliminado los gases estimulantes (bioactivos), interrumpiéndose su alimentación. Mientras haya personal trabajando en las mismas la puerta deberá permanecer abierta mediante dispositivos de fijación.

2.3. Generadores de atmósfera (reductores de oxigeno).

Cumplirán lo dispuesto en el vigente Reglamento técnico de distribución y de utilización de combustibles gaseosos, aprobado por Real Decreto 919/2006, de 28 de julio, cuando empleen este tipo de tecnología y combustible.

Quedan prohibidos los aparatos que produzcan monóxido de carbono en cantidades superiores a diez partes por millón en los recintos tratados con los mismos (cámaras).

3. LOCALES REFRIGERADOS PARA PROCESOS.

3.1. Prescripciones generales.

Estos locales deberán ser diseñados para mantener las condiciones adecuadas del proceso, entre otras, desde el punto de vista sanitario cuando se trate de productos alimentarios o farmacéuticos. Asimismo, su diseño deberá garantizar la seguridad de las personas que trabajen en su interior protegiéndolas de las descargas eléctricas por derivaciones de las instalaciones y componentes, además evitará la formación de suelos resbaladizos originados por el agua procedente de condensaciones superficiales.

El consumo energético para mantener el recinto de trabajo en las condiciones interiores prefijadas del proceso deberá ser lo más bajo posible, dentro de los límites razonables.

3.2. Maquinaria de producción.

3.2.1. Túneles de congelación continuos.

Se trata de equipos en los cuales los enfriadores de aire están situados en su interior y disponen de una envolvente construida con panel aislante tipo sándwich, con una puerta de acceso que detiene el funcionamiento en caso de apertura. Un par de aberturas provistas de una protección contra la infiltración del aire, permiten la entrada y salida del producto mediante una cinta.

Por su construcción semejante a una cámara frigorífica pueden estar situados en el interior de locales de trabajo sin limitación en lo que a la carga del refrigerante R-717 se refiere.

Dada la presencia de personal en el local de proceso y el olor característico del amoniaco, no se precisa colocar un detector de fugas.

3.2.2. Armarios congeladores de placas.

Son equipos de congelación de funcionamiento continuo o intermitente, según sean de carga automática o manual. Los primeros están formados por una envolvente aislada, excepto las bocas de entrada y salida, cuyas características son similares a los túneles de congelación continuos.

Los de funcionamiento manual pueden ser de tipo horizontal o vertical, el primero tiene las placas congeladoras encerradas en una estructura aislada, excepto en la parte frontal donde hay una cortina de material plástico que cierra la entrada de aire cuando se inicia la congelación. En los verticales queda un espacio estanco entre placas que se llena del material a congelar y están menos protegidos en caso de fugas.

Con el refrigerante R-717 el personal que trabaja durante la carga y descarga de los armarios y/o con los equipos colindantes debe tener una formación específica y disponer de una máscara protectora adecuada para este fluido. Además, en cada entrada del recinto se colocará un letrero con la indicación expresa del riesgo y la prohibición de entrar al personal que no forme parte del equipo específico.

Dada la presencia de personal en el local de proceso y el olor característico del amoniaco, no se precisa colocar un detector de fugas.

3.3. Aislamiento.

Dado que la temperatura del proceso será, generalmente, inferior a la del ambiente, el local deberá estar aislado con criterios de optimizar los costes de inversión (aislamiento, maquinaria frigorífica) y funcionamiento (consumo eléctrico) minimizando el impacto ambiental (PAO del aislante, efecto invernadero directo o indirecto del conjunto de la instalación frigorífica y aislamiento).

Los locales refrigerados se aislarán térmicamente con los materiales descritos en el apartado 1.2 de esta instrucción y les será de aplicación las normas que en la misma se relacionan.

El aislamiento se seleccionará y dimensionará para evitar las condensaciones intersticiales y superficiales de carácter no esporádico, y conseguir un flujo térmico inferior a 15 W/m^2 para temperaturas de diseño entre 7 y 20°C. Para el cálculo se tendrá en cuenta las temperaturas medias establecidas en el apartado 1.2 de esta instrucción.

3.4. Resistencia mecánica frente a sobrecargas fijas y de uso.

En la construcción de los locales refrigerados de procesos, la estructura de soportación del aislamiento y los elementos que constituyen el propio aislamiento, deberán dimensionarse para resistir su propia carga y las sobrecargas fijas y de uso.

En los techos autoportantes no deberá instalarse ningún sobrepeso sin una justificación técnica de la idoneidad de la estructura de soportación.

3.5. Puerta isoterma.

Todas las puertas isotermas llevarán dispositivos que permitan su apertura manual desde dentro sin necesidad de llave. El aislamiento de la puerta se seleccionará en coherencia con el aislamiento de las paredes. Su resistencia térmica será

al menos el 70% del valor de la resistencia térmica de las paredes salvo si la diferencia entre el interior de la cámara y el exterior de la puerta es igual o inferior a 10 K en cuyo caso será del 50%.

3.6. Recuperación de los gases espumantes.

Se estará a lo dispuesto en el apartado 1.5 de esta instrucción.

4. REGISTRO DE TEMPERATURA.

En las cámaras frigoríficas destinadas al almacenamiento de productos perecederos se deberá controlar la temperatura ambiente de la siguiente manera, con excepción de los productos alimenticios que se regirán por su normativa específica:

a) Las cámaras de refrigerados, congelados y ultracongelados con volumen interno inferior a 10 m3, deberán disponer de un termómetro sujeto a control metrológico cuya lectura se llevará a cabo dos veces al día, debiendo la misma registrarse documentalmente.

b) En las cámaras de refrigerados, congelados y ultracongelados con volumen igual o superior a los 10 m3, se instalarán registradores de temperatura que cumplirán en cuanto a documentación, mantenimiento y control con la normativa vigente.

c) Si en la cámara de conservación de productos refrigerados estos están sin envasar herméticamente, también contarán con un higrómetro de fácil lectura y calibrado.

INSTRUCCIÓN IF-12

INSTALACIONES ELÉCTRICAS

Índice

1. PRESCRIPCIONES DE CARÁCTER GENERAL.

El proyecto, construcción, montaje, verificación y utilización de las instalaciones eléctricas, se ajustarán a lo dispuesto en el vigente Reglamento Electrotécnico de Baja Tensión (REBT) y sus instrucciones técnicas complementarias.

Los circuitos eléctricos de alimentación de los sistemas frigoríficos se instalarán de forma que la corriente se establezca o interrumpa independientemente de la alimentación de otras partes de la instalación, en especial, de la red de alumbrado (normal y de emergencia), dispositivos de ventilación y sistemas de alarma.

Deberán incorporar protección diferencial y magnetotérmica por cada elemento principal (compresores, ventiladores de los condensadores, evaporadores, etc.) y por circuito de maniobra.

Con independencia de lo prescrito en el vigente REBT y las instrucciones técnicas complementarias correspondientes, las instalaciones frigoríficas deberán estar protegidas contra contactos indirectos de la siguiente manera:

a) En caso de instalaciones centralizadas, cada elemento principal deberá estar debidamente protegido: compresor, condensador, evaporador y bomba de circulación de fluido.

b) En caso de circuitos independientes constituidos por un único conjunto compresor, condensador y evaporador, será suficiente una única protección para el conjunto.

c) Las resistencias eléctricas de desescarche de todos los evaporadores podrán estar protegidas por un único dispositivo, al igual que las de desagües.

Con estas disposiciones se pretende, además de la protección de las personas, añadir otras medidas que reduzcan al mínimo el deterioro de los productos almacenados y aseguren el funcionamiento permanente de una parte razonable de la instalación.

2. LOCALES HÚMEDOS, MOJADOS Y CON RIESGO DE EXPLOSIÓN O INCENDIO.

A los efectos de lo dispuesto por el Reglamento Electrotécnico para Baja Tensión, y sus Instrucciones técnicas complementarias MIE-BT 029 y MIE-BT 030, se considerarán:

a) Locales húmedos: Las cámaras y antecámaras frigoríficas.

b) Locales mojados: La fabricación de hielo en tanques de salmuera y sus cámaras y antecámaras frigoríficas, salas de condensadores (excepto los condensadores enfriados por aire o por agua en circuitos cerrados) y torres de refrigeración.

c) Locales con riesgo de explosión o incendio: locales con instalaciones que utilicen refrigerantes inflamables pertenecientes a los grupos L2 o L3, salvo con el refrigerante amoníaco según lo dispuesto en el apartado 3.4 de esta instrucción y exceptuando los refrigerantes pertenecientes a los grupos L2 o L3 en recintos en los que la carga de refrigerante no supere los valores calculados de acuerdo con los apéndices 2, 3 y 4 de IF-04.

3. PRESCRIPCIONES ESPECIALES.

3.1. Disposiciones generales.

Los apartados 3.1.1., 3.1.3., 3.1.4. y 3.1.5. no son aplicables a los sistemas compactos y semicompactos con carga de refrigerante igual o inferior a:

2,5 kg de refrigerante del grupo L1,

1,5 kg de refrigerante del grupo L2, y

1,0 kg de refrigerante del grupo L3.

El apartado 3.1.2. no es aplicable a los sistemas compactos y semicompactos con carga de refrigerante igual o inferior a :

10,0 kg de refrigerante del grupo L1,

2,5 kg de refrigerante del grupo L2, y

1,0 kg de refrigerante del grupo L3.

Además, el apartado 3.1.2. no es aplicable a los sistemas ejecutados in situ con carga de refrigerante igual o inferior a:

2,5 kg de refrigerante del grupo L1,

1,5 kg de refrigerante del grupo L2, y

1,0 kg de refrigerante del grupo L3.

3.1.1. Suministro principal de alimentación eléctrica.

El suministro de alimentación eléctrica al sistema de refrigeración deberá estar dispuesto de forma que pueda ser desconectado de manera independiente del suministro al resto de receptores eléctricos, en general, y, en particular, a todo el sistema de alumbrado, ventilación, alarma y otros equipos de seguridad.

3.1.2. Ventilación forzada.

Los ventiladores, necesarios según el apartado 5.2 de la IF-07 para la ventilación de salas de máquinas donde se encuentren componentes frigoríficos, deberán ser colocados de tal forma que puedan ser controlados mediante interruptores tanto desde el interior como desde el exterior de las salas.

3.1.3. Alumbrado normal.

En los espacios que contengan componentes frigoríficos principales (compresores, bombas, ventiladores y otras partes móviles o con altas temperaturas superficiales) se deberá elegir e instalar un alumbrado permanente que proporcione una iluminación adecuada para un servicio seguro.

3.1.4. Alumbrado de emergencia.

Deberá instalarse un sistema de alumbrado de emergencia fijo, adecuado para garantizar el manejo de mandos y controles, así como para la evacuación del personal cuando falle el alumbrado normal. Deberá ser capaz de mantener una iluminación de 5 lux durante una hora.

3.1.5. Alimentación eléctrica del sistema de alarma.

El dispositivo de alarma destinado a la puesta en servicio del sistema de ventilación cuando se produzcan fugas de refrigerante, según se establece en el apartado 3.4.2.3. de esta instrucción técnica complementaria IF-12, deberá ser alimentado eléctricamente por un circuito de emergencia independiente, por ejemplo, mediante una batería de seguridad que garantice un uso continuado por un periodo mínimo de diez horas.

3.2. Disposiciones especiales.

Los apartados 3.2.1. y 3.2.2 de esta instrucción técnica complementaria IF-12 no son aplicables a los sistemas compactos y semicompactos con carga de refrigerante igual o inferior a:

  2,5 kg de refrigerante del grupo L1,

  1,5 kg de refrigerante del grupo L2, y

  1,0 kg de refrigerante del grupo L3.

  Asimismo el apartado 3.2.3. no es aplicable a los sistemas compactos y semicompactos con carga de refrigerante igual o inferior a:

  10,0 kg de refrigerante del grupo L1,

  2,5 kg de refrigerante del grupo L2, y

  1,0 kg de refrigerante del grupo L3.

3.2.1. Condensaciones.

Cuando la humedad debida a condensaciones pueda afectar a componentes eléctricos estos deberán seleccionarse con la protección adecuada.

3.2.2. Goteo de agua.

Se deberá adoptar una precaución especial para evitar el goteo de agua sobre cuadros y componentes eléctricos.

3.2.3. Refrigerantes inflamables.

Cuando la carga de un refrigerante inflamable sobrepase la carga máxima admisible, según el cálculo efectuado de acuerdo con la IF-04 (excepto en el caso del amoníaco, véanse también los apartados 3.4.1. y 3.4.2.), todos los equipos eléctricos situados en un local donde esté instalada cualquier parte del sistema de refrigeración deberán cumplir con los requisitos de zona con riesgo de atmósfera explosiva, salvo que la zona haya sido evaluada con respecto a su inflamabilidad y clasificada de acuerdo a los requisitos de la norma UNE-EN 60079-10-1 para la zona peligrosa. La evaluación, atendiendo al límite inferior de inflamabilidad del fluido y al tipo de liberación del mismo, puede concluir que el área peligrosa no entraña riesgo.

Para refrigerantes de la clase de seguridad A2L se considerará que los equipos eléctricos cumplen los requisitos de seguridad, si se aísla el suministro eléctrico cuando la concentración de refrigerante alcanza el 25% del límite inferior de inflamabilidad o menos. Los equipos que permanezcan alimentados eléctricamente cuando se alcance el mencionado nivel, p.e. alarmas, detectores de gas, ventiladores de renovación y alumbrado de emergencia, deben ser adecuados para el funcionamiento en un área peligrosa. Esto es de aplicación a todos los equipos y alimentación de energía eléctrica existentes en el recinto y no solo al sistema de refrigeración.

3.3. Cámaras frigoríficas o con atmósfera artificial.

3.3.1. Cámaras acondicionadas para funcionar a temperatura bajo cero o con atmósfera artificial.

En el interior de las cámaras acondicionadas para funcionar a temperatura bajo cero o con atmósfera artificial se dispondrán junto a la puerta, y a una altura no superior a 1,25 metros, dos dispositivos de llamada (timbre, sirena o teléfono), uno de ellos conectado a una fuente autónoma de energía (p.e., batería de acumuladores con una capacidad de funcionamiento de alarma del dispositivo de 10 horas que estará conectada a un dispositivo de carga automática conectado al suministro general), Dichos dispositivos estarán alumbrados con una lámpara piloto y de forma que se impida la formación de hielo sobre ella. Esta lámpara piloto estará encendida siempre y se conectará automáticamente a la red de alumbrado de emergencia, caso de faltar el fluido de la red general.

En las cámaras de atmósfera normal que trabajen a temperaturas de 0°C o superiores y hasta +5°C bastará montar un único dispositivo de llamada (timbre, sirena o teléfono).

Cuando exista una salida de emergencia estará debidamente señalizada, disponiendo, junto a ella, una luz piloto que permanecerá encendida, alimentada de la red de emergencia por si faltara el suministro de fluido eléctrico en la red general.

Estas prescripciones se establecen con carácter mínimo. En todo caso la iluminación de emergencia deberá ser suficiente para llegar a la salida, no pudiendo quedar oculta, ni siquiera temporalmente, por la mercancía. En cualquier circunstancia se deberá respetar el plan de seguridad de la industria.

3.3.2. Cámaras acondicionadas para funcionar a temperatura inferior a −20°C.

Además de lo indicado anteriormente, para las instalaciones con cámaras a temperatura inferior a -20°C, se aplicará lo que exige al respecto el REBT y el apartado 6 de la Instrucción técnica complementaria BT-30.

3.4. Instalaciones frigoríficas que utilicen amoníaco como refrigerante.

3.4.1. Equipamiento eléctrico en locales en donde estén localizados sistemas de refrigeración que contengan amoníaco.

El aparellaje eléctrico en salas donde esté instalado un sistema o equipos de refrigeración con amoníaco no necesitarán satisfacer los requisitos de zonas con riesgo de atmósfera explosiva.

3.4.2. Amoníaco (R-717) en salas de máquinas especiales.

3.4.2.1. Requisitos generales.

Los apartados 3.4.2.2. y 3.4.2.3 serán de aplicación únicamente en salas de máquinas específicas, en donde haya sistemas de refrigeración con amoníaco con cargas de refrigerante superiores a 10 Kg.

3.4.2.2. Interruptores eléctricos.

Se deberán prever interruptores para, en caso de alarma, desconectar la alimentación de todos los circuitos eléctricos que acceden a la sala de máquinas (excepto los circuitos antideflagrantes para ventilación e iluminación de emergencia). Estos interruptores deberán localizarse fuera de la sala de máquinas específica, serán automáticos y en caso de activación del segundo nivel de alarma del detector se desconectarán automáticamente.

3.4.2.3. Ventilación.

La sala de máquinas específica deberá estar equipada con un sistema de ventilación mecánica de uso exclusivo para dicha sala. El caudal de aire mínimo estará de acuerdo con el apartado 5.2. de la IF-07. Este sistema de ventilación se accionará con un detector de amoniaco. El motor del ventilador, así como su aparellaje eléctrico y el cableado correspondiente serán del tipo antideflagrante o se situarán fuera de la sala de máquinas específica y de la corriente de aire de ventilación.

En caso de fallo del sistema de ventilación mecánica se deberá activar una alarma en un centro de vigilancia permanente con el fin de que se puedan tomar las medidas de seguridad pertinentes.

INSTRUCCIÓN IF-13

MEDIOS TÉCNICOS MÍNIMOS REQUERIDOS PARA LA HABILITACIÓN COMO EMPRESA FRIGORISTA

Las botellas de refrigerante se almacenarán en un emplazamiento específico, vallado, ventilado y no situado en un sótano. Si como consecuencia del análisis obligatorio de riesgos del local se determina que la concentración de refrigerante, en caso de fuga del contenedor de mayor carga, es superior al límite práctico admitido indicado en la tabla A del apéndice 1 de la IF-02 será necesario colocar un detector de fugas para el refrigerante en cuestión.

Deberán disponer de los siguientes medios técnicos mínimos:

1. Por cada uno de los frigoristas.

    a) Termómetro (precisión ± 0,5 %) con sondas de ambiente, contacto y de inmersión o penetración.

    b) Juego de herramientas, en buenas condiciones y que incluya al menos:
    — Corta tubos.
    — Abocardador.
    — Juego de llaves fijas.
    — Llave de carraca, reversible, con su juego completo.
    — Llave dinamométrica.
    — Escariador.
    — Alicates.
    — Juego de destornilladores.
    — Analizador (puente de manómetro) adecuado para los gases a manipular.
    — Peine para enderezar aletas.
    — Mangueras flexibles para la conexión y carga de refrigerante.

c) Equipo de medida de voltaje, amperaje y resistencia.

d) Equipos de protección individual adecuados al trabajo a realizar.

e) Máscara de protección respiratoria con filtro (trabajos con R-717).

2. Por cada cinco frigoristas/puesta en marcha:
   — Vacuómetro de precisión.
   — Bomba de vacío de doble efecto.
   — Detector portátil de fugas.
   — Equipo de medida de acidez.

3. Por centro de trabajo:
   — Higrómetro (precisión ± 5 %).
   — Equipo de trasiego de refrigerantes.
   — Equipo básico de recuperación de refrigerantes.
   — Equipo dosificador para cargar circuitos de instalaciones de menos de 3 kg de carga de refrigerante.
   — Báscula de carga para instalaciones de menos de 25 kg.
   — Anemómetro.
   — Tenazas para precintado.
   — Juego de señalizadores normalizados para colocar en las tuberías correspondientes.
   — Equipo para la limpieza de baterías evaporadoras y condensadoras, así como los líquidos adecuados para ello.
   — Equipo de respiración autónomo.

4. Por empresa:
   a) Para cualquier nivel de empresa.
      — Manómetro contrastado.
      — Termómetro contrastado.
   b) Para empresas de Nivel 2.
      — Sonómetro que cumpla con lo dispuesto en el Real Decreto 889/2006, de 21 de julio, por el que se regula el control metrológico del Estado sobre instrumentos de medida.
      — Medidor de vibraciones para instalaciones con compresores abiertos de potencia instalada unitaria superior a 50 kW.

5. Herramientas especiales para refrigerantes inflamables. La instalación y mantenimiento de los equipos con refrigerante de la clase A2L, requiere algunas herramientas especiales para evitar eventuales situaciones de inflamación de los mismos, con la consecuencia de explosiones y generación de productos tóxicos. Seguidamente se mencionan alguno de estos equipos que necesita la empresa instaladora para desarrollar su actividad.

    a) Bombas de vacío. Deben ser adecuadas para A2L, pueden usarse bombas modernas con motor EC sin escobillas, si la bomba se activa por una fuente de alimentación externa y no por el botón de encendido/apagado en la bomba. Con equipos pequeños si la bomba dispone de interruptor de encendido/apagado ponerlo en posición de apagado y enchufarla a una distancia mínima de 3 m.

        El refrigerante inflamable descargado por la bomba se dispersa siempre que la bomba se halle en una zona bien ventilada o en el exterior Se puede usar un ventilador con motor EC, colocado a nivel de suelo y conectado en un enchufe a mínimo 3 m de distancia. Una vez hecho el vacío llenar el sistema con nitrógeno exento de oxígeno.

    b) Las máquinas de recuperación estándar no pueden recuperar de forma segura refrigerantes inflamables y por lo tanto no se deben utilizar, pues hay varias fuentes de ignición. Hay que emplear las máquinas de recuperación correctas.

    c) Detectores de fugas. La mayoría de los detectores de fugas electrónicos utilizados para la detección de fugas de HFC y HCFC, no son seguros o suficientemente sensibles para su uso con refrigerantes inflamables, por ello se deben utilizar detectores electrónicos específicos para gases inflamables (o un spray detector de fugas). Los operarios deben llevar siempre encima un detector portátil.

Los de la clase de seguridad A3 son refrigerantes con un riesgo de inflamabilidad superior a los refrigerantes A2L. La diferencia principal es que una chispa relativamente débil puede encender una mezcla inflamable. Las chispas estáticas suelen producirse desde la ropa, destornilladores de hierro, mala conexión eléctrica a tierra, o un interruptor de la antorcha encendido. Evitar chispas, buena ventilación y ausencia de fugas son puntos clave para evitar una situación peligrosa. Cuando se trabaja con refrigerantes A3, use siempre un detector de fugas personal y recuerde que una bomba de vacío, ventilador, peso, unidad de recuperación, detector de fugas y un taladro eléctrico que funcione debe estar aprobado para condiciones Zona 2, equipos para uso en atmosferas explosivas (ATEX).

INSTRUCCIÓN IF-14

MANTENIMIENTO, REVISIONES E INSPECCIONES PERIÓDICAS DE LAS INSTALACIONES FRIGORÍFICAS

Índice

1. MANTENIMIENTO.

1.1. Generalidades.

1.1.1. De conformidad con lo establecido en el artículo 22 del presente Reglamento, el mantenimiento preventivo y correctivo de las instalaciones frigoríficas, incluida cualquier reparación, modificación o sustitución de componentes, así como las revisiones periódicas obligatorias, se realizarán por una empresa frigorista habilitada de nivel correspondiente a la de instalación a mantener.

Las operaciones de mantenimiento preventivo o correctivo que requieran la asistencia de personal acreditado de otras profesiones (como soldadores y electricistas) deberán ser realizadas bajo la supervisión de una empresa frigorista.

La manipulación de refrigerantes y la prevención y control de fugas de los mismos en las instalaciones frigoríficas se realizará atendiendo a lo establecido en la IF-17, debiéndose subsanar lo antes posible las fugas detectadas.

1.1.2. Cada sistema de refrigeración deberá ser sometido a un mantenimiento preventivo de acuerdo con el manual de instrucciones al que se refiere el apartado 2.2 de la IF-10.

La frecuencia del mantenimiento dependerá del tipo, dimensiones, antigüedad, aplicación, etc., de la instalación.

El mantenimiento deberá llevarse a cabo utilizando los equipos de protección individual contra los refrigerantes descritos en el apartado 2 de la IF-16.

1.1.3. El titular de la instalación será responsable de contratar el mantenimiento de la instalación con una empresa frigorista de acuerdo con el artículo 17 del presente Reglamento y de que la instalación se revise e inspeccione según se establece en la presente IF-14 y en la IF-17.

1.1.4. La empresa frigorista contratada para el mantenimiento por el titular de la instalación garantizará que la instalación se supervisa regularmente y se mantiene de manera satisfactoria.

Asimismo, cuando en una instalación sea necesario sustituir equipos, componentes o piezas de los mismos, la empresa frigorista será responsable de que los nuevos elementos que suministra cumplen la reglamentación vigente.

1.2. Mantenimiento preventivo.

1.2.1. La extensión y programa de mantenimiento deberán estar descritos detalladamente en el manual de instrucciones a que se refiere la IF-10.

No obstante, en todo caso se deberán incluir en el programa de mantenimiento las siguientes operaciones:

a) Verificación de todos los aparatos de medida control y seguridad, así como los sistemas de protección y alarma para comprobar que su funcionamiento es correcto y que están en perfecto estado.

b) Control de la carga de refrigerante.

c) Control de los rendimientos energéticos de la instalación.

1.2.2. Cuando se utilice un sistema indirecto de enfriamiento o calentamiento, el fluido secundario deberá revisarse periódicamente, en cuanto a su composición y la posible presencia de refrigerante en el mismo.

De igual manera se procederá con los fluidos auxiliares para refrigeración de los componentes del sector de alta, tales como: recuperadores de calor, condensadores, subenfriadores y enfriadores de aceite.

1.2.3. Las pruebas de estanqueidad, revisiones y verificaciones de los dispositivos de seguridad, deberán ser realizadas según lo establecido en el apartado 2.3 de esta instrucción IF-14.

1.2.4. La extracción del aceite de un sistema de refrigeración deberá realizarse de manera segura. Para sistemas de refrigeración con amoníaco se seguirán las siguientes prescripciones:

1.2.4.1. Generalidades.

Normalmente, tanto el sector de alta y como el de baja presión de un sistema de refrigeración con amoníaco deberán estar equipados con acumuladores de aceite provistos de válvulas de drenaje cuyo fin será extraer del sistema el aceite arrastrado y acumulado. Las conexiones de drenaje de aceite deberán ir equipadas con una válvula normal de corte seguida de una válvula de cierre rápido o bien de un sistema de recuperación, consistente en un pequeño recipiente acumulador de aceite y un conjunto de válvulas que permita aislarlo del sistema del lado líquido, asegurar una desgasificación de la mezcla de aceite refrigerante y cerrar la línea de gas cuando se proceda al drenaje del aceite.

1.2.4.2 Procedimiento de drenaje.

El drenaje del aceite lo deberá realizar personal de la empresa frigorista de manera cuidadosa, de acuerdo con las prescripciones que siguen.

Las operaciones de purga de aceite en sistemas con refrigerante R-717, podrán ser realizadas por personal del usuario, siempre que este haya recibido formación específica para esta tarea por parte de una empresa frigorista habilitada, y siga el protocolo específico preparado por la misma.

Durante la operación de drenaje, la sala estará bien ventilada, se prohibirá fumar y se evitará la presencia de cualquier tipo de llama abierta.

La presión en la sección donde se drene el aceite deberá ser superior a la presión atmosférica; consecuentemente, en los equipos o sectores con presiones inferiores, solo se llevará a cabo el drenaje durante el desescarche o cuando el sistema de refrigeración se encuentre parado.

Cuando el paso de drenaje esté obstruido, será necesario tomar medidas especiales de seguridad.

Cuando se drene el aceite de los compresores mediante un tapón de purga, antes de retirar éste, se reducirá la presión del compresor hasta alcanzar la presión atmosférica.

En el tubo de drenaje de aceite estarán montadas dos válvulas manuales, una de corte normal y otra de cierre rápido. Cuando la válvula de cierre rápido se abra parcialmente y no salga aceite ni refrigerante, se deberá desmontar, limpiar y volver a montar. Será preciso asegurarse que la válvula de corte manual permanezca cerrada durante esta operación.

Se deberá drenar el aceite con la regularidad que establezca el manual de servicio a través de los puntos previstos para ello con el fin de evitar, entre otras cosas, perturbaciones en el control de nivel del refrigerante y el peligro de golpes de líquido que esto implica.

El aceite drenado se recogerá en recipientes adecuados y será gestionado de acuerdo con lo establecido en la Ley 22/2011, de 28 de julio, de residuos y suelos contaminados.

El aceite nunca deberá verterse en alcantarillas, canales, ríos, aguas subterráneas o en el mar.

1.2.5. En los sistemas frigoríficos que comprendan equipos susceptibles de producir aerosoles, se efectuarán las operaciones de mantenimiento (control, limpieza, tratamiento) prescritas por el Real Decreto 865/2003, de 4 de julio, por el que se establecen los criterios higiénico-sanitarios para la prevención y control de la legionelosis.

1.2.6. En el mantenimiento del aislamiento de las instalaciones frigoríficas se tendrán en cuenta las siguientes consideraciones:

Al igual que los demás componentes de la instalación frigorífica, el aislamiento deberá ser objeto de un mantenimiento específico adecuado, que como mínimo comprenderá las siguientes operaciones:

a) Revisión semestral de la soportación de cámaras, estado de juntas y uniones con el suelo.

b) Comprobación trimestral del funcionamiento de las válvulas de sobrepresión de las cámaras.

c) Verificación mensual del funcionamiento de la resistencia y hermeticidad de la puerta, cierres, bisagra, apertura de seguridad, alarmas y ubicación del hacha en las cámaras.

d) Retirada del hielo existente alrededor de las válvulas de sobrepresión, suelo y puertas, por lo menos semanalmente.

e) Revisión semestral de los soportes de las tuberías y de la formación de hielo y condensaciones superficiales no esporádicas.

f) Revisión semestral de la apariencia externa del aislamiento.

En caso de que se produzca deterioro, especialmente el que afecte a la barrera de vapor, deberá ser corregido con la mayor celeridad posible antes de que el daño se agrave, se generalice y afecte a la seguridad de la instalación.

1.3. Mantenimiento correctivo.

1.3.1. Las reparaciones y sustituciones de componentes que contengan refrigerante deben realizarse asegurando el cumplimiento de la IF-17 (en lo referente a manipulación) en el orden siguiente:

1. Obtener permiso escrito del titular para realizar la reparación.

2. Informar al personal a cuyo cargo está la conducción de la instalación.

3. Aislar y salvaguardar los componentes a sustituir o reparar, tales como: motores, compresores, recipientes a presión, tuberías, etc.

4. Vaciar y evacuar el componente o tramo a reparar, tal y como se especifica en la IF-17.

5. Limpiar o hacer barrido (por ejemplo, con nitrógeno).

6. Realizar la reparación o sustitución.

7. Ensayar y verificar los componentes reparados o sustituidos.

8. Una vez finalizado el montaje del componente reparado o sustituido, hacer vacío de la parte afectada y restablecer la comunicación con el resto del sistema.

9. Poner en servicio la instalación, verificar el correcto funcionamiento de la misma y reajustar la carga de refrigerante si fuere necesario.

1.3.2. Después de cada operación de mantenimiento correctivo se deberán realizar, si procede, las siguientes actuaciones:

a) Todos los aparatos de medida control y seguridad, así como los sistemas de protección y alarma deberán ser verificados para comprobar que su funcionamiento es correcto y que están en perfecto estado.

b) Las partes afectadas del sistema de refrigeración serán sometidas a la correspondiente prueba de estanqueidad.

c) Se hará vacío del sector o tramo afectado (véase la Instrucción IF-09).

d) Se ajustará la carga de refrigerante.

1.3.3. Las soldaduras para acero y cobre deberán ser realizadas por persona cualificada para ello. Si la tubería corresponde a las categorías I, II y III el soldador deberá disponer de un certificado de cualificación.

Dado el elevado riesgo de propagación de incendio que comportan los trabajos de soldadura en estas instalaciones se pondrá especial atención en su planificación y realización, adoptando medidas de puesta en disposición de medios de extinción adecuados, solicitud de permisos de trabajos previos al titular de la instalación, adoptando métodos de trabajo con reducción al mínimo de los riesgos, de acuerdo a la normativa laboral.

1.3.4. Después de que una válvula de seguridad con descarga a la atmósfera haya disparado deberá ser reemplazada si no queda totalmente estanca.

2. REVISIONES PERIÓDICAS OBLIGATORIAS.

2.1. Sin perjuicio de lo establecido en la IF-17 para el control de fugas, se considerarán los siguientes puntos:

a) Los sistemas se revisarán, como mínimo, cada cinco años.

b) Los sistemas que utilicen una carga de refrigerante superior a 3000 kg y posean una antigüedad superior a quince años se revisarán al menos cada dos años.

2.2. Las revisiones periódicas obligatorias comprenderán como mínimo las siguientes operaciones:

1. Revisión del estado exterior de los componentes y materiales con respecto a posibles corrosiones externas y la protección contra las mismas.

2. Revisión del estado interior de los aparatos multitubulares por los que circulen fluidos corrosivos (no refrigerantes), una vez vaciados y desmontados los cabezales y las tapas de estos. En el transcurso de la revisión, dado el estado de alguno de los equipos podrá estimarse la conveniencia de someter a dicho equipo a una prueba de presión, que se realizará presurizando el lado de refrigerante y controlando así las posibles fugas. En tal caso el proceso se debe llevar a cabo impidiendo que el gas de prueba pueda pasar al circuito a través de las válvulas de cierre, por lo que se vaciará el sector de alta de refrigerante o tomarán las medidas adecuadas para impedir el eventual paso al resto del sector.

3. Desmontaje de todos los limitadores de presión y elementos de seguridad, comprobación de su funcionamiento y, en caso necesario, calibración, ajuste, reparación o sustitución, tarado a las presiones que correspondan e instalación, de nuevo o por primera vez, en el sistema. Cuando la revisión deba tener lugar en periodos inferiores a cinco años, en razón a la antigüedad del sistema frigorífico y su carga de refrigerante, no hay motivo para incluir las válvulas de seguridad en estas revisiones a no ser que su antigüedad sea la misma que la del sistema. Las válvulas de seguridad se seguirán revisando cada cinco años.

4. Revisión de los recipientes frigoríficos para comprobar si han sufrido daños estructurales o han sufrido alguna reparación. En estos casos, y de acuerdo con lo indicado en la segunda nota del punto 1 del Anexo III del Reglamento de Equipos a Presión, aprobado por el Real Decreto 2060/2008, de 12 de diciembre, se realizará una inspección de nivel C tal y como se indica en el punto 3.1.5 de la presente Instrucción.

5. Revisión del estado de las placas de identificación procediendo a la reposición de las deterioradas.

6. Revisión del estado de las tuberías.

7. Revisión del estado del aislamiento.

8. En las instalaciones frigoríficas con carga de refrigerante superior a 300 kg se comprobará mediante termografías el estado del aislamiento de las tuberías y equipos a presión de acero al carbono aplicando un sistema eficaz de muestreo.

9. Revisión del estado de los detectores de fugas, realizando el ajuste, recalibración o sustitución del elemento sensor si se requiere.

10. Revisión del estado de limpieza de las torres de enfriamiento y condensadores evaporativos.

11. Revisión de los equipos de protección individual reglamentarios.

2.3. La revisión de los equipos a presión de las instalaciones frigoríficas que correspondan al menos a la categoría I del Reglamento de equipos a presión, aprobado por el Real Decreto 2060/2008, de 12 de diciembre, consistirá en la realización de un control visual de todas las zonas sometidas a mayores esfuerzos y a mayor corrosión, así como de una comprobación de espesores, en el caso de que se detecten corrosiones significativas.

En los equipos, incluidas las tuberías, que dispongan de aislamiento térmico no será necesario retirarlo completamente. Se seleccionarán los puntos que puedan presentar mayores riesgos (corrosión interior o exterior, erosión, etc.), se abrirá el aislamiento en los citados puntos y se procederá a comprobar el espesor de paredes.

Si se detectan pérdidas de espesores superiores a las previstas en los cálculos técnicos de la instalación se tomarán las medidas oportunas para corregir estos defectos.

2.4. Las revisiones periódicas de las instalaciones frigoríficas se realizarán por empresas frigoristas libremente elegidas por los titulares de la instalación de entre las empresas del nivel requerido para la categoría de instalación a revisar.

2.5. Al finalizar cada revisión periódica la empresa frigorista extenderá un certificado de revisión en el que deberá constar:

Nombre, dirección y número de registro de la empresa frigorista.

Relación de las pruebas efectuadas.

En su caso, relación de las reparaciones, sustituciones o modificaciones realizadas.

Declaración de que la instalación, una vez revisada, cumple los requisitos de seguridad exigidos reglamentariamente.

2.6. Certificado de revisión.

El certificado boletín de revisión citado en el apartado 2.5 de esta instrucción, cuyo modelo se establece en el apéndice de la misma, contiene los mismos datos que los indicados en el certificado de la instalación, pero la declaración de la empresa frigorista se limitará, en este caso, a señalar si la instalación revisada sigue reuniendo las condiciones reglamentarias, dando cuenta de las deficiencias que se hubiesen detectado, así como de las actuaciones o modificaciones que deberán realizarse cuando, a su juicio, no ofrezcan las debidas garantías de seguridad. Análogas indicaciones se harán constar en el libro de registro de la instalación frigorífica.

Los certificados de revisión se extenderán por duplicado, permaneciendo la copia en poder de la empresa frigorista. El original quedará en el libro de registro de la instalación frigorífica. Los citados certificados se podrán realizar por medios electrónicos.

3. INSPECCIONES PERIÓDICAS DE LAS INSTALACIONES.

3.1. Se inspeccionarán cada diez años las instalaciones frigoríficas de nivel 2. Independiente del nivel de las instalaciones, aquellas que empleen refrigerantes fluorados se inspeccionarán cada año si su carga de refrigerante es igual o superior a 5000 toneladas equivalentes de CO_2, cada dos años si es inferior a 5000 toneladas equivalentes de CO_2 pero igual o superior a 500 toneladas equivalentes de CO_2, y cada cinco años si es inferior a 500 toneladas equivalentes de CO_2 pero igual o superior a 50 toneladas equivalentes de CO_2.

Las instalaciones de nivel 2, que de acuerdo con el artículo 11 del presente Reglamento puedan ser realizadas por empresas de nivel 1 se consideran, a efectos de inspecciones, como si fueran de nivel 1.

La inspección detallada en el punto 6 de este apartado es independiente del refrigerante utilizado y se realizará por lo tanto cada diez años.

Estas inspecciones podrán hacerse coincidir con alguna de las revisiones detalladas en el apartado 2 de esta IF-14 y consistirán, como mínimo, en las siguientes actuaciones:

1. Comprobación de que se hayan realizado las revisiones obligatorias y los controles de fugas de refrigerante que determina el presente Reglamento.

2. Inspección de la gestión de residuos.

3. Inspección de la documentación que, en virtud de lo previsto en el presente Reglamento, sea obligatoria y deba encontrarse en poder del titular.

4. Comprobación de que se está llevando a cabo lo prescrito en el Real Decreto 865/2003, de 4 de julio, por el que se establecen los criterios higiénico-sanitarios para la prevención y control de la legionelosis.

5. En el caso de recipientes frigoríficos que hayan sufrido daños estructurales, hayan estado fuera de servicio por un tiempo superior a dos años, o se haya cambiado el refrigerante a uno de mayor riesgo pasando de uno del grupo 2 a otro del grupo 1, según el artículo 13 del Real Decreto 709/2015, de 24 de julio, o hayan sufrido alguna reparación según se detalla en el punto 2.2 apartado 4 de esta instrucción de acuerdo con lo indicado en la 2ª nota del punto 1 del Anexo III del Reglamento de equipos a presión, se someterán a una inspección de nivel C.

6. Inspección de los equipos a presión de las instalaciones frigoríficas que correspondan al menos a la categoría I del Reglamento de equipos a presión, aprobado por el Real Decreto 2060/2008, de 12 de diciembre, realizando un control visual de las zonas sometidas a mayores esfuerzos y a fuertes corrosiones. En estas últimas zonas se hará una comprobación de espesores por muestreo.

    En estos equipos o tuberías que dispongan de aislamiento térmico se seguirá lo indicado en el segundo párrafo del punto 2.3 de esta instrucción.

    Esta inspección se realizará cada diez años independientemente del nivel de la instalación y del refrigerante empleado.

7. Comprobación del marcado y documentación de la instalación frigorífica.

a) comprobación de la existencia, contenido, correcta ubicación y puesta al día de la placa de características de la instalación.

b) comprobación de la existencia, contenido, correcta ubicación y puesta al día del cartel de seguridad.

c) comprobación de los recipientes a presión.

d) comprobar que las tuberías de los diferentes fluidos están identificadas mediante marcado con etiquetas codificadas.

8. Comprobación de los elementos de seguridad más importantes.

a) alarmas de hombre encerrado.

b) estado de las puertas frigoríficas (correcta apertura y cierre).

c) correcto funcionamiento del calefactor de marcos de puertas cuando sea necesario.

d) estado de los recipientes de líquido de la instalación y adecuación de la válvula de seguridad a la presión de timbre del recipiente.

e) comprobación de la instalación eléctrica: alumbrado de emergencias, iluminación, cuadros, etc.

f) comprobación de los registradores de temperatura en caso de ser exigidos por la normativa.

g) comprobación del estado de los detectores de fugas.

h) comprobación del estado de los equipos de protección individual reglamentarios.

3.2. De acuerdo con el artículo 26 del presente Reglamento, las inspecciones serán realizadas por organismos de control habilitado.

Del resultado de la inspección se levantará un acta que deberá ser suscrita por el inspector y por el titular de la instalación o representante autorizado por éstos para firmar. Este acta se podrá realizar mediante medios electrónicos.

En caso de que el titular de la instalación no esté conforme con el resultado de la inspección podrá hacerlo constar en el acta.

Un ejemplar del acta quedará en poder del titular, en el libro registro del usuario, otro en poder del organismo de control y el tercero será remitido al organismo competente de la Comunidad Autónoma.

3.3 Las inspecciones se realizarán siguiendo los procedimientos establecidos en la norma UNE 192013 u otras normas que aporten un nivel de seguridad equivalente a esta, en todo lo que no contradiga al presente reglamento.[1]

---

[1] Se añade el Epígrafe 3.3, por el Real Decreto 164/2025, de 4 de marzo. Ref. BOE-A-2025-7190.

4. OTRAS REVISIONES.

Independientemente de las revisiones periódicas reglamentarias, se examinarán las instalaciones siempre que se efectúen reparaciones en las mismas por la empresa frigorista que las realice, haciéndose constar dichas reparaciones en el libro de registro de la instalación frigorífica.

APÉNDICE 1. MODELO DE CERTIFICADO DE REVISIÓN.

APÉNDICE I

CERTIFICADO DE REVISIÓN

Ref. de la Instalación: _____

RECONOCIDO POR LA EMPRESA FRIGORISTA QUE SUSCRIBE DE ACUERDO CON LO PRESCRITO EN EL VIGENTE REGLAMENTO DE SEGURIDAD PARA INSTALACIONES FRIGORÍFICAS, LA INSTALACIÓN PROPIEDAD DE DON

CON DOMICILIO EN ...., TELÉFONO ...., CALLE DE
...., NÚMERO .... SITUADA EN ...., CALLE DE ....
.... NÚMERO, ... CUYAS CARACTERÍSTICAS SON:

CLASIFICACIÓN DE LOS LOCALES (1)

A	B	C

COMPRESORES

POTENCIA TOTAL ELÉCTRICA INSTALADA EN kW

SALA DE MÁQUINAS

AL AIRE LIBRE	SIN SALA DE MÁQUINAS	NORMAL	ESPECÍFICA

REFRIGERANTE (1)

GRUPO | PRIMERO | SEGUNDO | TERCERO | CARGA TOTAL EN kg

DENOMINACIÓN

SISTEMA DE REFRIGERACIÓN (1)

DIRECTO	CONDUCIDO	PULVERIZACIÓN ABIERTA	PULVERIZACIÓN ABIERTA VENTILADO
INDIRECTO CERRADO		INDIRECTO VENTILADO	INDIRECTO CERRADO VENTILADO
DOBLE INDIRECTO		INNDIRECTO DE ALTA PRESIÓN	

CÁMARA O ESPACIO ACONDICIONADO (2)   ATMÓSFERA (1,2)
                                          m³   Nº

TEMPERATURAS DE 0ºC Y SUPERIORES | ARTIFICIAL | NO ARTIFICIAL |
TEMPERATURAS INFERIORES A 0ºC

FINALIDAD DE LA INSTALACIÓN (1)

TRATAMIENTO DE PRODUCTOS PERECEDEROS	CLIMATIZACIÓN
PROCESO INDUSTRIAL	FABRICACIÓN DE HIELO
OTROS	

EJEMPLAR PARA EL INSTALADOR FRIGORISTA

SE CERTIFICA (1):

☐ QUE LA INSTALACIÓN ANTERIORMENTE DESCRITA, SEGÚN SE HA COMPROBADO EN LA REVISIÓN PERIÓDICA OBLIGATORIA, REÚNE LAS CONDICIONES DE SEGURIDAD REGLAMENTARIAS PARA SU FUNCIONAMIENTO.

☐ QUE LA INSTALACIÓN ANTES DESCRITA SEGÚN SE HA COMPROBADO EN LA REVISIÓN PERIÓDICA OBLIGATORIA NO REÚNE LAS CONDICIONES DE SEGURIDAD REGLAMENTARIAS PARA SU FUNCIONAMIENTO. PARA QUE ESTA INSTALACIÓN REÚNA LAS MENCIONADAS CONDICIONES SE DEBERÁN REALIZAR LAS MODIFICACIONES QUE SE ENUMERAN EN EL INFORME ANEXO.

☐ SE ENTREGA COPIA AL TITULAR DEL CERTIFICADO Y CORRESPONDIENTE INFORME PARA QUE PROCEDA SEGÚN PRESCRIBE EL VIGENTE REGLAMENTO.
................., A .... DE .... DE ....
EL INSTALADOR FRIGORISTA ....
EN NOMBRE DE LA EMPRESA FRIGORISTA
(FIRMA Y SELLO)

(1) MARQUE LO QUE PROCEDA
(2) NO RELLENAR NI MARCAR EN EL CASO DE INSTALACIONES DE CLIMATIZACIÓN.

INSTRUCCIÓN IF-15

PUESTA EN SERVICIO
DE LAS INSTALACIONES FRIGORÍFICAS

Índice

1. DOCUMENTACIÓN A PRESENTAR PARA LA PUESTA EN SERVICIO DE LAS INSTALACIONES FRIGORÍFICAS.

El titular de la instalación presentará, antes de la puesta en servicio, ante el organismo competente de la Comunidad Autónoma en cuya demarcación se ubique aquella, la documentación indicada en el artículo 21 del presente Reglamento.

Cuando se trate de una ampliación, modificación o traslado del sistema frigorífico, se deberá presentar en el órgano competente de la Comunidad Autónoma el libro de registro de la instalación frigorífica en el que figurarán todas las intervenciones realizadas en el mismo. En tales casos, la necesidad de la dirección de obra o del proyecto seguirán las mismas pautas que se han indicado anteriormente, contemplando la potencia de compresión del conjunto de la instalación tras la modificación.

En las instalaciones con refrigerantes A2L, se deberá presentar la documentación indicada en el artículo 21 del presente

Reglamento en lo relativo a estos refrigerantes.

2. REQUISITOS MÍNIMOS QUE DEBE CUMPLIR LA MEMORIA TÉCNICA.

La memoria técnica debe detallar los datos que seguidamente se relacionan:

a) Deberán quedar claramente reflejadas las prestaciones de los diversos servicios, tales como:

  i. Descripción del circuito frigorífico.

  ii. Especificaciones del refrigerante utilizado: tipo, denominación, clase de seguridad, límites de inflamabilidad, limite practico y carga prevista orientativa.

  iii. Diagramas de tuberías e instrumentación con todos los elementos y dispositivos de control y seguridad.

  iv. Presión y temperatura de diseño para cada sector.

  v. Presión y temperatura de régimen nominal previstos.

  vi. Disposición general en planta.

  vii. Volumen de los servicios.

  viii. Temperatura de régimen prevista.

ix. Cálculo justificativo del espesor del aislante para evitar condensaciones superficiales no esporádicas de las tuberías y de cada uno de los cerramientos de los recintos refrigerados.

x. Justificación de la efectividad de la barrera antivapor para evitar condensaciones intersticiales.

xi. Cálculo de las cargas térmicas (pérdidas por transmisión, infiltraciones, tipo de producto, cantidad, temperatura de entrada y temperatura final deseada. Calor de motores, personas y cargas diversas, etc.).

b) Deberán detallarse los componentes y sistemas previstos para la protección y seguridad de las personas y las máquinas, tales como:

i. Presostatos y termostatos de seguridad previstos.

ii. Válvulas de seguridad, su cálculo y selección.

iii. Tuberías de descarga de las válvulas de seguridad. Justificación de su diámetro.

iv. Carga de refrigerante. Cálculo de la misma y justificación de las medidas de protección individuales y colectivas necesarias.

v. Recipiente de líquido. Justificación del volumen necesario. Teniendo en consideración que bajo ninguna circunstancia, de las que puedan presentarse durante la vida útil de la instalación, la falta o insuficiencia de volumen del recipiente pueda ocasionar una pérdida de fluido al exterior.

vi. Renovación de aire. Justificación de los caudales del aire de renovación en locales ocupados por personas durante la jornada laboral y en caso de un eventual escape de refrigerante.

vii. Puertas frigoríficas. Apertura de las puertas desde el interior y exterior de las cámaras.

viii. Conexión de la resistencia calorífica de las puertas isotermas.

ix. Características y ubicación del hacha tipo bombero.

x. Características y ubicación de la alarma en caso de quedarse un operario encerrado en el interior de una cámara frigorífica.

xi. Selección, tipo, clase de protección y ubicación de detectores de fuga si son necesarios.

xii. Salidas de emergencia.

3. REQUISITOS MÍNIMOS QUE DEBE CUMPLIR EL PROYECTO.

Se seguirán los apartados propuestos en la norma UNE 157.001, debiendo detallarse los datos que seguidamente se relacionan.

a) Deberán quedar claramente reflejadas las prestaciones de los diversos servicios, tales como:

   i. Descripción del circuito frigorífico.

   ii. Diagramas de tuberías e instrumentación con todos los elementos y dispositivos de control y seguridad.

   iii. Presión y temperatura de diseño para cada sector.

   iv. Disposición general en planta.

   v. Pérdida de presión prevista en los distintos circuitos (primario y secundario).

   vi. Justificación del cumplimiento particular de cada una de las IF del presente Reglamento (cálculos justificativos de la suportación, de las sobrecargas fijas y de uso previstos, por los techos de recintos y cámaras, de las válvulas de sobrepresión instaladas, TEWI, etc.).

   vii. Resumen de la legislación aplicable en el diseño cálculo y ejecución de la instalación.

   viii. Certificado CE de los materiales aislantes y de las puertas que estén reguladas.

   ix. Certificado del valor de la permeancia o de la resistencia al vapor de agua de la barrera de vapor.

   x. Volumen de los servicios.

   xi. Temperatura de régimen prevista.

   xii. Cálculo justificado del flujo térmico de los recintos, cámaras y puertas de los locales refrigerados.

   xiii. Cálculo justificativo del espesor del aislante para evitar condensaciones superficiales no esporádicas de las tuberías y de cada uno de los cerramientos de los recintos refrigerados.

   xiv. Justificación de la efectividad de la barrera antivapor para evitar condensaciones intersticiales.

   xv. Magnitud de las cargas térmicas (p.ej. tipo de producto, cantidad, temperatura de entrada y temperatura final deseada. Calor de motores, personas y cargas diversas, etc.).

   xvi. Temperatura del aire ambiente en el interior de cada local a acondicionar.

   xvii. Factores de simultaneidad.

b) Deberán detallarse los componentes y sistemas previstos para la protección y seguridad de las personas y las máquinas, tales como:

 i. Presostatos de alta, baja y diferencial de aceite.

 ii. Termostatos de seguridad para baja y alta temperatura, si procede.

 iii. Válvulas de seguridad, su cálculo y selección.

 iv. Tuberías de descarga de las válvulas de seguridad. Justificación de su diámetro.

 v. Carga de refrigerante. Cálculo de la misma y justificación de las medidas de protección individuales y colectivas necesarias.

 vi. Recipiente de líquido. Justificación del volumen necesario. Teniendo en consideración que bajo ninguna circunstancia, de las que puedan presentarse durante la vida útil de la instalación, la falta o insuficiencia de volumen del recipiente pueda ocasionar una pérdida de fluido al exterior.

 vii. Renovación de aire. Justificación de los caudales del aire de renovación en locales ocupados por personas durante la jornada laboral y en caso de un eventual escape de refrigerante.

 viii. Puertas frigoríficas. Apertura de las puertas desde el interior y exterior de las cámaras.

 ix. Conexión de la resistencia calorífica de las puertas isotermas.

 x. Características y ubicación del hacha tipo bombero.

 xi. Características y ubicación de la alarma en caso de quedarse un operario encerrado en el interior de una cámara frigorífica.

 xii. Justificación del cumplimiento, en lo relativo a seguridad, de cada una de las instrucciones técnicas complementarias del presente Reglamento.

INSTRUCCIÓN IF-16

MEDIDAS DE PREVENCIÓN
Y DE PROTECCIÓN PERSONAL

Índice

1. PRESCRIPCIONES GENERALES.

1.1. Protección contra incendios.

En el proyecto y ejecución de instalaciones frigoríficas se cumplirán, además de las prescripciones establecidas en el presente Reglamento, las disposiciones específicas de prevención, protección y lucha contra incendios de ámbito nacional o local que les sean de aplicación.

Los agentes extintores utilizados no deberán congelarse a la temperatura de funcionamiento de las instalaciones, serán compatibles con los refrigerantes empleados en las mismas y adecuados para su uso sobre fuegos de elementos eléctricos y de aceite, si se usan interruptores sumergidos en baño de aceite.

Los sistemas de extinción se revisarán periódicamente, encontrándose en todo momento en condiciones de servicio adecuadas. En las salas de máquinas de sistemas de refrigerante R-717 no están permitidos los dispositivos rociadores (de agua.), para la prevención de incendios excepto si se cumplen las siguientes condiciones:

Los rociadores se actúan individualmente a una temperatura superior a 141°C.

No hay sistema de accionamiento manual.

La instalación debe cumplir los requisitos fijados en el Reglamento de instalaciones de protección contra incendios, aprobado por el Real Decreto 513/2017, de 22 de mayo.[1]

1.2. INDICACIONES DE EMERGENCIA.

De acuerdo con el artículo 28 del presente Reglamento, en la proximidad del lugar de operación del sistema de refrigeración figurará un cartel de seguridad (véase IF-10).

1.3. Análisis de riesgos.

En el análisis de riesgos de un establecimiento que comprenda una instalación frigorífica, el usuario deberá tener necesariamente en cuenta los riesgos derivados de:

a)   La presión interna de los sistemas.

b)   Las temperaturas de los componentes y del ambiente.

c)   Las fugas de refrigerantes y lubricantes.

d)   La accesibilidad a los diferentes componentes y elementos de la instalación

---

[1] Párrafo modificado por el Real Decreto 164/2025, de 4 de marzo. Ref. BOE-A-2025-7190.

El plan de emergencia basado en el plan de seguridad deberá conseguir que cualquier incidente/accidente que pueda producirse en las instalaciones tenga una repercusión mínima o nula sobre:

a) Las personas.

b) La propia instalación.

c) La continuidad de las actividades.

d) El medio ambiente.

Además de las medidas prescritas en la IF-07 relativas a las salas de máquinas, la instalación se proveerá de escaleras, barandillas, puentes grúas y otros elementos fijos necesarios para que desde el inicio de la puesta en marcha de la instalación quede garantizado el acceso a los diferentes elementos que requieran mantenimiento o manipulación.

2. EQUIPOS DE PROTECCIÓN INDIVIDUAL Y DE EMERGENCIA.

Este apartado no es aplicable a los sistemas compactos y semicompactos que funcionan con cargas de refrigerante de hasta:

a) 1,5 kg de refrigerante del grupo L2.

b) 1,0 kg de refrigerante del grupo L3.

En sistemas de refrigeración con carga de refrigerante de hasta 10,0 kg del grupo L1 y hasta 2,5 kg de los grupos L2 y L3, este apartado se aplicará sólo al personal que realice el mantenimiento, reparación y recuperación.

2.1. Equipos de protección individual.

2.1.1. Requisitos generales.

Los equipos de protección individual: ropa de protección, equipos de protección para ojos y cara, manos, pies y piernas, etc., que en función del refrigerante utilizado y el tipo de operación realizada estén puestos a disposición del personal de la instalación frigorífica cumplirán los requisitos establecidos en las disposiciones sobre diseño y fabricación en materia de seguridad y salud que les sea de aplicación.

En las instalaciones frigoríficas, la utilización de los equipos de protección individual cumplirá lo dispuesto en la normativa laboral, de conformidad con el Real Decreto 773/1997, de 30 de mayo, sobre disposiciones mínimas de seguridad y salud relativas a la utilización por los trabajadores de equipos de protección individual.

En las instalaciones con NH_3, con carga superior a 200 kg, además de otras protecciones específicas se deberá prever la disponibilidad de trajes de protección química, herméticos a productos químicos en forma de vapor o proyecciones de líquido, provisto de guantes y botas. Si la carga de refrigerante supera los 1.000 kg se deberá tener en cuenta además que durante la intervención de los operarios pueden quedar expuestos a temperaturas del orden de -80 °C, en caso de formación de aerosol, por lo que deberán estar provistos de trajes que además tengan características de aislamiento térmico. El número de equipos de protección respiratoria será el establecido en el apartado 2.1.3.1 de esta IF-16.

2.1.2. Localización de los equipos de protección respiratoria.

Los equipos de protección respiratoria se colocarán fuera de la sala de máquinas frigorífica, cerca de las puertas y guardados de forma segura y protegida.

2.1.3. Equipos de protección respiratoria.

2.1.3.1. Requisitos generales.

Los equipos de protección respiratoria deberán ser apropiado para el refrigerante utilizado, tal como se indica en los apartados anteriores de esta instrucción.

Los equipos de protección respiratoria en sistemas de refrigeración que dispongan de salas de máquinas específicas estarán accesibles y se colocarán en la parte exterior de la entrada. Si no hay sala de máquinas se colocarán junto al sistema frigorífico.

Los equipos de protección respiratoria constarán de: Un mínimo de dos equipos de respiración autónomos.

Además, para el amoniaco (R-717), deberán ser entregados equipos de protección respiratoria con filtros a cada persona empleada para este trabajo y lugar.

2.1.3.2. Revisión detallada y pruebas de los equipos de protección respiratoria.

El mantenimiento y revisión de los equipos de protección respiratoria deberá efectuarse de acuerdo con las instrucciones del fabricante.

2.1.3.2.1. Frecuencia de revisiones y pruebas.

Los equipos de protección respiratoria deberán ser revisados minuciosamente, de forma periódica, al menos una vez al mes, sometiéndoles a más pruebas si fuera necesario. En condiciones especialmente peligrosas las pruebas se realizarán con mayor frecuencia.

2.1.3.2.2. Alcance de la revisión y de las pruebas.

La revisión deberá comprender un examen visual a fondo de todos los elementos de las máscaras de protección respiratoria o del equipo de respiración autónomo y sobre todo del buen estado de las correas, mascarillas, filtros y válvulas. En el caso de equipos de protección respiratoria que consten de botellas de gas comprimido, deberán efectuarse pruebas para comprobar el estado y eficiencia de estos elementos, así como la presión existente en las botellas. Todos los desperfectos detectados durante la revisión o las pruebas deberán ser subsanados antes de cualquier uso posterior.

Cuando sean utilizados equipos de protección respiratoria con filtro, deberá anotarse en cada ocasión el periodo de tiempo que dicho equipo ha sido utilizado. El filtro deberá ser sustituido con la frecuencia que sea necesaria. Deberá ser también anotada la fecha de adquisición de los filtros.

Se emitirá un informe de cada revisión y prueba efectuada y se reflejará en el libro de la instalación. Deberá normalmente incluir:

a) Nombre y dirección del empresario responsable del equipo de protección respiratoria.

b) Datos del equipo y del número distintivo o referencia junto con una descripción suficiente para identificarlo y el nombre del fabricante.

c) Fecha de revisión, nombre y firma o identificación inequívoca de la persona que lleva a cabo la revisión o prueba.

d) Estado del equipo y datos de cualquier desperfecto encontrado; en el caso de equipos de protección respiratoria con filtro se confirmará que el filtro está sin usar.

e) En el caso de equipos de oxígeno o aire comprimido, la presión del oxígeno o del aire, según el caso, existente en la botella de suministro.

2.2. Equipos para casos de emergencia.

a) Para casos de emergencia se deberán prever los medios siguientes:

a) Equipos de protección respiratoria. (Véase el apartado 2.1.3 de esta instrucción).

b) Equipos de primeros auxilios. El manual de servicio de la instalación deberá indicar las recomendaciones sobre los equipos de primeros auxilios necesarios y el protocolo de actuación

c) Duchas de emergencia. En los sistemas de refrigerante R-717 (amoníaco), se dispondrán medios para el lavado de ojos, p.e., botellas de lavado de ojos. Si la carga de refrigerante supera los 1000 kg se instalará una ducha de emergencia con un caudal mínimo de 60 litros/minuto, a una temperatura entre 25 y 30 °C, fuera de la sala de máquinas.

Esto no será aplicable para sistemas de refrigeración con carga de refrigerante inferior a 200 kg si es del grupo L1 ó 100 kg de refrigerante de los grupos L2 y L3.

3. DETECTORES Y ALARMAS.

Se considerará la tolerancia de sensibilidad del detector para asegurar que la señal de salida se activa en o por debajo del valor preestablecido. La tolerancia del detector deberá tener en cuenta el ± 10% de la tolerancia de la línea de alimentación.

Los detectores para la monitorización de los refrigerantes halogenados deberán cumplir con la norma UNE- EN 14624. Además, para todos los detectores el tiempo de respuesta del detector será de 60 s o menos a una concentración de 1,6 veces el valor preestablecido.

3.1. Requisitos generales.

Los sistemas de detección de refrigerante deben instalarse en salas de máquinas para refrigerantes con PCA > 0 si la carga del sistema es superior a 25 kg, aunque no se supere el límite práctico. Se deberán instalar también con cualquier refrigerante, para activar las alarmas e iniciar el sistema de ventilación, si los niveles se elevan al 25% del LII o al 50% del ATEL/ODL. Sin embargo, en caso de refrigerantes con un olor característico a concentraciones inferiores del ATEL/ODL, por ejemplo, el R-717, no se requieren detectores de toxicidad.

En las cámaras frigoríficas y espacios ocupados, cuando la concentración de refrigerante pueda sobrepasar el límite práctico indicado en la tabla A de la IF-02, los detectores deben conectar una alarma en el centro de vigilancia permanente o una alarma acústica para que las personas presentes o el personal adiestrado inicien o tomen las medidas oportunas o cierren las válvulas para aislar las partes defectuosas evitando así que aumente la concentración del refrigerante en el local.

El sistema de alarma deberá avisar de forma audible y visible con un zumbador de un nivel sonoro15 dB (A) por encima del ruido de fondo y una luz parpadeante. Además, en el caso de la sala de máquinas, se conectará la ventilación mecánica de emergencia y aislará eventualmente partes del sistema de refrigeración y la alarma deberá advertir tanto dentro como fuera de la misma.

En la determinación de los puntos de ajuste se tendrá en consideración la tolerancia del instrumento inclusive el efecto de una variación de tensión del ± 10 %.

Las cámaras con un volumen interior inferior a 10 m^3 no precisan la colocación de un detector

3.1.1. Situación de detectores.

Debe instalarse al menos un detector en cada sala de máquinas o espacio considerado ocupado y/o en recintos subterráneos. Se colocarán en los puntos en los que pueda tener lugar la mayor concentración de refrigerante en caso de escape, p.e., al lado de recipientes o separadores y se situarán en la zona baja para refrigerantes más pesados que el aire y en la zona alta para los más ligeros. Se prestará atención a las posibles corrientes de aire que pueda tener lugar cerca de puertas, ventanas o rejillas de ventilación.

Se deberá prever que la superficie máxima que puede ser controlada por una sola sonda es de unos 50 m^2 aproximadamente, en el supuesto que no haya obstáculos que disminuyan la eficacia de la sonda.

3.1.2. Detectores para refrigerantes de la clase de seguridad A1.

En este caso pueden utilizarse detectores que sean sensibles al refrigerante o detecten la falta de oxígeno. Para los primeros el valor prefijado para activar la alarma y el sistema de ventilación mecánico (en sala de máquinas) será como máximo la mitad del límite práctico que se indica en la tabla A de la IF-02; el segundo nivel estará ajustado al límite practico y con su activación (cambio en el sonido de la alarma) el personal de mantenimiento no podrá entrar en el recinto sin un equipo de respiración autónomo.

Los detectores por falta de oxígeno deben tener un punto de ajuste al 18 % o más de concentración de oxígeno, hay que tener en consideración que la presencia de otros gases puede alterar el resultado de la lectura.

3.1.3. Detectores de refrigerante para la clase de seguridad B1.

Se deberán usar exclusivamente detectores sensibles al refrigerante, con los valores del 50 % del LP y 100 % del LP para los dos niveles de alarma. Su actuación será análoga a la descrita en el apartado anterior.

3.1.4. Detectores de refrigerante de las clases de seguridad A2L, A2, B2, B2L (excepto R717), A3 y B3.

Los detectores para las clases A2L, A2, B2, B2L (excepto R717), A3 y B3, deberán activar una señal de alarma a un nivel que no exceda el 25 % del LII del refrigerante, que deberá permanecer conectado mientras la concentración no descienda por debajo del valor indicado.

Si el límite práctico permite una concentración inferior al LII, el detector se ajustará a este nivel inferior y, en caso de actuación se activará automáticamente una alarma, iniciando la ventilación mecánica y parando el sistema.

Los detectores destinados a estos refrigerantes serán antideflagrantes o con algún modo de protección adecuado a la atmósfera generada (p.e., seguridad intrínseca).

3.2. Detectores en circuitos secundarios (sistemas indirectos).

En un sistema indirecto de refrigeración conteniendo una carga de amoníaco de más de 500 kg, se deberá montar un detector específico para alertar la presencia del mismo en cada uno de los circuitos secundarios que contengan agua u otros fluidos. Dicho instrumento deberá basarse en métodos que garanticen la detección rápida del amoniaco en el fluido secundario.

Si se trata de un sistema abierto (p.e., condensador refrigerado por agua de torre), no es preciso colocar un detector a causa del penetrante olor del amoniaco. Así mismo, si se tratada de un sistema de recuperación del calor procedente del enfriador de aceite no se precisa prever ningún detector.

3.3. Verificación de los detectores.

Los detectores deberán cambiarse de acuerdo con la periodicidad que indiquen los fabricantes y comprobarse al menos cada dos año. Para llevar a cabo la operación, teniendo en cuenta las características del detector, se deberá disponer de una sonda de referencia o de una botella patrón con la concentración de refrigerante a la que debe actuar el detector o superior (siempre que dicha concentración sea inferior a los límites prácticos marcados por este Reglamento para cada gas) y asegurar que el detector reacciona ante dicho gas patrón. Alternativamente también puede procederse a la sustitución de la sonda mediante elementos de repuesto calibrados en fábrica.

3.4. Control de concentraciones peligrosas del refrigerante R-717.

3.4.1. Salas de máquinas.

Los detectores de amoniaco según se especifica en el apartado 3.4.2. de la Instrucción IF-12 se activará cuando los valores de concentración de R-717 en la sala de máquinas sobrepase los límites siguientes:

- 380 mg/m^3 [500 ppm (V/V)], valor límite inferior de alarma "concentración elevada".
- 22.800 mg/m^3 [30.000 ppm (V/V)], valor límite superior de alarma "concentración muy elevada".

En el valor límite inferior se activará la primera alarma y la ventilación forzada.

En el valor límite superior se activará la segunda alarma que desconectará automáticamente el sistema de refrigeración.

Si los detectores están previstos para uso permanente, deberán ser antideflagrantes o con una protección adecuada a la atmósfera con riesgo de explosión. Si en el momento de alcanzar el nivel de "concentración elevada" es desconectado eléctricamente (simultáneamente a la electricidad de la sala de máquinas), podrán emplearse detectores de uso general.

3.4.2. Resto locales.

En aquellos locales en los que se requiera la colocación de detectores de NH_3, se adoptarán las mismas medidas que se han previsto para las salas de máquinas, pero en este caso, al alcanzarse el nivel de concentración máximo solo se cortará la alimentación eléctrica a todos los equipos en el interior del local. La detección del primer nivel sólo accionará una alarma.

3.5. Alarma en el centro de vigilancia permanente.

Cuando el dispositivo de control, vía sensor, detecte que la concentración de refrigerante sobrepasa a los límites prefijados, además de sus otras funciones, activará la correspondiente alarma en el centro de vigilancia permanente para que el personal competente adopte las medidas de emergencia oportunas.

La alarma podrá ser desactivada temporalmente, para fines de mantenimiento, siempre que se tomen las medidas necesarias conforme a un procedimiento preestablecido.

En el caso de que sea un ordenador o sistema programable quien controle el equipo, el acceso para ajustar los parámetros de trabajo se deberá restringir sólo a las personas competentes designadas al efecto.

INSTRUCCIÓN IF-17

MANIPULACIÓN DE REFRIGERANTES Y REDUCCIÓN DE FUGAS EN LAS INSTALACIONES FRIGORÍFICAS

Índice

1. MANIPULACIÓN Y GESTIÓN DE REFRIGERANTES.

1.1. Requisitos generales.

La adquisición a título oneroso o gratuito, manipulación, recuperación, limpieza y reutilización de refrigerantes, queda restringido a las empresas frigoristas.

Los refrigerantes deberán ser manipulados, recuperados, limpiados y reutilizados de manera segura, por profesionales habilitados, evitándose cualquier peligro a personas o bienes, así como su emisión a la atmósfera.

Todos los fluidos de los sistemas de refrigeración (refrigerante, lubricante, fluido frigorífero, etc.) así como los elementos que contengan estos fluidos (filtros, deshidratadores, aislamiento térmico, etc.), deberán asimismo ser debidamente recuperados, reutilizados y/o eliminados, debiendo entregarse a un gestor de residuos autorizado cuando proceda.

Las empresas frigoristas serán responsables de la recuperación, limpieza, almacenamiento, y reutilización de los refrigerantes usados, así como, en los casos previstos, de acuerdo con el artículo 12 del presente Reglamento, de su entrega al gestor de residuos autorizado para su regeneración o eliminación.

1.2. Libro de registro de gestión de refrigerantes y documentación.

Las empresas frigoristas mantendrán debidamente actualizado un registro normalizado e informatizado, en el que se reflejará toda operación realizada con gases refrigerantes grabando, al menos, los datos siguientes:

a) Fecha de la operación.

b) Tipo de operación realizada: adquisición, cesión, carga del sistema, recuperación, entrega a gestor.

c) Tipo y cantidad de refrigerante.

d) Persona competente responsable de la operación.

e) Distribuidor, empresa frigorista, instalación, o gestor de residuos autorizado, según proceda en función del tipo de operación.

f) Número de factura o contrato.

La operación deberá figurar inscrita en el registro antes de las 24 horas posteriores a haberse efectuado.

Dicho registro se mantendrá actualizado y disponible para su inspección por el órgano competente de la Comunidad Autónoma que corresponda. El mismo reflejará también las operaciones referentes a los residuos de dichos refrigerantes, dando cumplimiento al artículo 17.1 de la Ley 22/2011, de 28 de julio, de residuos y suelos contaminados.

Asimismo, cada operación en que intervenga el refrigerante, así como el origen de éste, deberá anotarse en el libro de registro de la instalación frigorífica (véase el apartado 2.5.2 de la IF-10).

A petición del usuario, el proveedor del refrigerante (empresa frigorista) deberá entregar un certificado, por ejemplo, como el descrito en la norma UNE- EN 10204, emitido por el gestor que ha procedido al reciclaje o regeneración.

1.3. Profesionales habilitados para la manipulación de refrigerantes.

La manipulación de los refrigerantes, en operaciones de carga de la instalación, recuperación, limpieza, reutilización, trasvase, y entrega a gestor de residuos deberá efectuarse, únicamente, por profesionales habilitados en plantilla de la empresa frigorista, empleando para ello los métodos, materiales y equipos correspondientes tal y como se recoge en los apartados sucesivos.

1.4. Manipulación.

El método de manipulación del refrigerante se deberá decidir antes de que éste sea extraído del sistema de refrigeración o del equipo.

Tal decisión se deberá basar en las siguientes consideraciones:

a) Historial del sistema de refrigeración.

b) Tipo y distribución del refrigerante dentro del sistema de refrigeración.

c) Razón por la cual se extrae el refrigerante del sistema de refrigeración.

d) Estado de conservación del sistema de refrigeración o del equipo y si estos serán o no puestos nuevamente en funcionamiento.

Las pérdidas de refrigerante a la atmósfera se deberán reducir al máximo durante su manipulación.

1.4.1. Los refrigerantes sólo se deberán introducir en los sistemas de refrigeración después de haber efectuado las pruebas de presión y estanqueidad.

1.4.2. Los envases de los refrigerantes no se deberán conectar nunca a un sistema con una presión superior ni a tuberías con refrigerante líquido cuya presión sea suficiente para provocar retorno de refrigerante hacia el envase.

El retorno de refrigerante puede provocar errores de carga y sobrellenar los envases. Esto podría ocasionar una elevación de la presión (por dilatación térmica del líquido) tal que el envase podría reventar o abrirse la válvula de seguridad, si la hubiera.

1.4.3. Con el fin de minimizar las pérdidas de refrigerante las líneas de carga deberán ser lo más cortas posibles y deberán estar provistas de válvulas o conexiones de cierre automático.

1.4.4. El refrigerante que se introduce en el sistema deberá ser medido en masa o volumen con balanza o dispositivo de carga volumétrico, etc. En el caso de una mezcla zeotrópica el refrigerante será cargado en fase líquida de acuerdo con las instrucciones del fabricante del refrigerante.

Cuando se cargue un sistema, no se superará su carga máxima admisible (véase el apartado 1.4.7 de esta instrucción) entre otros motivos, por el riesgo de un golpe de líquido.

La carga de refrigerante se deberá llevar a cabo, preferentemente, por el sector de baja presión del sistema. Todo punto en la tubería principal de líquido situado después de una válvula de corte cerrada será considerado como un punto del sector de baja presión.

1.4.5. Antes de cargar con refrigerante un sistema de refrigeración, se deberá comprobar minuciosamente el contenido de los envases de refrigerante. La carga de una sustancia inapropiada podría provocar accidentes, entre ellos explosiones.

1.4.6. Los envases de refrigerantes se deberán abrir lentamente y con precaución.

Los envases de refrigerantes se deberán desconectar del sistema inmediatamente después de finalizar el llenado o vaciado del mismo.

Los envases de refrigerantes no se deberán golpear, dejar caer, tirar al suelo ni exponer a radiación térmica durante el llenado o vaciado.

Se deberá verificar que los envases de refrigerantes no tengan ningún tipo de corrosión.

1.4.7. Cuando se añada refrigerante a un sistema, por ejemplo, después de una reparación, se añadirá el fluido en pequeñas cantidades para evitar sobrecargas, mientras se vigila la presión de los sectores de baja y alta presión.

Cuando la carga de refrigerante máxima admisible en un sistema haya sido sobrepasada será preciso trasvasar parte de la misma a otros envases. Estos deberán ser pesados cuidadosamente durante el trasvase para asegurarse que nunca se sobrepase su carga máxima. Nunca se cargará el envase hasta un punto tal que la dilatación térmica del líquido refrigerante, como consecuencia de una subida de temperatura, pueda provocar la rotura del mismo. La masa máxima admisible deberá estar marcada en los envases.

1.4.8. Los envases de refrigerante deberán fabricarse cumpliendo con los distintos requisitos para rellenado de envases de las reglamentaciones nacionales. Estos podrán incluir un dispositivo de sobrepresión convenientemente tarado y un capuchón protector de válvula o guardaválvula.

1.4.9. Los envases de refrigerante no deberán conectarse entre sí, puesto que este hecho podría provocar un trasvase incontrolado de refrigerante hasta sobrellenar el recipiente más frío.

1.4.10. Al llenar los envases de refrigerante, no deberá sobrepasarse la capacidad de carga máxima (alrededor del 80% del volumen en líquido a 20°C aproximadamente).

La capacidad de trasvase depende del volumen interior del envase y de la densidad del refrigerante en fase líquida a la temperatura de referencia (normalmente 20°C).

1.4.11. Los refrigerantes se deberán trasvasar únicamente a envases identificados con el tipo de refrigerante, en razón a las diferentes presiones de servicio de los mismos.

1.4.12. Con el fin de evitar el riesgo de mezclar distintos tipos y calidades de refrigerante (por ejemplo: reciclados) el envase receptor sólo deberá haber sido utilizado previamente para esa calidad de refrigerante. La calidad deberá marcarse con claridad.

1.4.13. El trasvase de refrigerante de un envase a otro se deberá efectuar aplicando métodos seguros y reconocidos.

Se deberá establecer un diferencial de presión entre los envases, ya sea refrigerando el envase receptor o bien calentando el envase emisor. El calentamiento se deberá realizar mediante una manta calefactora con un termostato regulado a 55ºC o menos y un fusible térmico o un termostato sin rearme automático, ajustado a una temperatura tal que la presión de saturación del refrigerante no supere el 85% de la de tarado del dispositivo de alivio del envase.

Bajo ningún concepto se deberá descargar a la atmósfera refrigerante del envase receptor para hacer bajar la presión existente en el mismo.

Para incrementar el caudal de transferencia de refrigerante no se deberá calentar directamente los envases de refrigerante mediante llamas abiertas, calefactores de calor radiante o calefactores de contacto directo.

1.4.14. Los cilindros de carga con escala volumétrica graduada deberán llevar incorporada una válvula de alivio.

Estos cilindros deberán ser llenados de la forma indicada en los apartados del 1.4.10. al 1.4.13., inclusive.

Con este tipo de cilindro se permitiría el uso de calentadores de inmersión sin dispositivo limitador de temperatura si la corriente eléctrica consumida se controla con un limitador de intensidad, de forma que el funcionamiento continuado de la resistencia calefactora genere, para el refrigerante en cuestión, una presión menor que el 85% de la de tarado de la válvula de seguridad, sea cual fuere el nivel de líquido en el interior del cilindro.

1.5. Requisitos para la recuperación y reutilización del refrigerante.

1.5.1. Generalidades.

Las directrices dadas en relación con el tratamiento a seguir para la recuperación de un refrigerante antes de su reutilización, son aplicables a todas las clases de refrigerantes.

Está prohibida la reutilización de refrigerantes CFC, siendo obligatoria su recuperación y entrega a gestor de residuos autorizado para su eliminación.

No está permitida la reutilización de refrigerantes HCFC, siendo obligatoria su recuperación y entrega a gestor de residuos autorizado para su destrucción.

En el resto de casos se dará preferencia, en primer lugar, a la reutilización del refrigerante, previa limpieza del mismo y en segundo lugar a la regeneración, evitándose la eliminación del refrigerante siempre que sea posible.

Según el caso, el refrigerante recuperado seguirá alguno de los caminos indicados en el diagrama de la figura 1.

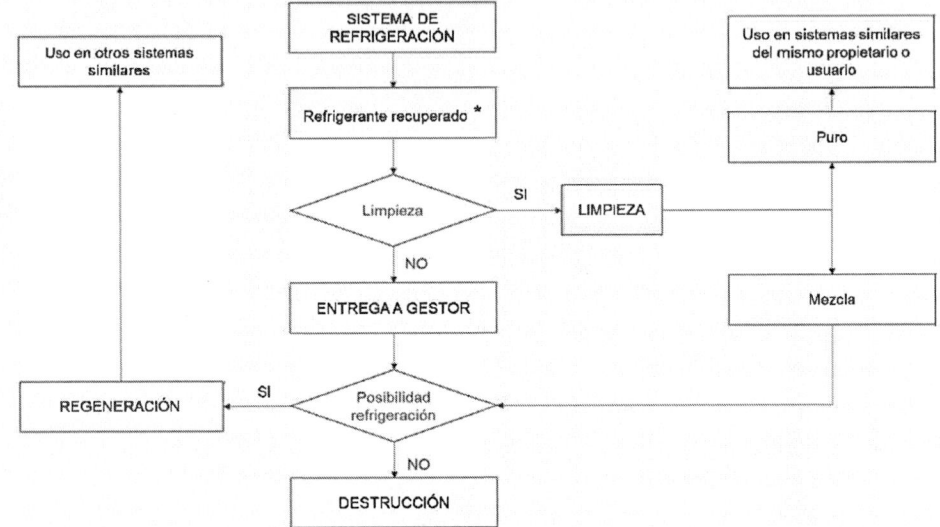

*Los gases no permitidos deben destruirse

1.5.2. Recuperación para la reutilización general

Para la reutilización general. Los refrigerantes recuperados deben ser limpiados entregados a gestor de residuos para su regeneración y cumplimiento con las especificaciones correspondientes a los refrigerantes nuevos.

1.5.3. Recuperación para la reutilización en el mismo sistema o en un sistema similar

1.5.3.1. Para reutilización en el mismo sistema

En el caso de un refrigerante fluoruro, se deberá realizar una prueba de acidez.

En la prueba de acidez se utilizará el método de titulación para detectar cualquier compuesto que pueda ionizarse como un ácido. Para la prueba se requiere una muestra de 100 g a 120 g con un límite inferior de detección de 0,1 ppm de masa.

Si no se supera la prueba de acidez, toda la carga de refrigerante se someterá a un tratamiento de limpieza o regeneración, debiendo ser sustituidos los filtros/ deshidratadores del sistema de refrigeración. Esta prueba de acidez, generalmente, no será necesaria cuando se trata de recuperar refrigerante de una instalación durante su construcción.

El refrigerante recuperado de un sistema de refrigeración (por ejemplo, el extraído por exceso de carga, o debido al mantenimiento del sistema, reparación local no contaminante, reparación general o sustitución de algún componente), podrá normalmente ser reintroducido en el mismo sistema.

Cuando un sistema quede fuera de servicio debido a una elevada contaminación del refrigerante o por haberse quemado el motor (compresor hermético o semihermético) el refrigerante debe ser limpiado, regenerado o eliminado.

Los procedimientos de extracción y carga descritos en la norma UNE-EN 378-4 deberán seguirse al recargar el refrigerante en el sistema de refrigeración.

Se volverá a cargar el refrigerante a través de un filtro/deshidratador a fin de eliminar la posible humedad absorbida por el fluido durante su recuperación.

1.5.3.2. Reutilización en un sistema similar.

El uso de un refrigerante recuperado en un sistema de refrigeración de similares características y componentes deberá cumplir los requisitos siguientes:

a) El mantenimiento del sistema deberá realizarlo la misma persona o empresa que haya realizado la recuperación del refrigerante.

b) El equipo de limpieza deberá cumplir con los requisitos del apartado 1.5.4.

c) Que se conozca el historial del refrigerante y del sistema de refrigeración desde la fecha de la primera puesta en servicio.

d) La empresa frigorista deberá informar, a la propiedad o al usuario, del proceso de limpieza del refrigerante utilizado, así como de su procedencia y de los resultados de las pruebas o, en su caso, de los análisis practicados.

e) La instalación debe de pertenecer a la misma propiedad o usuario de la que se ha extraído previamente el refrigerante recuperado.

La prueba de acidez deberá efectuarse según el apartado 1.5.3.1.

Si el refrigerante no cumple cualquiera de las condiciones antes indicadas o el historial del refrigerante indica una contaminación elevada del mismo, por ejemplo, debido al quemado del motor, el refrigerante deberá ser regenerado o eliminado de forma adecuada mediante su entrega a un gestor de residuos autorizado.

Cualquier refrigerante limpiado deberá cumplir con las especificaciones del anexo informativo B de la UNE-EN 378-4 Guía de especificaciones (parámetros para refrigerantes reciclados).

1.5.4. Requisitos del equipo y procedimientos para la limpieza de refrigerantes.

El equipo para la limpieza de refrigerantes fluorados deberá cumplir con los requisitos de la norma ISO 11650 o norma equivalente.

Los equipos para la limpieza deberán ser inspeccionados regularmente con el fin de comprobar su buen estado de conservación y el de sus instrumentos. Los componentes e instrumentos deberán ser sometidos periódicamente a una prueba de funcionamiento y recalibración.

1.5.5. Regeneración.

1.5.5.1. Análisis.

Todo refrigerante destinado a regeneración deberá ser entregado al gestor de residuos autorizado que deberá proceder a su análisis y, posteriormente, regenerarlo o eliminarlo de forma adecuada.

1.5.5.2. Requisitos.

El refrigerante regenerado deberá cumplir con las especificaciones del refrigerante nuevo para poderlo utilizar como tal.

1.5.5.3. Equipo de regeneración.

El equipo para regeneración de refrigerantes fluorados deberá garantizar un producto final de acuerdo con la norma AHRI 700 y AHRI 700c.

1.5.5.4. Uso del refrigerante regenerado.

El refrigerante regenerado por gestor autorizado de residuos se puede utilizar en cualquier sistema frigorífico. La empresa frigorista deberá informar, a la propiedad o al usuario, de que dicho refrigerante es regenerado, y deberá entregar un certificado con un número de expediente emitido por el gestor autorizado de residuos de la calidad del producto.

1.6. Procedimientos de limpieza del circuito frigorífico.

Deberá limpiarse total o parcialmente según proceda el circuito frigorífico siempre que:

a) Se haya producido una descomposición del aceite y haya presencia de corrosión o rotura de compresor.

b) Haya entrado agua o humedad en el circuito frigorífico.

c) El pH del aceite sea menor de 7.

d) Sea necesario extraer restos de soldadura del interior.

e) Se desmantele o retire el equipo.

f) Cuando sea necesario cambiar el tipo de aceite por cambio de tipo de refrigerante.

Se podrán emplear, entre otros, los siguientes procedimientos de limpieza:

a) Con productos químicos en circuito abierto.

b) Con productos evaporables en condiciones de temperatura ambiente y presión atmosférica, que no sean nocivos para operario o el medio ambiente, y en ningún caso sustancias organohalogenadas. Una vez finalizado su uso se deberán recuperar y, en su caso, entregar a gestor de residuos.

c) Con maquinaria específica en circuito cerrado.

d) Con el mismo refrigerante de la instalación o sustancia equivalente, a no ser que se trate de un gas prohibido por la normativa de sustancias que afectan a la capa de ozono, en cuyo caso solo se permite su recuperación y destrucción de acuerdo con el diagrama de del apartado 1.5.1, siempre que sea miscible y soluble con el aceite presente en el circuito, mediante maquinaria específica que sea capaz de circularlo por el circuito y separar las impurezas y residuos en unas condiciones de circuito cerrado y ausencia de emisiones a la atmósfera.

1.7. Requisitos para efectuar el cambio del tipo de refrigerante.

En el caso de que haya un cambio del tipo de refrigerante utilizado en la instalación, deberán observarse los siguientes puntos:

a) Se confirmará que el sistema de refrigeración permite el cambio del tipo de refrigerante.

b) Se pondrá especial atención al contenido de los envases de gas para asegurarse de que el refrigerante que se carga es el adecuado.

c) Se comprobará que todos los materiales utilizados en el sistema de refrigeración son compatibles con el nuevo tipo de refrigerante.

d) Se considerará la posibilidad de que pueda sobrepasarse la presión máxima admisible en alguno de los componentes, tuberías, intercambiadores o recipientes.

e) Se verificará la potencia del motor.

f) Se considerará la clasificación del refrigerante.

g) Se sustituirán o se reajustarán, si es necesario, los dispositivos de control y de seguridad.

h) Se verificará el contenido del recipiente de líquido.

i) Se evitará la mezcla con residuos de refrigerante y de aceite que puedan quedar en el circuito; en los casos en que sea necesario se limpiará el circuito de acuerdo al apartado 1.6 de esta instrucción.

j) Se cambiarán todas las indicaciones relativas al tipo de refrigerante usado.

k) Se actualizarán los libros de registro y la documentación, incluida la ficha técnica del equipo.

l) Se asegurará que el refrigerante original sea recuperado de acuerdo con el apartado 1.5 de la presente instrucción.

m) Si el refrigerante recuperado de una instalación no se puede volver a reutilizar por la pérdida de sus propiedades iniciales debido a una posible contaminación, se procederá a su entrega al gestor de residuos autorizado.

Se adoptarán las medidas adecuadas para que la instalación resultante cumpla con el presente Reglamento.

1.8. Requisitos para el trasvase, transporte y almacenaje del refrigerante.

1.8.1. Generalidades.

Durante el trasvase del refrigerante desde un sistema de refrigeración a un recipiente para su transporte o almacenaje, se adoptarán las medidas de seguridad correspondientes.

1.8.2. Trasvase del refrigerante.

1.8.2.1. Procedimiento.

El trasvase/extracción del refrigerante se debe efectuar de la manera siguiente:

a) Si no se puede utilizar el compresor del sistema de refrigeración para el trasvase, se conectará el equipo para recuperación del refrigerante al sistema con el fin de trasvasarlo a otra parte del mismo o a un recipiente independiente.

b) Antes de cualquier operación de mantenimiento, reparación, etc. que implique la apertura del sistema de refrigeración, se reducirá la presión del mismo o de las partes afectadas hasta una presión absoluta de 0,3 bar absolutos.

Durante esta operación deberá prestarse particular atención para no congelar los fluidos secundarios en los intercambiadores.

Antes de abrir el sistema deberá ser igualada la presión interior con la atmosférica utilizando nitrógeno (N_2) seco.

c) Antes de su desguace, el sistema de refrigeración o sus componentes deberán vaciarse hasta que su presión descienda a:

— 0,6 bar (absoluto) en sistemas cuya capacidad volumétrica sea igual o menor que 0,2 m^3.

— 0,3 bar (absoluto) en sistemas cuya capacidad volumétrica sea mayor que 0,2 m^3.

Las presiones arriba indicadas están basadas en una temperatura del recipiente de 20 °C. Para otras temperaturas será necesario adecuar dichas presiones.

El tiempo necesario para el trasvase o vaciado dependerá de la presión. El proceso se deberá dar por concluido sólo cuando, al parar el equipo de recuperación, permaneciendo todo el sistema a la temperatura ambiente, la presión no aumente.

1.8.3. Envases para refrigerante.

El refrigerante sólo podrá ser trasvasado a un envase adecuado y específico (botella o contenedor).

El envase deberá ser "fácilmente" identificable mediante un código de colores u otro medio que acredite que es específico para el refrigerante en cuestión.

El envase con el refrigerante recuperado se marcará de forma especial, como por ejemplo "HCFC R-22 – Recuperado – Analícese antes de scr utilizado" o "R-717 (Amoníaco) – Recuperado".

1.8.3.1. Envases desechables.

No podrán utilizarse envases desechables "no retornables" dado que existe la posibilidad de que el contenido de gas residual escape posteriormente a la atmósfera.

1.8.4. Llenado de los recipientes y envases.

Los recipientes para el refrigerante no deberán llenarse en exceso con líquido.

Cuando un envase se llene con refrigerante fluorado, se deberá prestar especial atención a la carga máxima y se tendrá en cuenta que la posible mezcla de refrigerante-aceite puede tener una densidad menor que la del refrigerante puro.

Por lo tanto, la capacidad útil del envase para una mezcla de refrigerante-aceite deberá ser menor (fase líquida aproximadamente 80% del volumen total), controlada por peso.

La presión máxima admisible del envase no deberá sobrepasarse en ningún caso, ni siquiera temporalmente. Se podrán acoplar unas válvulas especiales al recipiente del refrigerante para evitar el riesgo de sobrellenado.

1.8.5. Manejo de diferentes refrigerantes.

No se deberán mezclar refrigerantes distintos. Estos se almacenarán en envases diferentes.

Nunca se deberá cargar un refrigerante en un envase que contenga otro refrigerante diferente o desconocido. Ningún refrigerante desconocido almacenado en un recipiente deberá ser descargado a la atmósfera. Deberá ser identificado y regenerado o eliminado de forma adecuada.

La contaminación de un refrigerante con otro distinto puede hacer imposible su reutilización.

1.8.6 Transporte.

Los refrigerantes tanto vírgenes como recuperados podrán ser transportados por las empresas frigoristas. Dicho transporte se realizará de forma segura.

Se deberán observar todos los requisitos legales, incluyendo su registro, obtención de permisos, etc.

1.8.7. Almacenaje.

Los refrigerantes se almacenarán de forma segura. Las pérdidas de refrigerante en la atmósfera se deberán reducir al máximo durante su almacenaje.

Se podrán almacenar los refrigerantes recuperados por empresas frigoristas para su entrega a los gestores autorizados hasta un máximo de 6 meses.

1.8.7.1. Los envases de refrigerante se deberán almacenar en un lugar apropiado, fresco sin riesgo de incendio, protegido de la radiación solar y de cualquier fuente directa de calor.

Los envases almacenados al aire libre deberán ser resistentes a la intemperie y estar protegidos de la radiación solar.

1.8.7.2. Se deberán evitar daños mecánicos al recipiente y a su válvula realizando siempre una manipulación cuidadosa. Los envases no se deberán dejar caer al suelo, aunque estén provistos de un capuchón protector de la válvula. En la zona de almacenaje, los envases se fijarán sólidamente con el fin de evitar su caída.

1.8.7.3. Cuando no se utilice el envase, la válvula de éste se deberá cerrar y proteger mediante un capuchón roscado. Se deberán sustituir las juntas siempre que sea necesario.

1.8.7.4. El refrigerante podrá almacenarse en una sala de máquinas específicas en envases, siempre y cuando la cantidad de éste no supere el 20% de la carga de la instalación, con un máximo de 150 kg, sin contar el refrigerante que se halle dentro del sistema.

Con el fin de minimizar la corrosión en los envases con refrigerantes el lugar de almacenaje deberá ser seco y estar protegido de la intemperie.

1.9. Requisitos para los equipos de recuperación.

1.9.1. Generalidades.

El equipo de recuperación deberá ser un sistema estanco y deberá extraer el refrigerante/aceite del sistema de refrigeración trasvasándolo de manera segura a un envase.

Este equipo podrá ser un sistema de tipo mecánico compuesto por un compresor, un separador de aceite, un condensador y los componentes auxiliares.

Podrá disponer de filtros secadores, para retener la humedad, acidez, partículas y otras impurezas.

1.9.2. Funcionamiento respetuoso con el medio ambiente.

El equipo de recuperación deberá ser utilizado de manera que los riesgos de emisiones de refrigerante o aceite al medio ambiente se reduzcan al máximo.

1.9.3. Capacidad de recuperación.

A una temperatura correspondiente a 20°C, el equipo de recuperación deberá ser capaz de funcionar hasta alcanzar una presión final de:

a) 0,6 bar (absoluto) en sistemas de refrigeración cuyo volumen interior sea igual o menor que 0,2 m^3.

b) 0,3 bar (absoluto) en sistemas de refrigeración cuyo volumen interior sea mayor que 0,2 m^3.

En la norma ISO 11650 se indica un método para medir la capacidad de estos equipos.

1.9.4. Funcionamiento y mantenimiento.

El funcionamiento y mantenimiento del equipo de recuperación y de los filtros secadores se realizará según la norma ISO 11650 y las instrucciones dadas por el fabricante del mismo.

Para sustituir los filtros secadores del equipo de recuperación, y antes de abrir el cuerpo de éstos, se deberá aislar el tramo de circuito donde se encuentran los filtros y trasvasar el refrigerante a un recipiente adecuado. El aire que hubiese entrado en el circuito durante el cambio de los filtros deberá ser extraído mediante vacío y no por purgado o barrido con refrigerante.

1.10. Requisitos para la eliminación de refrigerantes y componentes contaminados.

1.10.1. Refrigerantes CFC y HCFC.

Los refrigerantes cuya reutilización esté prohibida, como por ejemplo los CFC y los HCFC deberán ser entregados a gestor de residuos autorizado para su eliminación una vez hayan sido recuperados.

1.10.2. Refrigerantes rechazados para su reutilización.

Los refrigerantes usados del tipo HFC y PFC deberán entregarse a gestor de residuos autorizado para su eliminación en el caso en que no puedan reutilizarse, por no ser posible su limpieza o regeneración.

1.10.3. Amoníaco absorbido.

Después de la absorción del amoníaco (NH_3) en agua, la "mezcla" deberá tratarse como residuo y será eliminada de manera segura.

1.10.4. Aceite de máquinas frigoríficas.

El aceite usado extraído de un sistema de refrigeración que no pueda ser regenerado se almacenará en un recipiente independiente adecuado y será tratado como residuo y eliminado de manera segura mediante gestor autorizado.

1.10.5. Otros componentes desechables.

Se asegurará la correcta eliminación de otros componentes desechables del sistema de refrigeración que contengan refrigerante y aceite.

1.10.6. Desmantelamiento de las instalaciones.

Una vez finalizada la vida útil de la instalación, se procederá a su descontaminación recuperando los refrigerantes y demás elementos contaminados antes de proceder al desmontaje final.

Todos los elementos se entregarán a gestores de residuos autorizados para darles el tratamiento que proceda.

2. REDUCCIÓN DE FUGAS EN LAS INSTALACIONES FRIGORÍFICAS.

2.1. Objetivos.

Con éste capítulo se pretende minimizar las emisiones de refrigerante a la atmósfera por fugas, escapes, etc. y en el mismo se describen las consideraciones mínimas a tener en cuenta en el diseño, construcción, montaje, mantenimiento y desmantelamiento de instalaciones frigoríficas y bombas de calor.

2.2. Ámbito de aplicación.

Es de aplicación a todos los equipos y componentes afectados por el presente Reglamento, tanto para nuevas realizaciones como para revisiones, cambio de refrigerante y ampliaciones de las instalaciones existentes.

Todos los usuarios de instalaciones en servicio, realizadas antes de la entrada en vigor del presente Reglamento, estarán obligados a adoptar las medidas técnicamente aplicables de entre las que siguen, para reducir las emisiones de refrigerante a la atmósfera.

2.3. Requisitos sobre el diseño de las instalaciones y sus componentes.

a) El diseño de componentes, equipos, e instalaciones será lo más sencillo posible.

b) Se emplearán las normas EN más actuales relativas a la seguridad y eficiencia energética.

c)   El diseño deberá facilitar el mantenimiento, evitando sistemas complejos. Se procurará reducir en lo posible las necesidades frigoríficas, por ejemplo utilizando el almacenamiento térmico, frío natural del aire ambiente (free- cooling), etc.

d)   Se reducirá lo máximo posible la carga de refrigerante.

e)   Se analizará con detalle la conveniencia de utilizar sistemas indirectos, seleccionando intercambiadores de calor ampliamente dimensionados, para reducir el impacto sobre el consumo de energía.

f)   Se elegirán los separadores de aspiración, recipientes de líquido, sistemas de bombeo, etc. con la mínima carga de refrigerante.

g)   Para cualquier circuito frigorífico con más de 3000 kg de refrigerante, en sistemas por bombeo, se montarán válvulas de cierre, accionadas automáticamente por un detector de fugas o un interruptor de emergencia, en las tuberías de aspiración de las bombas. La colocación de la válvula automática de cierre en este punto, donde la tubería tiene un diámetro y un espesor mayores, disminuye considerablemente el riesgo de rotura y permite garantizar que, en caso de accidente por rotura de conexiones con instrumentos o tuberías de pequeños diámetros o incluso por fugas en las bombas, se reduzca al mínimo la cantidad de refrigerante escapado al ambiente; la colocación de la válvula después de la bomba no lo garantizaría.

En la tubería general del líquido de alta a la salida de la sala de máquinas se montará también una válvula de cierre automático accionada de forma similar. En caso de fallo de corriente dichas válvulas se cerrarán. Si son de bola deberán disponer de un orificio aguas arriba cuando estén en posición cerrada, para evitar rotura por dilatación del líquido encerrado dentro de la bola.

h)   Se reducirá el empleo de juntas y cierres no herméticos, empleando preferentemente uniones soldadas.

i)   Dentro de lo razonable desde el punto de vista técnico y económico se utilizarán refrigerantes con el menor grado de impacto ambiental. Tanto para el caso de fugas como desde el punto de vista de eficiencia energética.

j)   En la conversión de instalaciones existentes se comprobará que todos los componentes sean compatibles con los nuevos refrigerantes y aceites que se utilicen para evitar fugas por corrosiones, altas presiones, etc.

k)   Los materiales de construcción serán compatibles con los refrigerantes y aceites a emplear para evitar corrosiones, pares galvánicos en la unión de metales, etc. Se preverán sobreespesores para compensar corrosiones superficiales por ataques químicos si existe el riesgo de que esto ocurra. Se elegirán velocidades de los fluidos dentro de los límites aceptados como razonables.

l)   Las tuberías serán básicamente de acero o cobre (en los tramos de tuberías de material férrico en los que haya permanentes cambios de temperatura, con presencia intermitente de hielo o escarcha, se realizarán en acero inoxidable). En circuitos secundarios también se podrán emplear plásticos especiales. Se dispondrán y soportarán correctamente para evitar vibraciones, dilataciones, golpes de líquido, etc. que puedan favorecer las fugas. Se dará prioridad a las uniones soldadas. La tubería para instrumentación será preferentemente de acero al carbono o inoxidable del tipo hidráulico y con uniones por accesorios a presión. Los plásticos y el cobre podrán utilizarse también si se toman calidades y espesores adecuados. Se evitarán las uniones abocardadas. Se evitarán en lo posible las conexiones flexibles. El trazado de tuberías se realizará de manera que estas puedan controlarse permanentemente, evitando para ello su paso por zonas de difícil acceso. Queda, por ello, prohibido instalar tuberías en huecos de ascensores y en zonas no visitables (véase IF-05).

m) En la selección de compresores se dará prioridad a los que ofrezcan el menor riesgo de fugas de refrigerante y los mejores rendimientos energéticos.

n) Se elegirán preferentemente equipos auxiliares de tipo hermético: bombas de refrigerante, generadores de hielo, bombas de aceite, etc. (obligatorio para todos los refrigerantes con GWP > 5).

o) Se instalarán suficientes válvulas de cierre entre los componentes para reducir las pérdidas de refrigerantes en averías y revisiones. Estas llevarán caperuzas, salvo cuando sean de apertura / cierre muy frecuentes.

p) Las válvulas de seguridad y otros mecanismos de protección contra sobrepresiones en depósitos y tuberías de líquido del lado de alta se descargarán preferentemente a un depósito en el lado de baja y no directamente a la atmósfera. Serán válvulas cuya capacidad de descarga sea independiente de la contrapresión. El diseño de la conexión de las válvulas deberá facilitar el mantenimiento y revisión de las mismas sin que en ningún momento quede desprotegido el componente a presión. La protección contra sobrepresiones de los depósitos en la zona de baja, descargará a la atmósfera. En instalaciones con fluidos fluorados y carga superior a 1000 kg de refrigerante se montarán discos de rotura antes de las válvulas de seguridad que descarguen a la atmósfera.

q) En instalaciones con carga de refrigerante superior a 3 kg no se podrán utilizar discos de rotura ni tapones fusible con descarga a la atmósfera, salvo que lleven en serie válvulas de seguridad.

r) Se adoptarán las medidas adecuadas para detectar las eventuales fugas de las válvulas de seguridad.

s) En instalaciones nuevas con carga de refrigerante superior a 1000 kg y con una presión, en el sector de baja, inferior a la atmosférica, se instalarán purgadores de incondensables de funcionamiento automático para R-717. Cuando se trate de refrigerantes fluorados estos purgadores podrán ser de funcionamiento manual. Serán del tipo de refrigeración interna (con o sin equipo frigorífico autónomo) y entrarán en servicio únicamente cuando las instalaciones estén en marcha.

t) Se instalarán indicadores de nivel de líquido para poder determinar la carga correcta de la instalación y controlar las eventuales pérdidas de refrigerante. Esto no será necesario en equipos autónomos cargados en fábrica, que deberán incorporar un visor en la línea de líquido.

u) Las pruebas de presión y de estanqueidad se realizarán según se determinan en el presente Reglamento, véase IF-06. Para las de estanqueidad y de presión neumática se empleará preferentemente N_2 seco, exento de oxígeno. No se admitirá el aire comprimido salvo en casos en que se asegure que no forma mezclas combustibles o explosivas con los refrigerantes. Estas pruebas de presión o estanqueidad no se podrán realizar con refrigerante.

v) Las instalaciones con cargas de refrigerantes fluorados de efecto invernadero en cantidades de 500 toneladas equivalentes de CO_2 o más deberán contar con sistemas de detección de fugas, que estarán constituidos por dispositivos calibrados mecánicos, eléctricos o electrónicos para la detección de fugas de gases fluorados de efecto invernadero que, en caso de detección, alerten al responsable del funcionamiento técnico de la instalación.

2.4. Acumulación de refrigerante.

a) Los sistemas de refrigeración con carga superior a 30 kg de refrigerante dispondrán de facilidades para recoger toda la carga de una o más secciones equipadas con válvulas de cierre, dentro del propio sistema o en un depósito externo, aislable con válvulas, conectado permanentemente a la instalación. En las instalaciones de evaporador único la colocación del depósito será facultativa de la empresa instaladora.

b) Los sistemas con más de 5 Tm CO_2eq de carga de gas llevarán válvulas de bloqueo cuyo número y ubicación permitirá aislar partes del circuito en caso de reparaciones o de fugas, para limitar la emisión de refrigerante.

c) Antes de abrir un circuito frigorífico se extraerá el refrigerante hasta una presión igual o inferior a 0,6 bar absolutos cuando el volumen interior sea igual o inferior a 200 dm^3 y a 0,3 bar absolutos para circuitos con volumen interior superior.

d) Antes de desmantelar una instalación se extraerá el refrigerante hasta una presión absoluta de 0,6 bar cuando el volumen interior sea igual o inferior a 200 dm^3 y a 0,3 bar para circuitos con volumen interior superior.

e) Los separadores de aspiración en los sistemas de bombeo de refrigerante deberán estar provistos de válvulas manuales en la entrada y salida del separador (aspiración húmeda y aspiración seca).

2.5. Programa de prevención y detección de fugas de refrigerantes fluorados.

2.5.1. Requisitos generales.

En los sistemas que empleen refrigerantes fluorados recurriendo a todas las medidas que sean técnicamente viables y no requieran gastos desproporcionados, se deberá:

a) evitar fugas de refrigerantes.

b) subsanar lo antes posible las fugas detectadas, actuando de inmediato para corregirlas y parando las instalaciones si la fuga es significativa.

La reparación de las fugas, en caso de existir, se hará por personal competente.

No se recargará en ningún caso refrigerante sin haber localizado y reparado la fuga.

La empresa frigorista encargada del mantenimiento de la instalación deberá llevar a cabo las revisiones establecidas en el apartado 2.5.2, comunicando los resultados al titular y consignándolos en el libro de registro de la instalación, especificando zona y causa de fuga, si la hubiera, así como la identificación del personal competente que haya realizado la revisión

Adicionalmente a los controles periódicos, todo sistema será objeto de un control de fugas antes de un mes a partir del momento en que se haya subsanado una fuga con objeto de garantizar que la reparación ha sido eficaz.

2.5.2. Programa de revisión de los sistemas frigoríficos.

De conformidad con el Reglamento (UE) 517/2014 del Parlamento Europeo y del Consejo, de 16 de abril de 2014, se revisarán, de acuerdo al procedimiento especificado en 2.5.3, los siguientes sistemas:

Sistemas nuevos	Inmediatamente a su puesta en servicio
Aparatos que contengan gases fluorados de efecto invernadero en cantidades inferiores a 5 toneladas de CO_2 o aparatos, sellados herméticamente, que contengan gases fluorados efecto invernadero en cantidades inferiores a 10 toneladas equivalentes de CO_2	Exentos de control periódico
Aparatos que contengan cantidades de 5 toneladas equivalentes de CO_2 o más	Cada doce meses (veinticuatro si cuenta con sistema de detección de fuga)
Aparatos que contengan cantidades de 50 toneladas equivalentes de CO_2 o más	Cada seis meses (doce si cuenta con sistema de detección de fuga)
Aparatos que contengan cantidades de 500 toneladas equivalente de CO_2 o más	Cada tres meses (seis si cuenta con sistema de detección de fuga)

Los sistemas de detección de fugas de refrigerantes serán obligatorios en aparatos que contengan fluorados de efecto invernadero en cantidades de 500 toneladas equivalentes de CO_2 o más, de acuerdo al apartado 4.3 de la IF-06, y deberán ser controlados al menos cada doce meses para garantizar su funcionamiento adecuado.

En los casos en que no funcionen correctamente se duplicará la frecuencia de las revisiones de fugas anteriormente mencionadas.

2.5.3. Procedimiento.

La revisión de los sistemas se realizará de acuerdo al procedimiento expuesto a continuación, por profesional habilitado y con al menos la periodicidad expuesta en el apartado anterior.

2.5.3.1. Comprobación documental.

Se comprobará el libro de registro de la instalación frigorífica, prestando especial atención a las áreas problemáticas o que han presentado fugas en anteriores ocasiones. Se deberán tener en cuenta asimismo las instrucciones generales y específicas del manual de instrucciones de la instalación.

De existir alguna deficiencia en los libros de registro o manuales de instrucciones de la instalación frigorífica, se especificará en el correspondiente informe contemplado en el apartado 2.5.3.5, en especial si careciera de libro de registro, o no figura información relevante como los datos del titular, empresa mantenedora, carga y tipo de refrigerante o resultado de revisiones anteriores.

2.5.3.2. Comprobación general del sistema.

Se realizará una comprobación de la instalación, prestando especial atención a:

a) Ruidos o vibraciones anormales, formación de hielo e insuficiente capacidad de enfriamiento.

b) Señales visuales de corrosión, fugas de aceite y daños en componentes o materiales, en particular en las zonas más propensas a fugar como juntas, uniones, válvulas, etc.

c) Visores o indicadores de nivel si la instalación dispone de los mismos.

d) Daños en elementos de seguridad como presostatos, válvulas de seguridad, conexiones de sensores, etc.

e) Detectores de fugas permanentes instalados en el sistema.

f)   Valores de los parámetros de funcionamiento que puedan revelar condiciones anormales.

g)   Zonas en la que se han producido fugas con anterioridad, o hayan sido reparadas o intervenidas.

h)   Otros signos de pérdida de refrigerante.

Se realizará la comprobación de los elementos reflejados por el fabricante o instalador en el manual de instrucciones de la instalación mediante el procedimiento y medios que se indiquen.

2.5.3.3. Detección de fugas por procedimientos directos.

Se revisarán de manera sistemática los siguientes elementos, prestando especial atención a los más propensos a fugar según el historial de la instalación o la experiencia:

a)   Juntas y conexiones.

b)   Válvulas incluyendo vástagos.

c)   Partes del sistema sujetas a vibraciones.

d)   Sellados, incluidos los de deshidratadores y filtros.

e)   Conexiones a los elementos de seguridad y control.

Se identificarán las áreas que fuguen mediante:

a)   Aplicación de productos o disoluciones adecuadas.

b)   Detectores manuales de gas refrigerante y localizadores de fugas por ultrasonidos, etc.

c)   Detectores ultravioleta, de ser aplicables.

Los detectores manuales de gas refrigerante deberán estar debidamente calibrados y con sensibilidades de al menos 5 gramos por año. Se comprobarán anualmente.

La aplicación de fluidos ultravioleta deberá estar autorizada por el fabricante del sistema, y realizada por personal competente.

En el caso de tener constancia de la existencia de fugas se comprobarán todos los elementos del sistema, y, si fuera necesario, se extraerá el refrigerante y se realizará la prueba de estanqueidad de acuerdo a la correspondiente Instrucción IF-09.

2.5.3.4. Detección de fugas por procedimientos indirectos.

Se podrá valorar la existencia de fugas por métodos indirectos que estimen, de forma fiable, la variación de la carga de refrigerante mediante el análisis de los siguientes parámetros:

a) Presión.

b) Temperatura.

c) Consumo energético del compresor.

d) Niveles de refrigerante en estado líquido.

e) Volúmenes de recarga.

2.5.3.5. Subsanación de deficiencias e informe y registro.

En el caso de no haberse detectado ninguna deficiencia ni fuga bastará con reflejarlo debidamente en el libro de registro de la instalación frigorífica, no siendo necesaria la realización de informe.

En el caso de detectarse fugas leves bastará con subsanarlas lo antes posible y cumplimentar debidamente el libro de registro de la instalación frigorífica. Se informará al titular de la instalación y se comprobará su correcta reparación en el plazo máximo de un mes a partir de la fecha en la que detectó la fuga.

En el caso de haberse detectado alguna deficiencia o carencia significativa en la instalación, en especial en:

a) El registro y documentación de la misma.

b) Los elementos de seguridad recogidos en el presente Reglamento.

c) Los elementos del sistema en mal estado o que conlleven riesgo de fugas.

d) Las fugas reiteradas en algún punto de la instalación que hubiera fugado con anterioridad.

e) Las fugas significativas o recargas de refrigerante mayores del 5% de la carga total desde la última revisión. se reflejarán en un informe elaborado por el instalador frigorista con los resultados de la revisión, las medidas adoptadas y el plazo en el que se han resuelto, entregando copia del mismo al titular de la instalación para que lo remita a la autoridad competente en el plazo máximo de una semana, el instalador lo reflejara en el libro de registro de gestión de refrigerantes.

Tras subsanar las deficiencias y/o fugas detectadas, que deberá efectuarse de inmediato y parando las instalaciones si la fuga es significativa, se realizará una nueva revisión, en todo caso antes de un mes de la fecha en la que se identificaron las fugas, informándose a la autoridad competente de los resultados de la misma.

INSTRUCCIÓN IF-18

IDENTIFICACIÓN DE TUBERÍAS Y SIMBOLOS A UTILIZAR EN LOS ESQUEMAS DE LAS INSTALACIONES FRIGORÍFICAS

Índice

1. GENERALIDADES.

Esta instrucción técnica complementaria se aplicará, en los casos presentados en el apartado 1 de la IF-10, a las tuberías de refrigerantes y de fluidos secundarios utilizados en sistemas e instalaciones frigoríficas y bombas de calor, y servirá para la identificación de los productos que circulan por las mismas.

2. TIPO DE IDENTIFICACIÓN.

Las tuberías de las instalaciones frigoríficas se identificarán con señales, etiquetas adhesivas o placas (en adelante denominadas señales) terminadas en punta para indicar el sentido del flujo. Puntas en ambos extremos significa flujo en ambos sentidos.

Las señales llevarán los caracteres de identificación del fluido circulante y los pictogramas de peligro correspondientes, según lo indicado en la Directiva 2014/27/UE del Parlamento Europeo y del Consejo, de 26 de febrero de 2014, por la que se modifican las Directivas 92/58/CEE, 92/85/CEE, 94/33/CE, 98/24/CE del Consejo y la Directiva 2004/37/CE del Parlamento Europeo y del Consejo, a fin de adaptarlas al Reglamento (CE) n o 1272/2008 sobre clasificación, etiquetado y envasado de sustancias y mezclas . Estos pictogramas corresponderán con los indicados en la ficha de seguridad del fluido.

Las señales se ubicarán de manera que resulte fácil el seguimiento de la trayectoria de las tuberías, poniendo especial cuidado en bifurcaciones, paso de paredes, pasillos, válvulas, etc.

3. CARACTERÍSTICAS DE LAS SEÑALES DE LAS TUBERÍAS DE REFRIGERANTE.

3.1. Las dimensiones y forma de las señales se especifican en el apartado 5.

3.2. El color de fondo de las señales, será el amarillo RAL 1021. Cuando se trate de refrigerantes inflamables (L2, L3, véase tabla A del apéndice 1 de la IF-02), se pintará la punta en rojo RAL 3000.

3.3. El estado del refrigerante se reflejará en las señales detrás de su punta con franjas transversales (cuyo número y anchura se especifican en los apartados 3.4 y 5, respectivamente) repartidas regularmente según el esquema siguiente:

Tuberías de aspiración: azul RAL 5015. Tuberías de descarga: rojo RAL 3000. Tuberías de líquido: verde RAL 6018.

3.4. En las instalaciones de compresión simple, de una etapa, en la señal figurará una franja transversal según el apartado

3.3. En las instalaciones con más de una etapa de compresión las tuberías de cada etapa se diferenciarán poniendo en la etiqueta un número de franjas transversales según el apartado 3.3 igual al número de etapas correspondiente (una franja para la primera etapa, dos para la segunda, etc.).

3.5. El tipo de refrigerante que circula por las tuberías se indicará con su número de identificación (anotación simbólica alfanumérica) tomado de la tabla A del apéndice 1 de la IF-02 (R-717, R-744, R-404A) o por su fórmula química (NH_3, CO_2, etc.), en el caso de aceite se indicará con este nombre.

3.6. A criterio del instalador se podrán indicar las temperaturas nominales de trabajo en las tuberías.

3.7. Las tuberías de purga, vaciado y descarga a la atmósfera de válvulas de seguridad no requerirán la identificación complementaria especificada en el apartado 3.3. Las de descarga de las válvulas de seguridad se identificarán con las iniciales DVS (Descarga de la Válvula de Seguridad).

4. CARACTERÍSTICAS DE LAS SEÑALES DE LAS TUBERÍAS PARA FLUIDOS SECUNDARIOS (FRÍOS Y CALIENTES).

4.1. Las dimensiones y formas de las señales se especifican en el apartado 5.

4.2. El contenido y la ubicación de estas señales serán iguales a las descritas para las tuberías de gases refrigerantes, en tanto resulte de aplicación.

4.3. Los colores de fondo identificados se elegirán de acuerdo con la Tabla I.

Fluido en circulación	Color de fondo de la señal
Salmuera, agua glicolada, soluciones en Inst. de absorción, etc.	Violeta RAL 4001
Fluidos a enfriar (leche, cerveza, vino, zumos)	Marrón RAL 8001
Aire	Azul RAL 5015
Vacío	Gris RAL 7001
Agua	Verde RAL 6018
Vapor de agua	Rojo RAL 3000
Hielo liquido	Blanco RAL 1020

5. DIMENSIONES DE LAS SEÑALES

Dependiendo del diámetro exterior de las tuberías y considerando su posible aislamiento térmico, se recomiendan la forma y dimensiones según plano y tabla siguiente

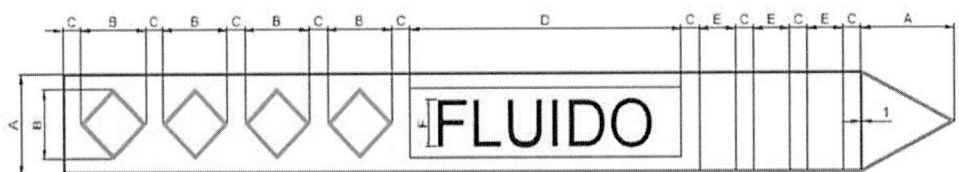

Tamaño	Dext.	A	B	C	D	E	F
I	≤ DN 50	35	27	5	75	10	12
II	> DN 50	52	36	10	150	20	24

(Dimensiones en mm).

Dext. = diámetro de las tuberías considerando el aislamiento (en el caso).

Nota. Las dimensiones generales podrán variar de forma proporcional en caso necesario.

La longitud total, dependerá del número de pictograma del fluido.

Ejemplo

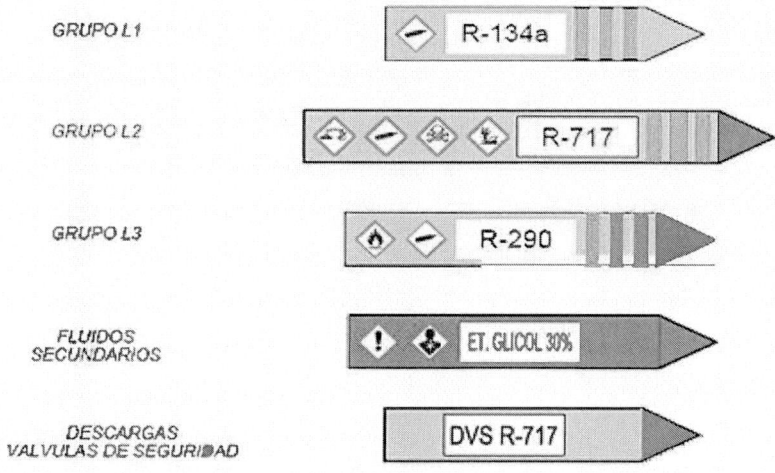

6. REALIZACIÓN DE LAS SEÑALES

Sr realizarán considerando las notas siguientes:

a) El material empleado será de larga duración y resistente a la luz y productos químicos. Se utilizarán medios de fijación que garanticen una buena sujeción a las tuberías. Se podrán utilizar materiales plásticos autoadhesivos que peguen sólidamente en superficies frías, calientes y húmedas tanto metálicas como no metálicas.

b) Las señales refrigerantes se realizaran en color amarillo con bordes en negro y una sola punta, salvo en tuberías con flujo en sentido contrario.

c) El recuadro en dentro de la señal, destinado a la colocación del número de identificación del refrigerante, será de fondo blanco con bordes en negro.

d) Las letras y números serán de color negro.

7. IDENTIFICACIÓN DE FLUIDOS EN EQUIPOS A PRESIÓN.

En los recipientes del circuito frigorífico se identificará con el fluido contenido y los pictogramas de peligro correspondientes, según lo indicado en la Directiva 2014/27/UE de 26 de febrero de 2014. Estos pictogramas corresponderán con los indicados en la ficha de seguridad del fluido.

8. SÍMBOLOS A UTILIZAR EN LOS ESQUEMAS.

En los símbolos a utilizar en esquemas de elementos frigoríficos se atendrá a lo dispuesto en la norma UNE-EN 1861 "Sistemas frigoríficos y bombas de calor. Esquemas sinópticos para sistemas, tuberías e instrumentación. Configuración y símbolos" y, por lo que respecta a los símbolos gráficos para esquemas eléctricos a lo indicado en la base de datos de Comisión Internacional de Electrotecnia IEC 60617:2012 (Símbolos gráficos para esquemas).

INSTRUCCIÓN IF-19

PROFESIONAL FRIGORISTA: COMPETENCIAS BÁSICAS A CERTIFICAR POR LAS ENTIDADES ACREDITADAS PARA LA CERTIFICACIÓN DE PERSONAS

Aquellas personas que deseen obtener el reconocimiento como profesional frigorista habilitado a través de la vía establecida en el apartado e) del artículo 9 del presente Reglamento, esto es, mediante la certificación ante una entidad acreditada para la certificación de personas de acuerdo con la norma UNE-EN ISO 17024, deberán demostrar ante dicha entidad que ha adquirido un nivel de competencias equivalente al FO (totalmente operacional) definido en la norma UNE-EN 13313 o que ha adquirido, al menos, las competencias recogidas en el Anexo A de esta IF-19.

ANEXO A:

COMPETENCIAS A EVALUAR POR LAS ENTIDADES ACREDITADAS PARA LA CERTIFICACIÓN DE PROFESIONALES FRIGORISTAS.

Diseño.

a) Conocer las unidades normalizadas ISO básicas de temperatura, presión, masa, densidad, caudal y energía.

b) Tiene conocimientos básicos de termodinámica, mecánica de fluidos y transmisión de calor.

c) Comprender la teoría básica de los sistemas de refrigeración: termodinámica básica (términos clave, parámetros y procesos como «sobrecalentamiento», «lado de alta presión», «calor de compresión», «entalpía», «efecto de refrigeración», «lado de baja presión», «subenfriamiento», etc.), propiedades y transformaciones termodinámicas de los refrigerantes, incluida la identificación de los refrigerantes naturales así como las diferentes mezclas azeotrópicas y zeotrópicas y de los estados de los fluidos.

d) Describe la función de los componentes principales y auxiliares del sistema (compresor, evaporador, condensador, válvulas de expansión termostáticas, etc...) y las transformaciones termodinámicas del refrigerante.

e) Conoce los diferentes tipos de aceites lubricantes (función, tipos, características y propiedades, miscibilidad y compatibilidades con el refrigerante, normativa de aplicación).

f) Conoce las tecnologías alternativas pertinentes para sustituir o reducir el uso de gases fluorados de efecto invernadero y la manera segura de manipularlas.

g) Conoce los diseños de sistemas pertinentes para reducir la carga de gases fluorados de efecto invernadero y aumentar la eficiencia energética.

h) Calcula de cargas térmicas y necesidades de frío.

i) Utilizar las tablas y los diagramas pertinentes e interpretarlos en el contexto de un control de fuga indirecto (incluida la comprobación del manejo adecuado del sistema): diagrama log p/h, tablas de saturación de un refrigerante, diagrama de un ciclo sencillo de refrigeración por compresión.

j) Calcula potencias eléctricas, cilindrada compresor, pérdidas de carga y aislante.

k) Clasifica las instalaciones frigoríficas y sus componentes básicos.

l) Desarrolla la documentación técnica necesaria para la correcta ejecución y puesta en servicio de las instalaciones frigoríficas.

m) Tiene conocimientos de electricidad, en especial en instalaciones de BT en locales de pública concurrencia y en locales con riesgos especiales.

Normativa.

a) Conoce el presente Reglamento, así como el Real Decreto 115/2017, de 17 de febrero, por el que se regula la comercialización y manipulación de gases fluorados y equipos basados en los mismos, así como la certificación de los profesionales que los utilizan y por el que se establecen los requisitos técnicos para las instalaciones que desarrollen actividades que emitan gases fluorados.

b) Tiene conocimientos sobre la política de cambio climático, tanto de la UE como internacional, incluida la Convención Marco de las Naciones Unidas sobre el Cambio Climático.

c) Tiene conocimientos del concepto de potencial de agotamiento de la capa de ozono, potencial de calentamiento atmosférico, el uso de los gases fluorados que agotan la capa de ozono y gases fluorados de efecto invernadero y otras sustancias como refrigerantes, el impacto en la capa de ozono, el impacto en el clima de las emisiones de gases fluorados de efecto invernadero (orden de magnitud de su potencial de calentamiento atmosférico), y las disposiciones pertinentes del Reglamento (UE) 517/2014 y de sus actos de ejecución pertinentes, así como del Reglamento (CE) 1005/2009 del Parlamento europeo y del Consejo, de 16 de septiembre de 2009, sobre sustancias que agotan la capa de ozono.

d) Tiene conocimientos sobre la reglamentación sobre legionela.

Ejecución, puesta en servicio.

a) Conoce el manejo de herramientas, instrumentación, equipos de medida.

b) Selecciona y realiza el aprovisionamiento de material necesario para el montaje de una instalación frigorífica.

c) Lleva a cabo el ensamblaje de tuberías y redes.

d) Efectúa una soldadura fuerte, blanda o autógena de juntas estancas en tubos metálicos, canalizaciones y componentes que puedan utilizarse en sistemas de refrigeración, aire acondicionado o bombas de calor.

e) Aísla correctamente los componentes de la instalación que deban ser aislados.

f) Realiza la conexión de los componentes eléctricos y de los equipos de control electrónicos de la instalación frigorífica de acuerdo con el RBT.

g)   Realiza un control de la presión para comprobar la resistencia del sistema.

h)   Realiza un control de la presión para comprobar la estanqueidad del sistema.

i)   Utiliza una bomba de vacío.

j)   Hace el vacío para evacuar el aire y la humedad del sistema con arreglo a la práctica habitual.

k)   Conecta y desconecta manómetros y líneas con un mínimo de emisiones.

l)   Manipula correctamente los contenedores de los diversos refrigerantes.

m)   Vacía y rellena un cilindro de refrigerante en estado líquido y gaseoso.

n)   Utiliza los instrumentos de recuperación de refrigerante; conecta y desconecta dichos instrumentos con un mínimo de emisiones.

o)   Realiza las mediciones reglamentarias previas a la puesta en marcha.

p)   Detecta e identifica las diferentes disfunciones en la puesta en marcha de las instalaciones frigoríficas.

Funcionamiento, conducción (explotación).

a)   Conoce el manejo básico de los siguientes componentes utilizados en un sistema de refrigeración, así como su papel y su importancia para detectar y evitar las fugas de refrigerante: válvulas (válvulas esféricas, diafragmas, válvulas de asiento, válvulas de alivio); controles de la temperatura y de la presión; visores e indicadores de humedad; controles de deshielo; protectores del sistema; instrumentos de medida como termómetros de colector; sistemas de desescarche; sistemas de control del aceite; receptores; separadores de líquido y aceite.

b)   Conoce el comportamiento específico, los parámetros físicos, las soluciones, los sistemas y las desviaciones de refrigerantes alternativos en el ciclo de refrigeración y los componentes para su utilización.

c)   Comprende las ventajas y desventajas, sobre todo en relación con la eficiencia energética, de refrigerantes alternativos en función de su aplicación prevista y de las condiciones climáticas de las distintas regiones.

d)   Programa los diferentes automatismos de una instalación frigorífica.

e)   Regulación de estos automatismos.

f)   Elabora informes técnicos asesorando al titular para la mejora del funcionamiento de la instalación.

Mantenimiento.

Documentación:

a) Conoce los libros de registro de la instalación.

b) Rellena los datos en el registro del equipo y elaborar un informe sobre uno o varios controles y pruebas realizados durante el examen.

c) Rellena el registro del equipo con todos los datos pertinentes sobre el refrigerante recuperado o añadido.

d) Realiza y documenta el programa de operaciones de mantenimiento preventivo y correctivo correspondientes a la instalación.

Operaciones:

a) Conoce las técnicas y herramientas de diagnóstico y localización de averías en instalaciones frigoríficas.

b) Conoce los posibles puntos de fuga de los equipos de refrigeración, aire acondicionado y bomba de calor.

c) Utiliza instrumentos de medida portátiles, como manómetros, termómetros y multímetros para medir voltios, amperios y ohmios con arreglo a métodos indirectos de control de fugas, e interpretar los parámetros medidos.

d) Maneja equipos electrónicos de control de fugas.

e) Realiza un control de fugas del sistema mediante métodos directos e indirectos, de conformidad con el Reglamento (CE) no 1516/2007 y el manual de instrucciones del sistema.

f) Determina el estado (líquido, gaseoso) y la condición (subenfriado, saturado o sobrecalentado) de un refrigerante antes de cargarlo, para garantizar un volumen y un método de carga adecuados. Rellenar el sistema con refrigerante (en fase tanto líquida como gaseosa) sin pérdidas.

g) Utiliza una balanza para pesar refrigerante.

h) Realiza operaciones de limpieza, carga, recuperación y reciclado de fluidos frigoríficos y lubricantes en instalaciones frigoríficas.

i) Conoce los requisitos y los procedimientos de gestión, almacenamiento y transporte de aceites y refrigerantes contaminados.

j) Drena el aceite contaminado por gases fluorados de un sistema.

k) Realiza el deshidratado y vacío de instalaciones frigoríficas.

l) Realiza las pruebas reglamentarias (estanqueidad, fugas, presión) posteriores a la reparación de una avería en la instalación.

Desmantelamiento.

a) Desmantelamiento y retirada de sistemas frigoríficos.

b) Conocer las reglas y normas de seguridad pertinentes para el uso, almacenamiento y transporte de refrigerantes inflamables o tóxicos, o de refrigerantes que requieran una mayor presión de funcionamiento.

Prevención de riesgos laborales.

Conoce las medidas que debe adoptar en relación con la prevención de riesgos laborales para realizar las labores de forma segura tanto para su persona como para el resto de las personas, bienes y el medio ambiente.

INSTRUCCIÓN IF-20

INSTALACIONES TÉRMICAS EN LOS EDIFICIOS CON CIRCUITOS PRIMARIOS EN EQUIPOS COMPACTOS QUE UTILIZAN REFRIGERANTES DE LOS GRUPOS L2 Y L3. CONDICIONES ESPECIALES

Índice

1. OBJETO DE LA INSTRUCCIÓN.

El objeto de la instrucción es establecer las condiciones especiales de instalación y mantenimiento para las instalaciones con sistemas indirectos dedicados a instalaciones térmicas de los edificios incluidas en el RITE y cuyos sistemas primarios estén formados por equipos compactos independientes que pueden trabajar de forma individual o en cascada, en las que el instalador de instalaciones térmicas no modifica el circuito frigorífico primario ni modifica la carga de refrigerante incluida en el mismo.

2. DESCRIPCIÓN DE LAS INSTALACIONES.

Las instalaciones objeto de esta instrucción técnica son aquellas instalaciones formadas por sistemas indirectos cerrados cuyo circuito primario está formado por uno o varios equipos compactos en los que el instalador no modifica el circuito frigorífico primario ni actúa sobre el refrigerante del circuito, sea cual sea el tipo de refrigerante que utilicen y cuyo objeto sea formar parte de una instalación destinada a satisfacer los requisitos del Reglamento de Instalaciones térmicas de los edificios.

Estas instalaciones estarán compuestas por sistemas frigoríficos clasificados como del tipo 3 de acuerdo con el artículo 6.2 del presente Reglamento y que estarán compuestas por un circuito primario y consistente en un aparato compacto que contenga todo el refrigerante primario y utilicen como fluido secundario clasificado como del tipo a según el artículo 5 del presente Reglamento.

3. CONDICIONES DE INSTALACIÓN Y EMPLAZAMIENTO.

Los equipos compactos con los que se realicen estas instalaciones se ubicarán en espacios exteriores o en salas de máquinas de forma que puedan ser clasificados como de tipo 3 por su ubicación. En ningún caso se permitirá la presencia de refrigerante en el interior de los espacios considerados como habitables de acuerdo con la definición de espacio habitable establecida en el Documento Básico HE 4 del Código Técnico de la Edificación.

La cantidad máxima de refrigerante que puede haber en una instalación para que pueda ser ejecutada en las condiciones establecidas en esta Instrucción Técnica será de 70 kg, cuando el equipo o conjunto de equipos compactos que atiendan a la misma instalación térmica estén situadas en el exterior en zonas comunitarias de acceso restringido en el mismo edificio, y de 5 kg, cuando el equipo o conjunto de equipos compactos que atiendan a la instalación térmica se sitúen en salas de máquinas específicas debidamente ventiladas.

Ateniendo a que el refrigerante puede ser considerado como gas combustible, los equipos compactos deberán respetar las distancias de seguridad que se detallan en la siguiente tabla:

Elemento	Distancia en m
Posibles focos de ignición	1,5
Interruptores y enchufes eléctricos	0,5
Conductores eléctricos	0,3
Motores de explosión	1,5
Registro de alcantarillas, desagües, etc..	1,5
Aperturas de sótanos	1,5

En caso de estar situados en azoteas o balcones, los muros de éstos deberán tener aperturas abiertas de ventilación cuya distancia superior al suelo de la ubicación será inferior a 15 cm.

En caso de estar situados en una sala de máquinas ésta deberá estar debidamente ventilada y contar con un sistema de detección de refrigerante adecuado a la naturaleza del mismo.

4. AGENTES INTERVINIENTES.

4.1. Instaladores.

Estas instalaciones podrán ser realizadas por empresas frigoristas de nivel 1 o por empresas habilitadas para el RITE, sin otro requisito adicional.

4.2. Mantenimiento.

El mantenimiento de los equipos compactos que conformen el circuito primario de las instalaciones afectadas por esta IF deberá ser realizado por empresas frigoristas de nivel 2, o por aquellas empresas habilitadas para el RITE que cumplan con los requisitos establecidos para las empresas de instalaciones térmicas que realicen instalaciones cuyo circuito frigorífico esté considerado como de nivel 2.

5. TITULARES.

Los titulares de las instalaciones afectadas por esta IF deberán tener el mantenimiento contratado con una empresa de las descritas en el punto anterior para la realización de las operaciones de mantenimiento previstas en artículo 22 del presente Reglamento, en los equipos compactos que conforman el circuito primario de la instalación.

INSTRUCCIÓN IF-21

RELACIÓN DE
NORMAS UNE DE REFERENCIA

Índice

1. GENERALIDADES.

La presente instrucción técnica complementaria tiene por objeto recoger el listado de normas, a las que se refiere el artículo 30 del presente Reglamento.

2. RELACIÓN DE NORMAS UNE CITADAS EN EL PRESENTE REGLAMENTO.[1]

Norma	Título
UNE-EN ISO 7010:2012 (Ratificada)	Símbolos gráficos. Colores y señales de seguridad. Señales de seguridad registradas.
UNE-EN ISO 7010:2012/A1: 2014 (Ratificada)	Símbolos gráficos. Colores y señales de seguridad. Señales de seguridad registradas.
UNE-EN ISO 7010:2012/A2: 2014 (Ratificada	Símbolos gráficos. Colores y señales de seguridad. Señales de seguridad registradas
UNE-EN ISO 7010:2012/A3 :2014 (Ratificada)	Símbolos gráficos. Colores y señales de seguridad. Señales de seguridad registradas
UNE-EN ISO 7010:2012/A4 :2014 (Ratificada)	Símbolos gráficos. Colores y señales de seguridad. Señales de seguridad registradas
UNE-EN ISO 7010:2012/A5 :2015 (Ratificada)	Símbolos gráficos. Colores y señales de seguridad. Señales de seguridad registradas.
UNE-EN ISO 7010:2012/A6 :2016 (Ratificada)	Símbolos gráficos. Colores y señales de seguridad. Señales de seguridad registradas.
UNE-EN ISO 7010:2012/A7 :2017 (Ratificada)	Símbolos gráficos. Colores y señales de seguridad. Señales de seguridad registradas.
UNE-EN ISO 9606-1:2017	Cualificación de soldadores. Soldeo por fusión. Parte 1: Aceros
UNE-EN ISO 9606-3:1999	Cualificación de soldadores. Soldeo por fusión. Parte 3: Cobre y aleaciones de cobre

---

[1] Nota. En el caso de normas citadas en el Diario Oficial de la Unión Europea para la aplicación de legislación armonizada según reglamentos o directivas europeas, dichas normas (referencia y versión) prevalecerán sobre las indicadas en la presente tabla. Nota incluida por el Real Decreto 164/2025, de 4 de marzo. Ref. BOE-A-2025-7190.

UNE-EN ISO 13850:2016	Seguridad de las maquinas. Función de parada de emergencia. Principios para el diseño
UNE-EN ISO/IEC 17024:2012	Evaluación de la conformidad. Requisitos generales para los organismos que realizan certificación de personas
UNE-EN 378-1:2017+A1: 2021[2]	Sistemas de refrigeración y bombas de calor. Requisitos de seguridad y medioambientales. Parte 1: Requisitos básicos, definiciones, clasificación y criterios de elección.
UNE-EN 378-2:2017	Sistemas de refrigeración y bombas de calor. Requisitos de seguridad y medioambientales. Parte 2: Diseño, fabricación, ensayos, marcado y documentación.
UNE-EN 378-3:2017+A1: 2021[3]	Sistemas de refrigeración y bombas de calor. Requisitos de seguridad y medioambientales. Parte 3: Instalación "in situ" y protección de las personas.
UNE-EN 378-4:2017+A1: 2020[4]	Sistemas de refrigeración y bombas de calor. Requisitos de seguridad y medioambientales. Parte 4: Operación, mantenimiento, reparación y recuperación
UNE-EN 1736:2009	Sistemas de refrigeración y bombas de calor. Elementos flexibles de tuberías, aisladores de vibración, juntas de dilatación y tubos no metálicos. Requisitos, diseño e instalación.
UNE-EN 1127-1:2012	Atmosferas explosivas. Prevención y protección contra la explosión. Parte 1: Conceptos básicos y metodología
UNE-EN 1507:2007	Ventilación de edificios. Conductos de aire de chapa metálicos de sección rectangular. Requisitos de resistencia y estanqueidad
UNE-EN 1861:1999	Sistemas frigoríficos y bombas de calor. Esquemas sinópticos para sistemas, tuberías e instrumentación. Configuración y símbolos.
UNE-EN 10204:2006	Productos metálicos. Tipos de documentos de inspección
UNE-EN 10253-2:2010	Accesorios para tuberías soldadas a tope. Parte 2: Aceros al carbono y aceros aleados férricos con control especifico.

---

[2] [3] y [4] Referencia a norma UNE modificada por el Real Decreto 164/2025, de 4 de marzo. Ref. BOE-A-2025-7190.

UNE-EN 10253-4:2010	Accesorios para tuberías soldadas a tope. Parte 4: Aceros inoxidables forjados austeniticos y austero-férrico con requisitos específicos de inspección.
UNE-EN 12178:2017	Sistemas de refrigeración y bombas de calor. Dispositivos indicadores de nivel de líquido. Requisitos, ensayos y marcado.
UNE-EN 12236:2003	Ventilación de edificios. Soportes y apoyos de la red de conductos. Requisitos de referencia. Sistemas de refrigeración y bombas de calor.
UNE-EN 12263:1999	Dispositivos interruptores de seguridad para limitar la presión. Requisitos y ensayos.
UNE-EN 12284:2005	Sistemas de refrigeración y bombas de calor. Válvulas. Requisitos, ensayos y marcado.
UNE-EN 12693:2009	Sistemas de refrigeración y bombas de calor. Requisitos de seguridad y medioambientales. Compresores volumétricos para fluidos refrigerantes.
UNE-EN 12735-1:2016	Cobre y aleaciones de cobre. Tubos redondos, sin soldadura, para aire acondicionado y refrigeración. Parte1: Tubos para canalizaciones
UNE-EN 12735-2:2016	Cobre y aleaciones de cobre. Tubos redondos, sin soldadura, para aire acondicionado y refrigeración. Parte 2: Tubos para equipos
UNE-EN 13136:2014	Sistemas de refrigeración y bombas de calor. Dispositivos de alivio de presión y sus tuberías de conexión. Métodos de cálculo
UNE-EN 13163:2013+A2: 2017	Productos aislantes térmicos para aplicaciones en la edificación. Productos manufacturados de poliestireno expandido (EPS). Especificación
UNE-EN 13164:2013+A1: 2015	Productos aislantes térmicos para aplicaciones en la edificación. Productos manufacturados de poliestireno extruido (XPS). Especificación.
UNE-EN 13165:2013+A2:2017	Productos aislantes térmicos para aplicaciones en la edificación. Productos manufacturados de espuma rígida de poliuretano (PU). Especificación.
UNE-EN13166:2013+A 2: 2016	Productos aislantes térmicos para aplicaciones en la edificación. Productos manufacturados de espuma fenólica (PF). Especificación.

UNE-EN 13167:2013+A1: 2015	Productos aislantes térmicos para aplicaciones en la edificación. Productos manufacturados de vidrio celular (CG). Especificación
UNE-EN 13170:2013+A1: 2015	Productos aislantes térmicos para aplicaciones en la edificación. Productos manufacturados de corcho expandido (ICB). Especificación
UNE-EN 13313:2011	Sistemas de refrigeración y bombas de calor. Competencia del personal.
UNE-EN 13480-3:2017	Tuberías metálicas industriales. Parte 3: Diseño y calculo.
UNE-EN14276-1:2007+A1: 2011	Equipos a presión para sistemas de refrigeración y bombas de calor. Parte 1: Recipientes. Requisitos generales
UNE-EN14276-2:2008+A1: 2011	Equipos a presión para sistemas de refrigeración y bombas de calor. Parte 2: Redes de tuberías. Requisitos generales
UNE-EN 14509:2014	Paneles sándwich aislantes autoportantes de doble capa metálica. Productos hechos en fábrica. Especificaciones
UNE-EN 14624:2012	Prestaciones de los detectores de fugas portátiles y de los controladores de ambiente de refrigerantes halogenados
UNE-EN 60079-0:2013	Atmosferas explosivas. Parte 0: Equipos. Requisitos generales
UNE-EN 60079-0:2013/A11: 2014	Atmosferas explosivas. Parte 0: Equipos. Requisitos generales
UNE-EN 60079-10-1:2016	Atmosferas explosivas. Parte 10-1: Clasificación de emplazamientos. Atmosferas explosivas gaseosas
UNE-EN 60204-1:2007	Seguridad de las máquinas. Equipo eléctrico de las máquinas. Parte 1: Requisitos generales (IEC 60204-1:2005, modificada).
UNE-EN 60204-1:2007 CORR: 2010	Seguridad de las máquinas. Equipo eléctrico de las máquinas. Parte 1: Requisitos generales (IEC 60204-1:2005, modificada).
UNE-EN 60204-1:2007/A1: 2009	Seguridad de las máquinas. Equipo eléctrico de las máquinas. Parte 1: Requisitos generales (IEC 60204-1:2005, modificada).

UNE-EN 60335-1:2002	Seguridad de los aparatos electrodomésticos y análogos. Parte 1: Requisitos generales
UNE-EN 60335-1/A15:2011	Seguridad de los aparatos electrodomésticos y análogos. Parte 1: Requisitos generales
UNE-EN 60335-2-34:2014	Seguridad de los aparatos electrodomésticos y análogos. Parte 2-34: Requisitos particulares para los motocompresores
UNE-EN 60335-2-40:2005	Seguridad de los aparatos electrodomésticos y análogos. Parte 2-40: Requisitos particulares para bombas de calor eléctricas, acondicionadores de aire y deshumidificadores
UNE-EN 60335-2-40: 2005/A12:2005	Seguridad de los aparatos electrodomésticos y análogos. Parte 2-40: Requisitos particulares para bombas de calor eléctricas, acondicionadores de aire y deshumidificadores
UNE-EN 60335-2-40: 2005/A1:2007	Seguridad de los aparatos electrodomésticos y análogos. Parte 2-40: Requisitos particulares para bombas de calor eléctricas, acondicionadores de aire y deshumidificadores.
UNE-EN 60335-2-40: 2005/A2:2009	Seguridad de los aparatos electrodomésticos y análogos. Parte 2-40: Requisitos particulares para bombas de calor eléctricas, acondicionadores de aire y deshumidificadores
UNE-EN 60335-2-40: 2005/A13:2012	Seguridad de los aparatos electrodomésticos y análogos. Parte 2-40: Requisitos particulares para bombas de calor eléctricas, acondicionadores de aire y deshumidificadores.
UNE-EN 60335-2-40: 2005/A13:2012/AC:2013	Seguridad de los aparatos electrodomésticos y análogos. Parte 2-40: Requisitos particulares para bombas de calor eléctricas, acondicionadores de aire y deshumidificadores
UNE-EN ISO 12100:2012	Seguridad de las máquinas. Principios generales para el diseño. Evaluación del riesgo y reducción del riesgo
UNE 74105-1:1990	Acústica. Métodos estadísticos para la determinación y la verificación de los valores de emisión acústica establecidos para las máquinas y equipos. Parte 1: Generalidades y definiciones
UNE 157001:2014	Criterios generales para la elaboración formal de los documentos que constituyen un proyecto técnico
UNE 192013:2022[5]	Procedimiento para la inspección reglamentaria. Instalaciones frigoríficas.

---

[5] Se añade la norma «UNE 192013:2022, Procedimiento para la inspección reglamentaria. Instalaciones frigoríficas» por el Real Decreto 164/2025, de 4 de marzo. Ref. BOE-A-2025-7190.

ISO 817	Refrigerantes orgánicos. Designación alfanumérica
ISO 11650	Performance of refrigerant recovery and/or recycling equipment.
AHRI 700 (2017)	Specifications for Refrigerants (with Addendum 1) Specification for fluorocarbon refrigerants
AHRI 700C (2008)	Appendix C to AHRI Standard 700-Analytical Procedures for AHRI Standard 700-2014.
ASTM E 681	Standard Test Method for Concentration Limits of Flammability of Chemicals (Vapors and Gases).